武蔵野美術大学コレクション

博物図譜
―デジタルアーカイブの試み―

荒俣　　宏―特別監修
寺山　祐策―監　　修
本庄美千代―編　　集

朝倉書店

特別監修｜荒俣　宏（武蔵野美術大学客員教授）
監　　修｜寺山祐策（武蔵野美術大学造形学部視覚伝達デザイン学科教授）

編　　集｜本庄美千代（武蔵野美術大学非常勤講師，前美術館・図書館事務部長）

執　　筆｜大田暁雄（デザイナー）
（五十音順）河野通義（武蔵野美術大学職員）
　　　　　田中知美（前武蔵野美術大学美術館・図書館研究補助員）
　　　　　谷田　幸（デザイナー，武蔵野美術大学非常勤講師）

デザイン｜谷田　幸

博物図収集を振り返る

わたしは小学生の頃から生き物好きで，動植物採集と動物図鑑の精読とに明け暮れてきたが，もう一つ，古書収集にも大きな興味を感じていた。きっかけは高校生のときに荻窪古物会館で定期的に行われていた古書即売会でみつけた一冊の古い魚類図鑑だった。青柳兵司という学者が著したサンゴ礁魚類の分類図鑑で，すばらしく繊細な彩色図が収められ，前書きに「自分はこれから戦場に出ねばならぬから，この本が評判になる頃にはこの世にいないかもしれない」という意味の無念をつづっていた。

生物への興味と，戦前の博物学者の活動への関心が，一つにつながったことが，約200年に及ぶ博物学黄金時代にのめり込む動機となった。なかでも力を入れたのが，時代ごとに集積された分類学的成果を端的に伺える図鑑の収集であった。この作業は，歳を重ねる間に江戸時代へ広がり，また西洋の博物探検航海がもたらした採集報告に及ぶことになった。

しかし江戸から昭和初期にかけて著された彩色図鑑は，とても一介の貧書生に購いうる代物ではない。収集を本格化した昭和40年代には，明治期の学者が所蔵していた古書がしばしば店頭に出たが，とても手が出ない。高校生の時発掘した青柳の図鑑にしても，当時は小遣いを数年貯めなければ買えぬ値段だった。その悔しさが，博物図コレクションを築こうという悲願を生みだしたらしい。さいわい，そのあとに書いた小説がベストセラーになったおかげで，わたしは世界中の本屋から古今の博物学書を購入することができるようになった。

しかし，次なる苦難も待ちかまえていた。昭和50年代から欧米でにわかに立ち上がった博物学の再評価にともない，古い博物学書が古書界の注目分野となったからである。とくに手彩色で仕上げられた図鑑は研究者の間で奪い合いの状況となった。ダーウィンのビーグル号航海記録やシーボルトの『日本植物誌』『日本動物誌』などは，店頭に出るまえに買い手がついてしまう。最終的にたどりついた入手法は，欧米で年に数回催される博物学書オークションへの参入だった。なるべく安く，しかも狙いの本を入手するには，この方法がいちばん早い。一時は競売の会場まで出向いたこともある。

ゴーティエ＝ダゴティが制作した『人体構造解剖図集』は，世に名高い希書の一冊である。これがオークションに出たので，わざわざロンドンまで下見に出かけた。わたしはロンドンの有力古書店に入札を頼んで，ついに手に入れた。非常な大型本だったから，日本への搬入にも手間がかかった。こういう手続きを体験するうちに自分で運搬業者をみつけ保険までかけられるようになったのだから，おそろしいものである。国内で古物取扱業の認可をもらって，入手に万全を期した。

18世紀最高の植物画家エーレトの『花蝶珍種図譜』をアメリカのオークションで落としたときは，リンネの「セックス・システム」と呼ばれる植物分類に関心を持っていた時期であったが，待望のエーレトの図でリンネの分類図解を見ることができた。また，19世紀に数多く実行された博物探検航海の図録は，新種記載の歴史を知るうえで大変に重要な資料であるが，これらは20巻以上にもなるような大部な出版物であることが多く，入手にはもっとも苦労を必要とした。フンボルトの『コルディエラ景観図集』は，

かれが行った有名な南アメリカ探検記の一部であり，しかも図が不ぞろいだったにもかかわらず，非常な希本であり，南アメリカの文明遺跡に関する図も収められていたので，生涯一度の出会いに命運を掛け，運よく入手できた。フランスが誇る三度の世界探検航海，すなわちフレシネのフィジシエンス号航海，デュプレのコキーユ号航海，およびデュモン・デュルヴェルによるアストロラブ号航海の各報告書は，ほぼ完璧に近いコレクションを達成できたが，神の奇跡としか思えない幸運に因っている。オランダの著名な博物学書専門店ユンクの若き主人が親身になって発掘してくれたおかげである。

　こうして半生を捧げたわたしの収集成果が，このたび縁あって武蔵野美術大学図書館に架蔵されることになり，そのデジタル画像までも公開される運びになったことは，望外の喜びというほかない。博物学研究の基本資料として，また美術史の知られざる一分野の基礎文献として，若い人々に縦横に活用されんことを切に願うばかりである。

2018年9月

荒俣　宏

はじめに

本書は武蔵野美術大学美術館・図書館における展覧会「博物図譜とデジタルアーカイブ I 〜 V」図録が底本となって再編集されたもので，18世紀から20世紀前半にかけて，欧米で出版された多様な書物の中から選ばれた33種類の博物図譜が数ページずつ抜粋・収録され，また展覧会ごとに行われた荒俣宏先生による博物学への多様な見方，楽しみ方を誘う講義テキストもまとまって収録されています。

これは武蔵野美術大学造形研究センターが，荒俣宏氏旧蔵図書の本学図書館への収蔵を機に行った5年間にわたる「近代デザイン資料及び美術史料の総合的データベースの開発と資料公開」プロジェクトの一環として行われ，図譜資料のデジタルアーカイブ化，及び公開展示が元になっており，私はそのプロジェクトを統括しておりました。

これらの資料群は現在，大学の授業の中で活用され，学生は直接的にその物性に触れ，紙質，重さ，匂いなどを体感することもできますし，アプリケーションを通してならば時間と場所を選ばず自由に閲覧可能となっています。

「博物図譜」の元となっている「博物学」とは何かという問いへの答えは単純ではありません。これらの書物の主たる著者，製作者を眺めてみると，植物学，動物学，天文学，地理学，地質学，古生物学，統計学，薬学，医学，解剖学，考古学，人類学，民族学等々の専門家に分類されますし，それらの職業も単に学者や画家にとどまらず冒険家，軍人，探検家，出版人など多彩です。20世紀になると一般的にはこのジャンルは学問的には各分野が上記のように細分化，専門化したため，今日から見れば歴史的な過去の学問概念になったといえるかもしれません。

しかし一方で，「博物学」と包括的に捉えうる，それら近世において人類が遺した膨大な視覚資料遺産とも言える書物は，今日の私たちにとって出版当初の目的とは異なる新たな価値を持つこととなりました。例えば，それを歴史学，美術史，ミュゼオロジー，ヴィジュアルコミュニケーション史，図像学，書誌学，印刷史，グラフィックデザイン史などといった観点に限って見たとしても，それらはさらに探求，考察すべき多様な内容を含んだ魅力ある資料群なのです。例えば印刷のこと一つとってもここに見られるのは活版印刷，木版印刷，銅版印刷，石版印刷，オフセット印刷に至る技術的な変遷，あるいはそこにある超絶技巧の数々であり，さらにその中の銅版印刷に限ってさえもエッチングから，ドライポイント，スティップルエングレイヴィング，アクアチント，メゾチントなど私たちが知るべき多様な技術の展開を見ることができます。ここには私たちに読み取られるのを待っている貴重な情報が眠っているというべきでしょう。さらにまた，それら専門的な細部以上に重要な意義として私たちがこのプロジェクトをスタートさせたときの思いを荒俣先生が最初の講義で以下のように述べておられます。博物学というジャンルは古い過去の遺物などではなく，むしろ今こそ切実に人類が必要としている「総合的，包括的な知」の「埋蔵金」であると。さらに「この壮大な遺産を眺めないで人類の21世紀の新しい道はないのではないか」とも述べられていますが，これは私たちの共有した思いでもありました。

そのような思いから，私たちはこれらの資料をただ単に貴重なお宝として書庫の奥に眠らせ，時々専門家が覗くというようなものにすべきではないだろうという意図のもとで無謀とも思われるデジタルアーカイブ化のプロジェクトを立ちあげたのです。ですから本書後半にはそのプロジェクトに参加したメンバーによるドキュメントも掲載させていただきました。これは本書の読者の皆さまには直接には関係がなく見えるかもしれません。しかしながらもし本書をきっかけとして博物図譜の世界の面白さに興味を持たれた方はぜひ，このアプリケーションでさらに探求を深めていただきたいと考えています。すでにご存知の方もいるとは思いますが，そこには本書に掲載できなかった膨大な資料を全ページ閲覧が可能であり，物理的な書物では不可能な見方も可能となっていますので驚かれることでしょう。

　上記に述べた私たちのプロジェクトは終了後2014年に「博物図譜とデジタルアーカイブ」（武蔵野美術大学美術館・図書館刊行）として一冊の特装本としてまとめられました。しかしそれはあくまでも内部的な記録保存を目的とした少部数のものであり，プライベートプレス的なものでした。

　このたび，その本に朝倉書店が注目され，これを是非広く公開すべきだと勧めて下さいました。また再編集の過程で大変丁寧な校訂作業を行っていただき，資料的にはさらに精度を高めることができました。収録された図像はもとより，このプロジェクトを支えて下さった荒俣宏先生の講義も含め，これらがさらに多くの方々の目に触れる機会を与えられたことを深く感謝いたします。

　2018年9月

寺 山 祐 策

目　　次

001	**I**	**図譜編**	────解説・本庄美千代
003	I-01	『花蝶珍種図譜』	
011	I-02	『人体構造解剖図集』	
019	I-03	『中国ヨーロッパ植物図譜』	
027	I-04	『第3次太平洋航海記　図版編』	
043	I-05	『イギリスの昆虫』	
051	I-06	『名花素描』	
059	I-07	『ルソーの植物学』	
067	I-08	『オーストラリア探検記』	
083	I-09	『コルディエラ景観図集』	
099	I-10	『フローラの神殿』	
115	I-11	『解剖学遺稿集』	
123	I-12	『熱帯ヤシ科植物図譜』	
124		第1巻	
139		第2巻	
146		第3巻	
153	I-13	『ユラニー号およびフィジシエンヌ号世界周航記録　動物図譜編』	
169	I-14	『脊椎動物図譜』	
170		哺乳類編	
194		爬虫類編	
209	I-15	『コキーユ号世界航海記』	
210		動物編	

214		植物編
219		探検航海編
225	I-16	『アストロラブ号世界周航記』
226		航海地図
233		航海史：図録1
248		航海史：図録2
263		ニュージーランドの動物図譜，哺乳類
270		軟体動物図譜
285		動物図譜
292		植物図譜
299	I-17	『一般と個別の頭足類図譜』
315	I-18	『鳩図譜』
331	I-19	『チリ全史』
347	I-20	『八色鳥科鳥類図譜』
355	I-21	『フウチョウ科・ニワシドリ科鳥類図譜』
371	I-22	『自然の造形』
387	I-23	『エルウィズ氏ユリ属の研究補遺』
395	I-24	『[中国肉筆博物図集]』

403　II　博物学とその美的表現の歴史 ——————————————荒俣　宏

405　II-01　博物画の楽しみ
博物誌 Naturalis Historia とは何か／世界を開示する—博物学画像—／怪物画も重宝な資料だった／教育の手本になった博物画家／記述と図像化に関する3つの方法／分類学の基本概念は相同と相似／博物画は事実と想像の混合物である／博物画は模写される過程でエラーを発生させる

415　II-02　博物採集，博物館，そして博覧会
世界一周航海の結果, 博物館が生まれる／北の果て，南の果て，そして真ん中の海／頭が重くてひっくり返りそうな地球／インコが鳴く幻想の南極大陸／ロマンスとパラダイスの島タヒチを巡る争い／キャプテン・クックが開いた新世界／ナポレオンも応募したラ・ペルーズの探検航海／楽園の島での幻滅／フランスとロシアの追随

| 427 | II-03 | 日本博物学と図譜の進展—栗本丹洲『千蟲譜』を中心に— |

西洋と日本の博物画は異質である／干物か刺身か？／魚はなぜ跳ね上がって描かれるのか？／解剖学と形態学の交差／本物は偽物に間違えられる？／『千蟲譜』に見える先見性／擬態の問題を意識した丹洲／お菊虫の登場／釣りをする魚の観察

| 433 | II-04 | 視覚の冒険—「水族館の歴史」に寄せて— |

繋がっていく関心，開ける展望／万博会場と大温室の結合／ラーケン温室も巨大なレセプション施設だった／ウォーディアン・ケースによる啓示／ウォードの次なる発見／ロンドン動物園に「フィッシュハウス」出現／ドイツの水族館の「環境展示」／1900年万博は「海産生物様式」の万博でもあった／自然と人工の美の統合

| 442 | II-05 | 博物画の現在と過去 |

博物図は困難な絵である／デューラーも博物図を制作した／体を壊すほどの仕事だった？／それでもアート化する不思議／人類3万年の博物画展を開催できる／死物を活物に変える努力／植物図譜と実践的な描写／科学革命と図鑑革命の原理—自分の眼で見よ—／豊かで幸福な博物画も生まれた／奇跡の昆虫図もドイツから／博物画を国の美術にしようとした大帝

453　III　書物からアーカイブへ

455	III-01	美術大学におけるデジタルアーカイブの試みとは ———— 寺山祐策
456	III-02	特装本『博物図譜とデジタルアーカイブ』の発刊について —— 寺山祐策
462	III-03	博物図譜コレクションのはじまりから研究活用まで： 「荒俣宏旧蔵博物図譜コレクション」をめぐって ———— 本庄美千代
467	III-04	タッチパネル閲覧システムから「MAU M&L 博物図譜」開発まで ———————— 大田暁雄・河野通義

477	人名リスト
483	参考文献
489	視覚化される世界 「博物図譜とデジタルアーカイブ」参考資料年表 ———— 谷田　幸・田中知美

I 図譜編

解説・本庄美千代

凡　例

作品データの記載は原則的に標題紙に印刷された情報によるが，書物の性格上，書誌記述規則とは異なる採録となった。また書誌学的に調査中の項目は空欄とした。

・書名については一般的に知られている日本語訳を記載し，原綴を併記した。
・著者は編者，図版製作者，印刷者を含み，判明する原綴と一般的に知られる日本語訳で記載した。特に重要と思われる図版制作者は特記した。
・出版地，出版社，発行者・印刷所，出版年，版について推定情報は［　］内に記載した。
・出版社，発行者・印刷所については現在のような出版体制で出版業が成立している時代ではないため同一レベルで扱った。
・巻号数は単巻か複数巻かを示した。
・印刷技法については使用された主な技法を示した。
・一部，多巻物については書誌事項を省略した項目がある。

I-01

花蝶珍種図譜
[Plantae et Papiliones Rariores]

エーレト, ゲオルグ・ディオニソス
Ehret, Georg Dionysius (1708-1770)

著者の日本語表記は「エイレット」と記す場合もある。日本語タイトルは『めずらしい植物と蝶』と訳されたものもある。図版は11枚目が欠落。
タイトルページが無く，情報源は〈図版1〉から採録。
エーレトはイギリスの偉大な植物画家である。ドイツのハイデルベルグに生まれオランダ，ウィーンなどヨーロッパ中で活躍するが，イギリスに帰化して以降大半はこの地に留まり功績を残した。18世紀中葉のボタニカル・アート（植物画）に支配的な影響を及ぼした天才博物画家のひとりで，同時代の植物学者リンネ（Linne, Carl von 1707-1778）とも深い交流をもち，リンネの植物図譜のためのスケッチも残している。18世紀から19世紀にかけては科学と芸術の発達を背景に，より科学的で写実的な植物画の人気が頂点に達していた。また，当時のヨーロッパでは度々行われた世界航海によってもたらされた多くの新しい外来植物がもてはやされ，貴族の間でも植物画の人気が高かった。エーレトの描く手法は透明な絵の具よりも不透明な絵の具を好み，繊細な小さな花は印象を強くするために実際のサイズよりもやや大きく描くところに特徴があった。こうした手法は芸術家の技法と科学者の理論を見事に融合させたことを特色として称賛された。1757年にはイギリス王立協会の特別会員になり，当時の植物画の分野における〈エーレトの時代〉を築いた。

図版制作	Ehret, Georg Dionysius
出版地	[London]
出版者	[R. Warner]
出版年	[1748-1758]
版	
巻号数	1v.
印刷技法	手彩色銅版（エングレーヴィング）
印刷者	

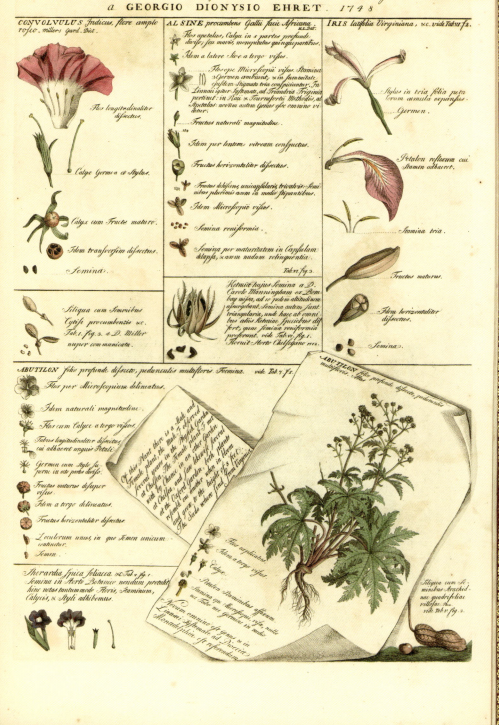

I-02

人体構造解剖図集
Exposition anatomique de la structure du corps humain, En vingt planches imprimées avec leur couleur naturelle, ...

ゴーティエ＝ダゴティ，ジャック・ファビアン
Gautier D'Agoty, Jacques-Fabien (1717-1786)

マルセイユ生まれのダゴティは画家にして印刷工で出版業者でもありオランダ最高の色刷り版画師として知られた。

解剖図譜において初の色刷り解剖図を出版したのは、フランクフルト生まれのル・ブロン（Le Blon, Jacob Christoph 1670-1741）であり、青・黄・赤の版を重ねて刷るメゾチントの多色刷りを考案した人物である。彼の弟子であるダゴティによって鮮やかなこの多色刷銅版技法が確立され全身解剖図が刊行された。ダゴティによる本書『人体構造解剖図集』はアルビヌスの『人体筋骨構造図譜』をベースにカラーメゾチント技法を駆使して世に出したものとして有名。美術解剖図譜の最高傑作として今日の稀覯書だが、当時は鑑賞用のインテリアとして受注制作されたもの。

標題紙には「人体構造解剖図集、天然色調で印刷された20枚の図譜、過去に製作されてきた解剖図譜を超える新しいアート」とある。

図版制作｜Gautier D'Agoty, Jacques-Fabien
出 版 地｜Marseille: Paris: Amsterdam
出版社・発行者・印刷所｜[R. Warner] M. Vail: M. Le Roy: Marc-Michel Rey
出 版 年｜1759
版｜[第2版]
巻 号 数｜1v.
印刷技法｜多色刷銅版（カラーメゾチント）
印 刷 者｜Antoine Favet

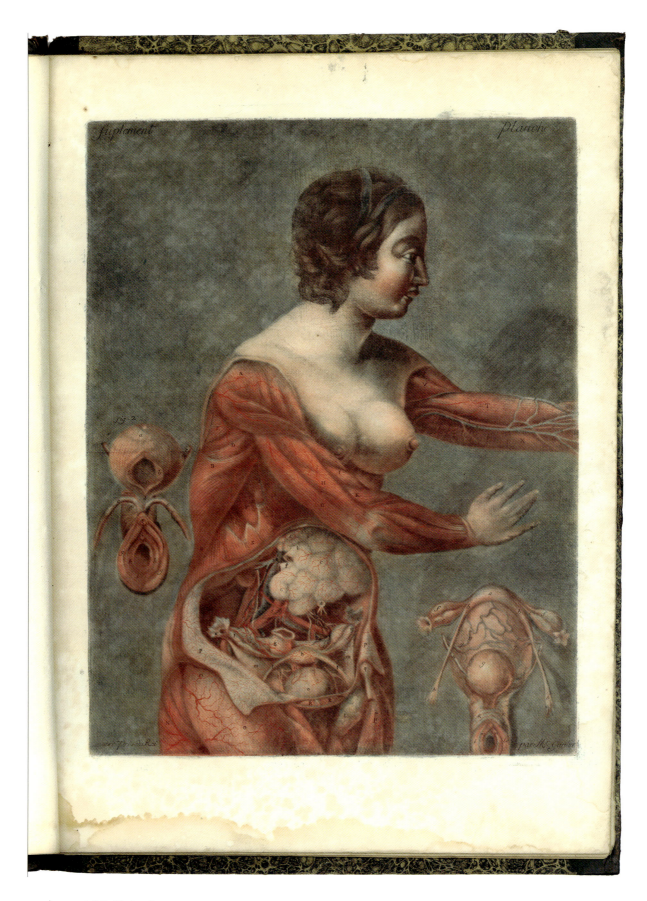

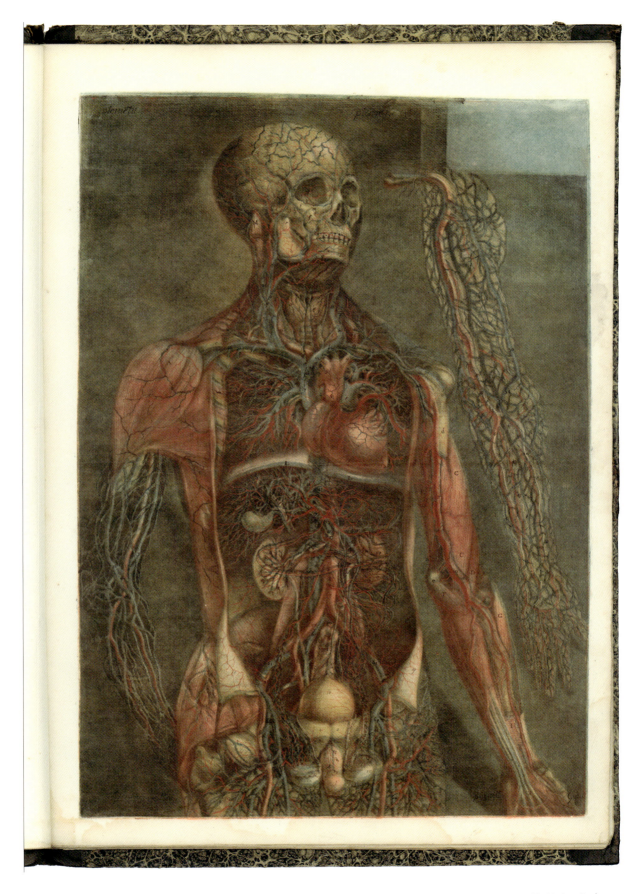

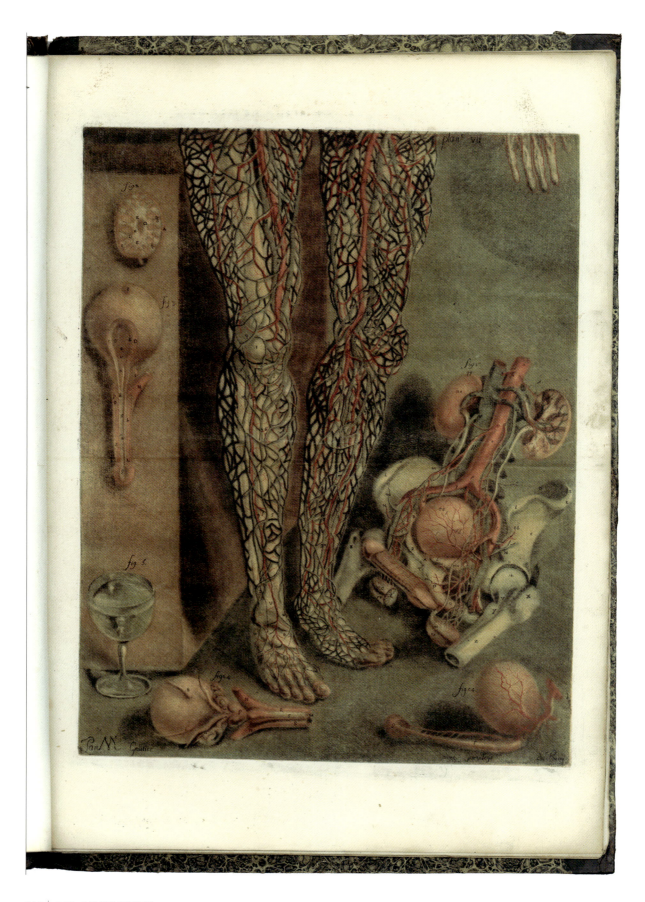

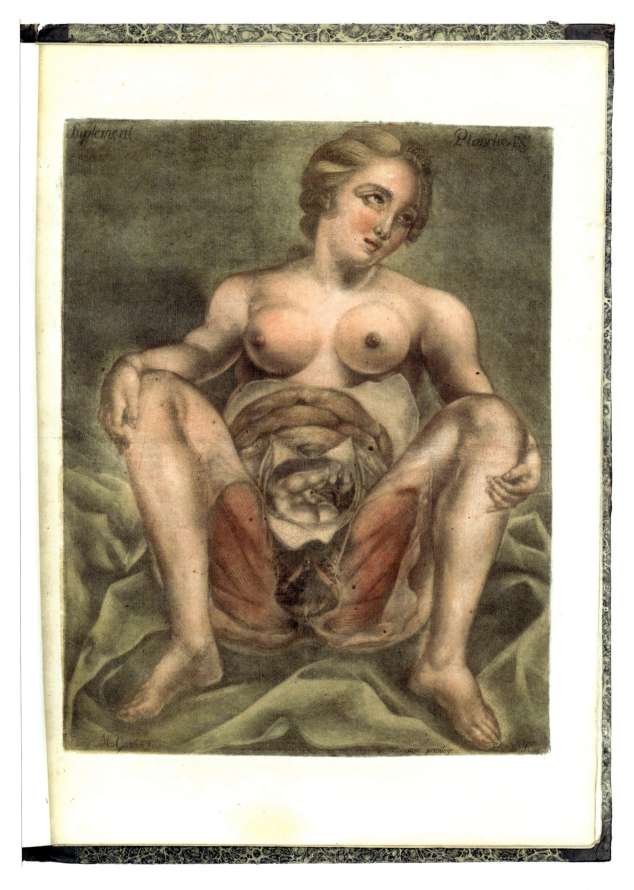

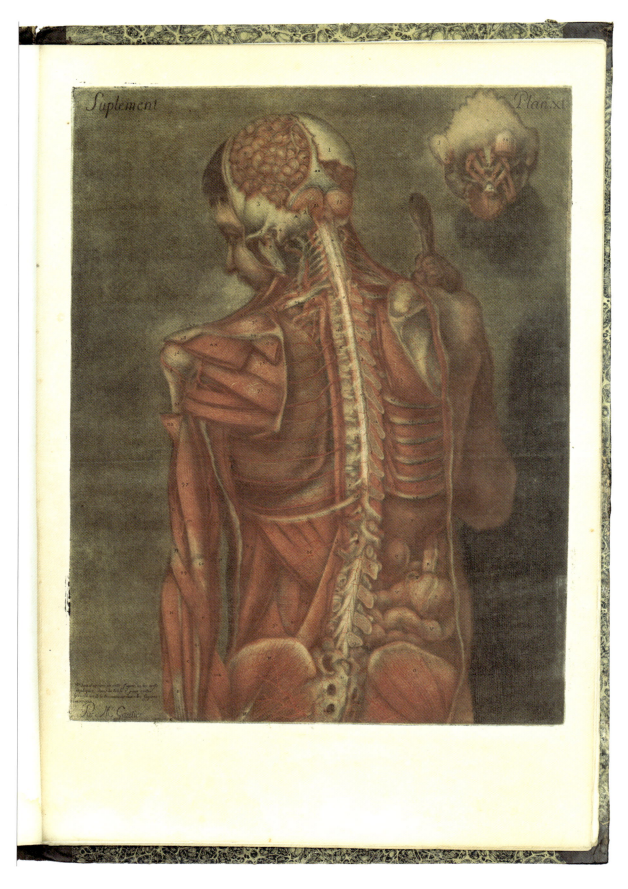

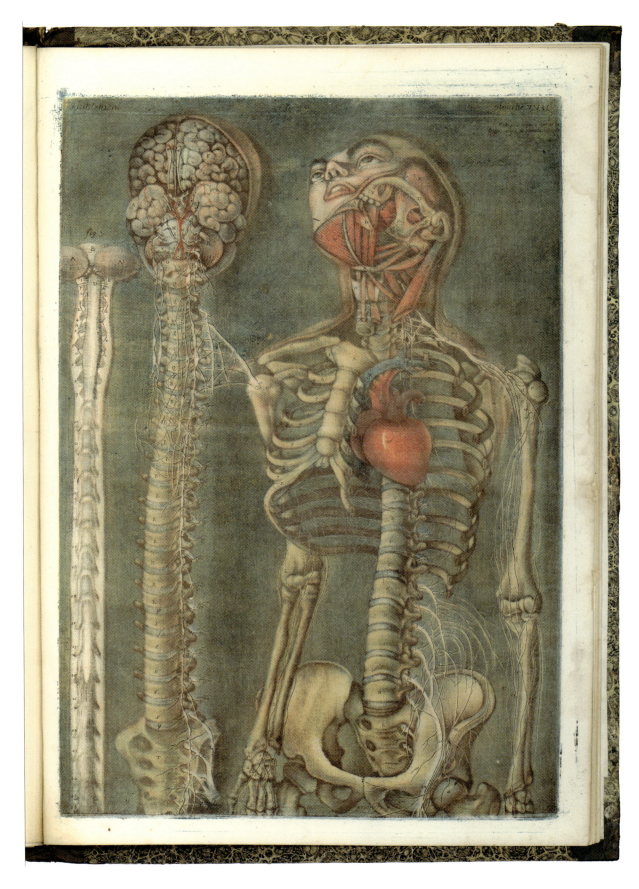

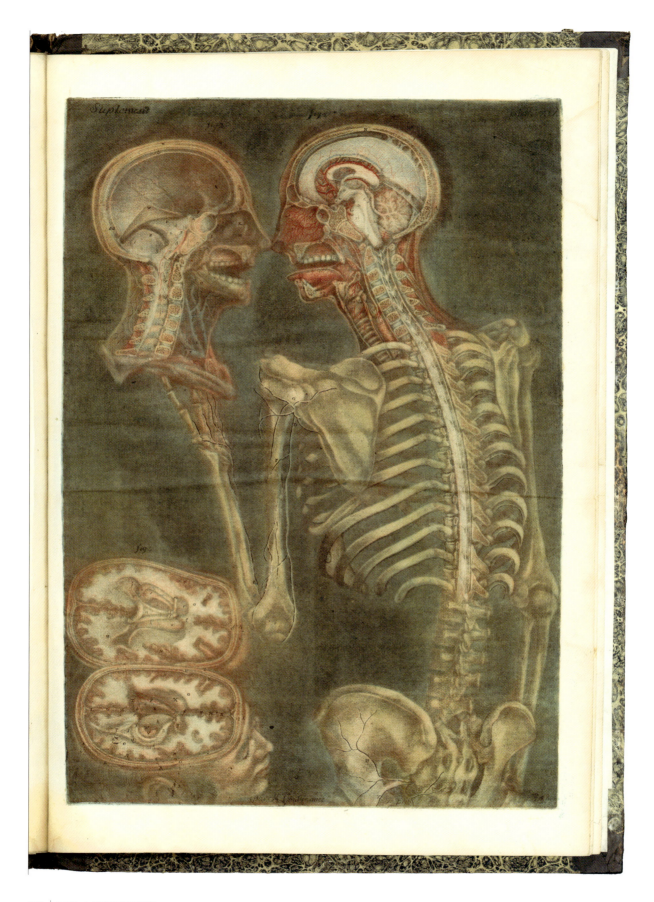

I-03

中国ヨーロッパ植物図譜
Collection Précieuse et Enluminée des Fleurs

ビュショー，ピエール・ジョゼフ
Buc'hoz, Pierre Joseph (1731-1807)

ビュショーはフランスに生まれ法律家から医者を目指し，1763年にポーランド王スタニスラフの侍医に任命されるがその官職を辞し，やがて博物学者として活躍するようになった。彼は植物学に関する図版入りフォリオ版の出版を手始めに，鳥類学，医学，農業などに関する多くの本をパリで出版したが，内容や記述に誤りや盗用が多く他の学者や大衆の支持は得られなかったため人気が出ず経済的に恵まれなかったと言われている。その後，彩色図版制作の仕事に就いたことを契機として，自らいくつかの優れた博物図譜を出版した。主に『中国ヨーロッパ植物図譜』の他，"Collection Précieuse et Enluminée（植物図譜）" (1776)，"Les Dons Merveilleux（名花図譜）" (1778-83)，"Le Grand Jardin de l'Univers（世界名花図集）" (1785) などがある。これらの著作も含め本書の特徴は，ビュショーが中国の画家の描いた中国の植物図譜を〈東洋における花の絵画〉としてヨーロッパに初めて紹介したことであると言われている。特に黄色に縁どられた画面の中の図版タイトルに中国の漢字が使われていることや，花鳥や昆虫等の図版に東洋的な風景の図像が描かれている点などは，西洋の博物画とは趣味が異なるものでシノワズリーの極致として当時のヨーロッパで珍重された。周囲の黄色い枠は額の名残り。

赤のモロッコ革を張り，縁と中央に金箔を使用した本書のルリュール装幀には「1987 K.E.H.」というサインがある。

図版制作	
出版地	Paris
出版者	Lancombe Libraire
出版年	1776
版	
巻号数	2v.
印刷技法	手彩色銅版
印刷者	

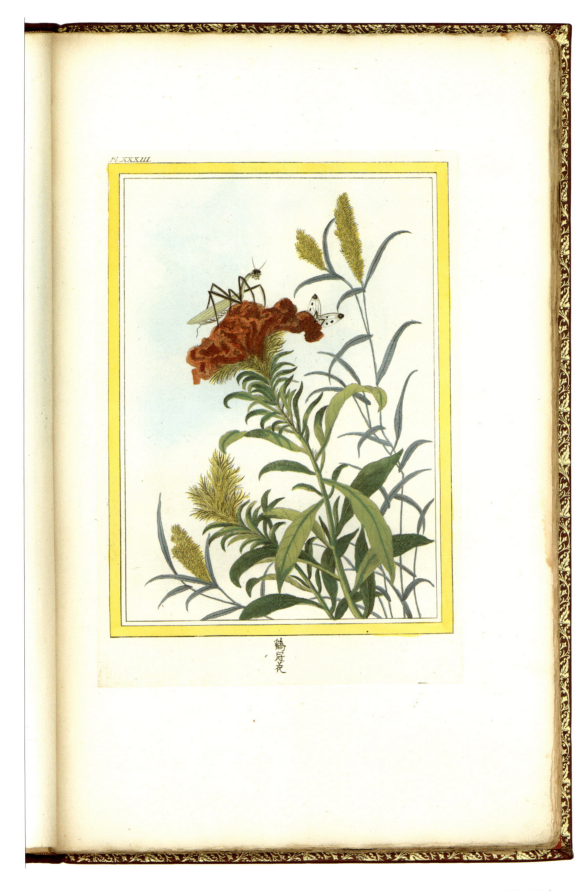

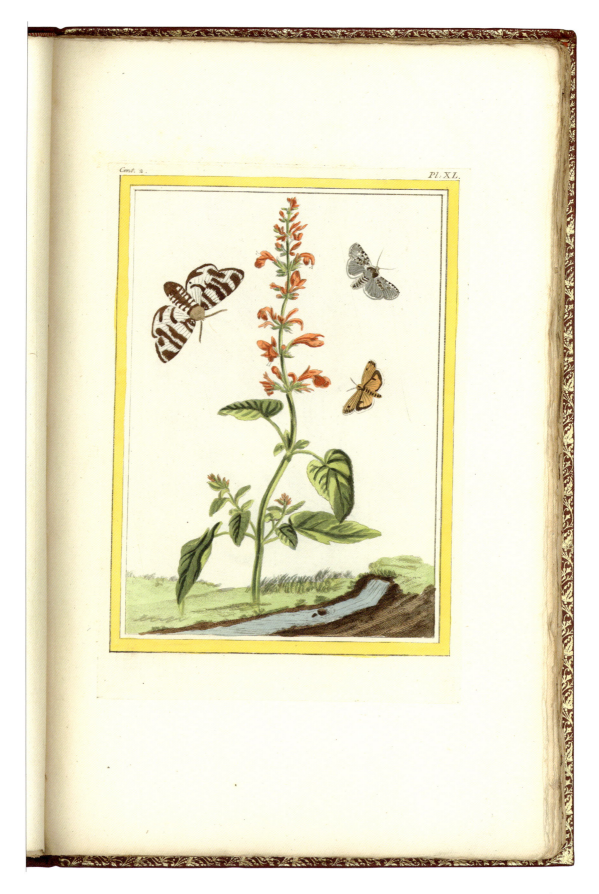

I-04

第3次太平洋航海記 図版編
A voyage to the Pacific Ocean. Undertaken, by the command of His Majesty, for making discoveries in the Northern Hemisphere

クック，ジェームズ　Cook, James (1728-1779)
キング，ジェームズ　King, James (1750-1784)

クックは，イギリス，ヨークシャー生まれで海軍の将校，太平洋探検家。海洋術を学び，優れた戦略的能力と海図製作に長けていたとされ海軍大佐（ポスト・キャプテン）を務めた。キャプテン・クックの呼称はこれに由来する。彼は，生涯に3回（第1回航海：1768年～71年，第2回航海：1772年～75年，第3回航海：1776年～80年）の太平洋航海を指揮した。特に第1回航海では植物学者バンクス（Banks, Joseph 1743-1820）を伴い多くの成果を上げたことが知られている。本書は4年の歳月をかけた第3回航海記録全3巻のテキストと特大判の銅版印刷による図版編である。1巻の冒頭は《陛下の命を受けて1776年2月9日に航海に旅立つ》という書き出しに始まる。

クックは百数十名の隊を編成したレゾリューション号を指揮し，ディスカバリー号を従え，探検家たちが長らく探していた太平洋からアメリカ大陸北岸を回る航路の発見を目的としていた。1778年，オレゴン州海岸に到着，79年にヨーロッパ人としてはじめてハワイ諸島にたどり着く。当初は現地の島民に大いに歓迎されるが，原住民とのトラブルにより帰国を前に最期を遂げた。彼の航海探検が後世に与えた偉大な功績は，長期間航海における船員の壊血病を克服したこと，海域や海岸の調査の任務を行い正確な海図製作を行ったこと，クロノメーターによる経度の決定を行ったことである。1巻と2巻はクックが残した記録のまとめであるが，3巻はクックに同行し副官を務めたキングが帰国後にまとめたもの。

天文学者でもあったキングはクックの第3回航海のレゾリューション号に副官として随行した。クックがハワイ島で原住民に殺され最期を遂げた後，ディスカバリー号の艦長となりイギリスへ帰国した。キングが記した3巻目にはサンドウィッチ諸島へ向けて南下する際の航路やクックが殺されたハワイ島ケアラケクア湾の海岸線も示されている。

エレファント版の図版編にある大判地図（65×97cm, p.039参照）にはクックが行った3回にわたる世界航海の航路が示されている。太平洋をはじめ世界の海洋，海域の名が書き込まれた海図は緯度，経度が示された精巧な航路データとともにクックが発見した中部太平洋の島々の位置が正確に描かれている。これらの海図はクックの航海がもたらした功績のひとつでもある《太平洋の範囲を明確に示した》ものとして後世の科学史の発展に貢献した。

図版制作	
出版地	London
出版社・発行者	Pub. by order of the Lords Commissioners of the Admiralty. Printed by H. Hughs, for G. Nicol, Bookseller to His Majesty, in the Strand; and T. Cadell, in the Strand.
出版年	1785
版	第2版
巻号数	4v.
印刷技法	銅版
印刷者	H. Hughs, G. Nicol, T. Cadell

A NIGHT DANCE by MEN, in HAPAEE.

A YOUNG WOMAN of OTAHEITE, bringing a PRESENT.

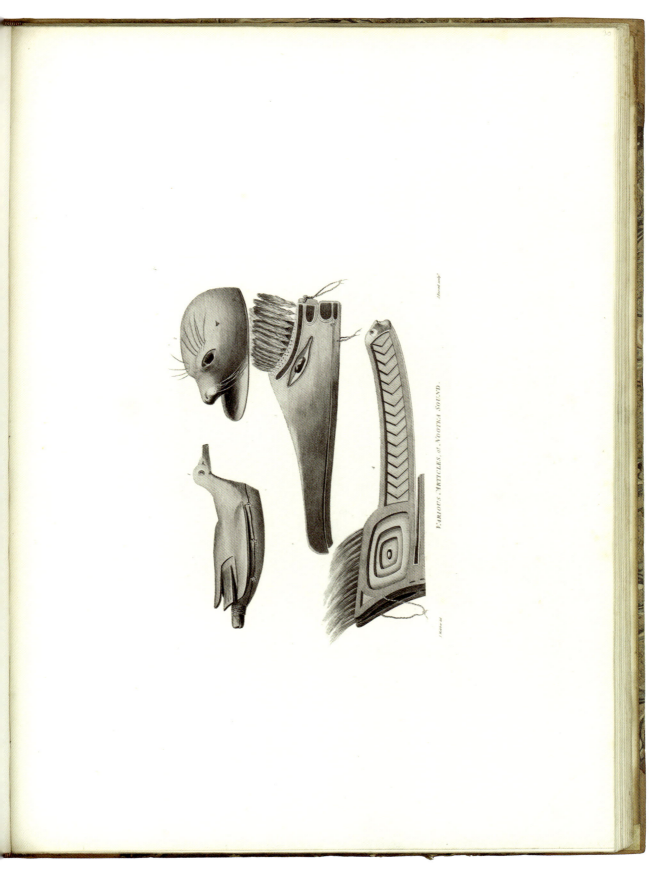

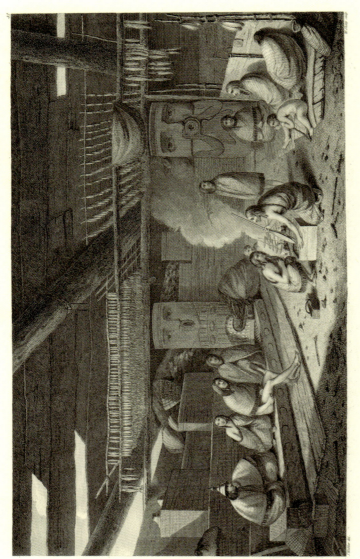

The INSIDE of a HOUSE in NOOTKA SOUND.

A MAN of OONALASHKA.

A MAN of the SANDWICH ISLANDS, in a MASK.

A MAN of KAMTSCHATKA, TRAVELLING in WINTER.

The DEATH of CAPTAIN COOK.

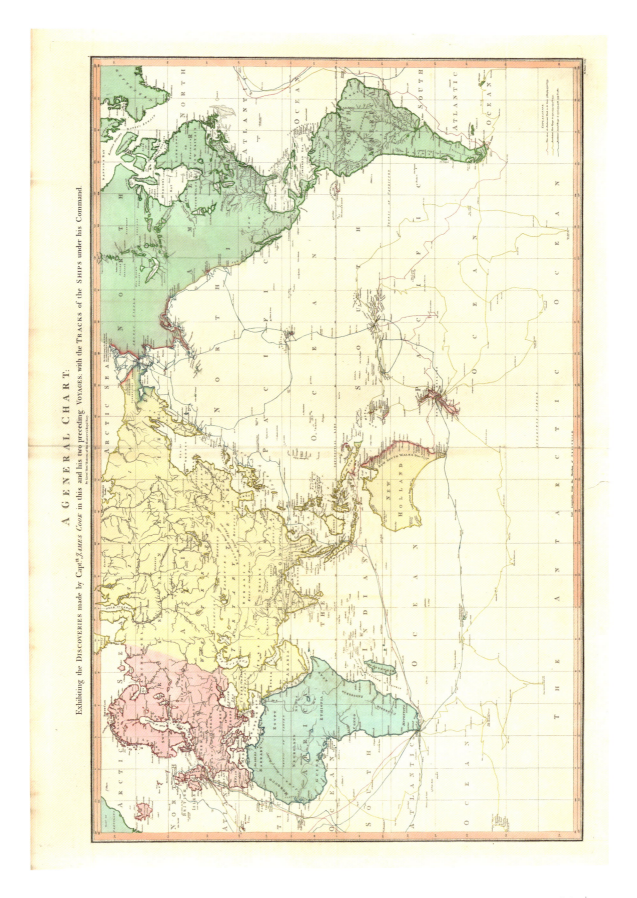

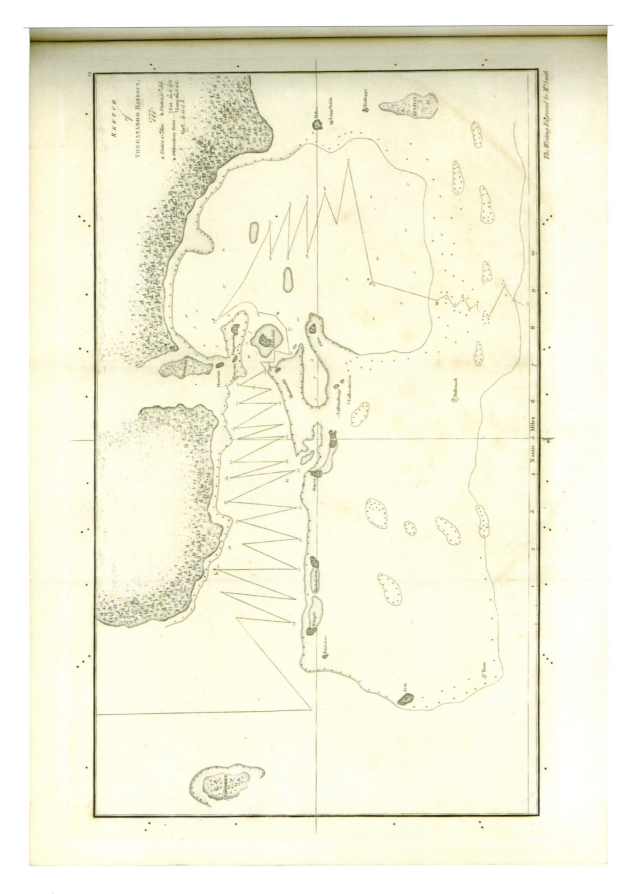

040 | I-04 第3次太平洋航海記 図版編

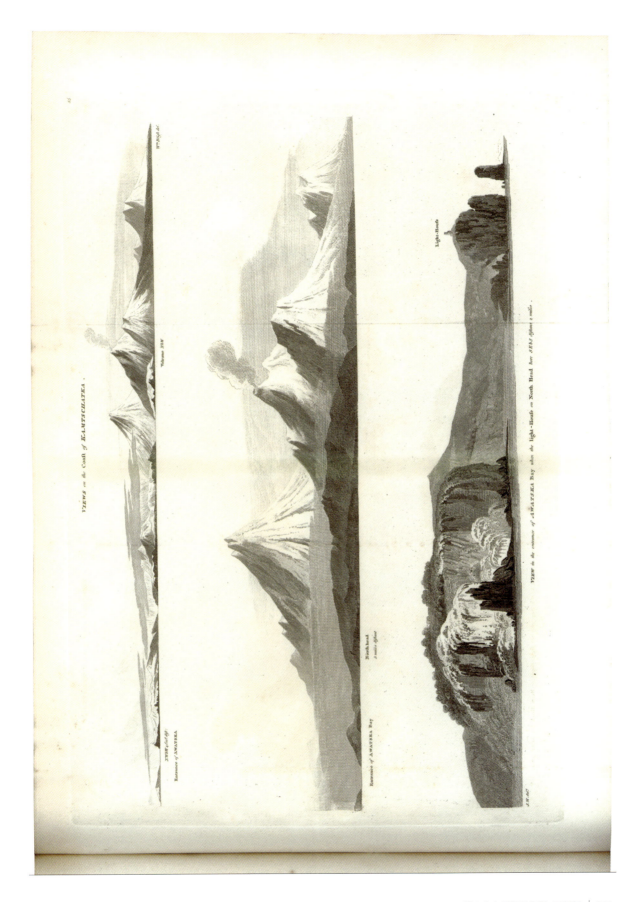

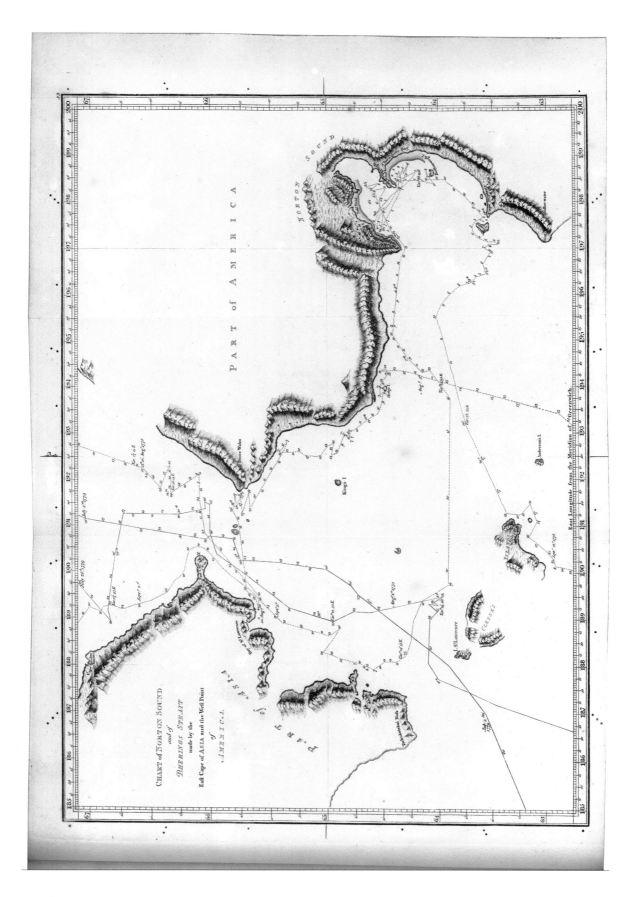

I-05

イギリスの昆虫
The natural history of British insects; explaining them in their several states, ...

ドノヴァン, エドワード
Donovan, Edward (1768-1837)

ドノヴァンはロンドン出身の博物学者。1807年にロンドン自然史研究所を開設した。
本書は1792年から1813年にかけて全16巻刊行されたうちの第2巻。『英国昆虫図譜』との邦訳もある。彼が描いた昆虫はクックの大航海に随行した博物学者バンクスらによって収集された標本に基づいている。彼自身が手がけたイラスト・エッチングの特徴は濃い絵具や白抜きのハイライト、卵白の上塗り、メタリック塗料などを使用した精密な表現にある。それらの美しい手彩色は日本画の美意識に通じるものがあり、多くのすばらしい図譜は「ドノヴァン本」と呼ばれ稀覯本として珍重されている。
本書の巻末にはコピーされたリンネ分類の3, 9, 10, 11, 13, 14, 15, 16巻のインデックスが綴じられており、234点のオリジナルの昆虫図版はリンネの植物分類体系に沿って分類されたと推測される。コピー等の装丁は大英図書館でなされたとみられる。

図版制作｜Donovan, Edward
出 版 地｜London
出版社・発行者・印刷所｜F. & C. Rivington
出 版 年｜1792-1813
　　　版｜
巻 号 数｜16v.
印刷技法｜手彩色多色刷銅版
印 刷 者｜

046 | I-05 イギリスの昆虫

I-05 イギリスの昆虫 | 047

I-05 イギリスの昆虫 | 049

I-06

名花素描
[Fleurs dessinées d'après nature]

スパエンドンク, ヘラルト・ファン
Spaendonck, Gerard van (1746-1822)

著者の日本語表記は「スペンドンク」「スパンドンク」と記す場合もある。日本語タイトルは『花の写生集』と訳されたものもある。タイトルページや解説はなく，図版だけを集めて製本したとみられ，紙面の端が断ち落とされて活字が切れている部分がある。
スパエンドンクはオランダのティルブルグ生まれの画家。1769年にパリに移り，1774年にパリの自然史博物館の花の絵画教授となった。博物館では後に名声を得る花の画家ルドーテやその弟のアンリ・ジョセフ（Redouté, Henri Joseph 1766-1852）とも交流をもち，特に絵画技法ではルドーテに多大な影響を与えたばかりでなく，ナポレオンのエジプト遠征に画家のアンリの同行を推薦したと言われる。彼の存命中に出版されたのはこの2巻本の作品集のみで，ル・グラン（Le Grand, Pierre François 1743-1824）ほか彫版師たちによって見事に点刻された24点の植物画である。当館の所蔵は第1巻のみで12点の壮麗な植物図譜には，モーブ，マーガレット，バラなど12種類の植物が描かれている。本書は花のエングレーヴィング画の傑作と評されており，他にも手彩色本や多色刷のもの，石版刷なども彼の弟子たちにより出版されているものの，鮮やかな色刷りにおいて本書のスティップル技法の繊細さには及ばないと言われている。なお，スティップル・エングレーヴィング（点刻彫版）は18世紀にフランスで発達し，イギリスでバルトロッツィとライランドによって技法としての完成をみたと言われる。
スパエンドンクは当時のフランスにおける植物画家としての名声を得て，ルドーテとともに科学的で完成された植物画の黄金期に貢献した。1804年にはナポレオンによってレジオン・ドヌール勲章を授与された。

図版制作｜Spaendonck, Gerard van
　　　　　Le Grand, Pierre François
出 版 地｜[Paris]
出 版 者｜[Chez l'auteur, au Jardin des Plantes et chez Bance, Marchand d'estampes]
出 版 年｜[1800-1804?]
　　版　｜
巻 号 数｜[2v.]
印刷技法｜スティップル・エングレーヴィング，手彩色
印 刷 者｜

ルソーの植物学
La Botanique de J. J. Rousseau, ornée de soixante-cinq planches, imprimées en couleurs d'aprés les peintures de P. J. Redouté

ルソー, ジャン＝ジャック
Rousseau, Jean-Jacques (1712-1778)

ルドーテ, ピエール・ジョゼフ
Redouté, Pierre Joseph (1759-1840)

18世紀のフランスはボタニカルアートの全盛期とも言われている。その中でも特に〈ルドーテの時代〉と称されるように、ルドーテは同時代の花の画家スパエンドンクと並ぶ傑出した植物画家であった。ベルギー生まれのルドーテの植物画家としてのスタートは師でもあるブリュテル（Brutelle, Charles Louis L'Héritier de 1746-1800）との出会いが契機となる。さらに彼の紹介により王妃マリー・アントワネット（Antoinette, Marie）の専属の花の画家となり裕福な身となる。その後、ルドーテはルイ16世（Louis XVI）に仕え、ナポレオンの王妃ジョセフィース（Beauharnais, Joséphine de）の元で手厚い庇護を受け、この世の富と名声を手中に収め王妃のために制作した最高の傑作と称される『バラ図譜』など後世に名を残す数々の植物図譜を出版した。

本書『ルソーの植物学』はルドーテが王妃ジョセフィースに仕えていた頃に制作されたもの。草花の類から果実をつける樹木までの繊細な植物画65点が彩色銅版で描かれている。本書の底本は、フランス啓蒙思想を唱えたルソーが1771年から74年の間に出版した著作 "Lettres élémentaires sur la Botanique（植物学についての手紙）" であり、ルソーの死後、ルドーテがその著作に65枚の図版を掲載して1805年に出版した共作である。リンネの熱烈な支持者でもあったルソーの晩年は植物学に傾倒したことで有名だが、フランス革命後に台頭した自然科学分野における科学的博物学の興隆にも重要な役割を果たした。

図版制作｜Redouté, Pierre Joseph
出 版 地｜Paris
出 版 者｜Delachaussée
出 版 年｜1805
　　版｜
巻 号 数｜1v.
印刷技法｜彩色銅版, スティップル
印 刷 者｜De l'Imprimerie de L. E. Herhan

I-08

オーストラリア探検記

Voyage de découvertes aux terres Australes, exécuté par ordre de S. M. L'Empereur et Roi

ペロン, フランソワ
Péron, M. François (1775-1810)

フレシネ, ルイ・クロード・デソール・ド
Freycinet, Louis Claude Desaulses de (1779-1842)

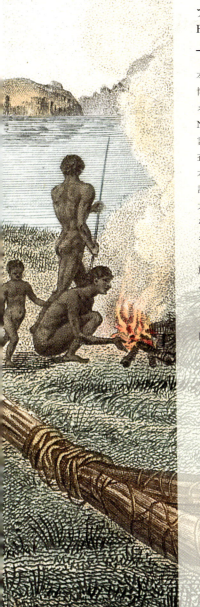

本書の和訳には『オーストラリア探検報告』『ボダン船長指揮による南方大陸航海記』等の訳もある。博物学者ボダン(Baudin, Nicolas 1754-1803)船長が、1800年から1804年の間に指揮した「ジェオグラフ号」「ナチュラリスト号」等によるオーストラリア探検航海は、ナポレオン(Bonaparte, Napoléon 1769-1821)の意向を受けて計画されたものでフランス最大の博物探検航海であったと言われている。本書は、ボダンの死後、航海に同行していた博物学者ペロンとフレシネが膨大な調査記録を編集し出版したもの。中でも動物の標本は10万点を超える量であったと言われている。
本書の前半部分はオーストラリアの港の風景、原住民の姿、習慣、風俗、希少動物、海洋生物等の記録である。後半部分は1811年にフンシネが編集したオーストラリア大陸の大判サイズの地図2枚、大陸の詳細な地形を調査した地理分布図11枚が収められている。また航海記としてはじめて本格的な多色刷で印刷された図譜でもある。
ボダンの航海はフランスにおける「科学」をテーマとした新たな博物航海に先鞭をつけ、後にフレシネによる「ユラニー号航海探検」が組織されることになった。
扉の図版には「自然人の集合体の歴史」「未知の南の大陸のイギリス人居住地」「ニューホランドのための自然史」「ジェオグラフ号, ナチュラリスト号, カス・アリーナ号」などのフレーズが並んでいる。

図版制作	Baudin, Nicolas
	Péron, M. François
	Freycinet, Louis Claude Desaulses de
出版地	Paris
出版社・発行者・印刷所	[Langlois][MM. Le Sueur et Petit]
出版年	[1807-1816]
版	
巻号数	[4v.]
印刷技法	多色刷銅版
印刷者	

TERRE DE DIÉMEN ET NOUVELLE-HOLLANDE.

1. Monotone. (a.) Ilot de Witt. (b.)
2. Ile Tasman. (c.)
3. La Pyramide. (d.) Groupe de Kent. (e.)
4. Vue du Promontoire de Wilson. (f.)
5. Vue d'une partie de la côte Occidentale de l'Ile Decrès : (Cap Bordo.(g) ravine des Casoars. (h)

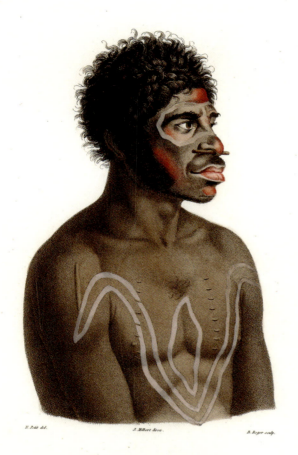

NOUVELLE-HOLLANDE.

Y-ERRAN-GOU-LA-GA.

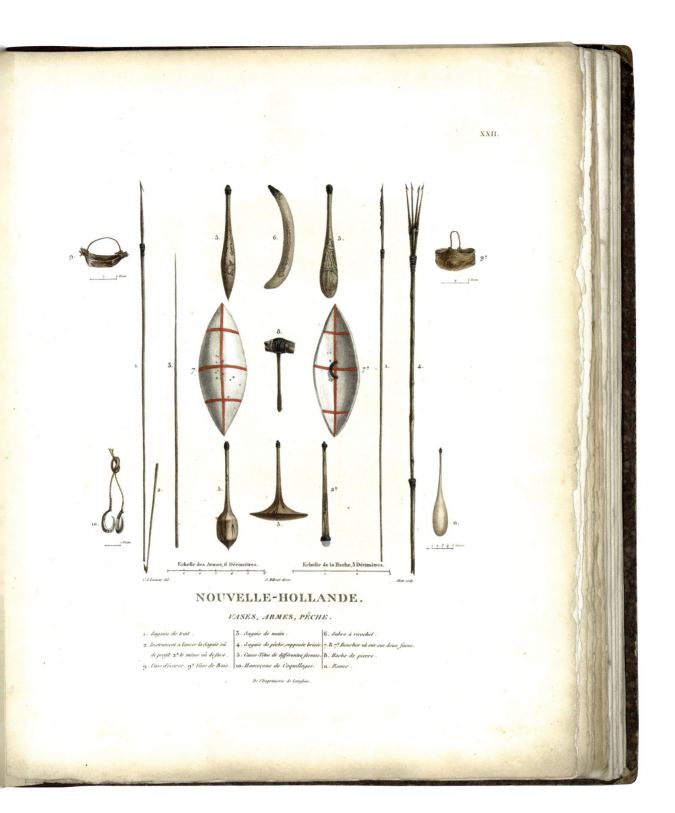

NOUVELLE-HOLLANDE.

VASES, ARMES, PÊCHE.

1. Sagaies de trait.
2. Instrument à lancer la Sagaie vû de profil; 2ª le même vû de face.
3. Sagaie de main.
4. Sagaie de pêche, supposée brisée.
5. Casse-Têtes de différentes formes.
6. Sabre à ricochet.
7. & 7ª Bouclier vû sur ses deux faces.
8. Hache de pierre.
9. Vase d'écorce. 9ª Vase de Bois.
10. Hameçons de Coquillages.
11. Rame.

De l'Imprimerie de Langlois.

TIMOR.

NÁBÁ-LÉBÁ ROI DE L'ÎLE SOLOR.

TIMOR.

CANDA Jeune fille Malaise.

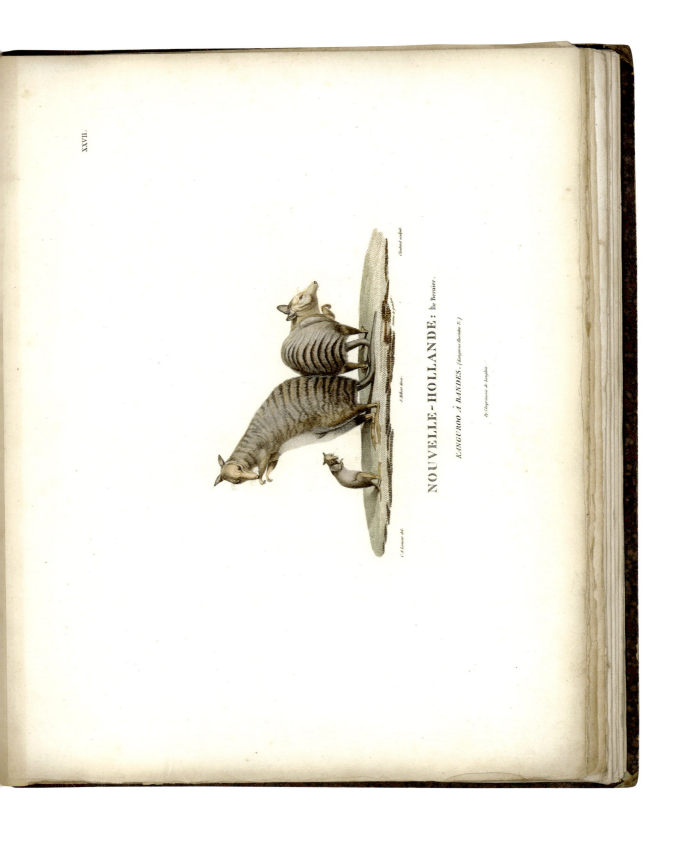

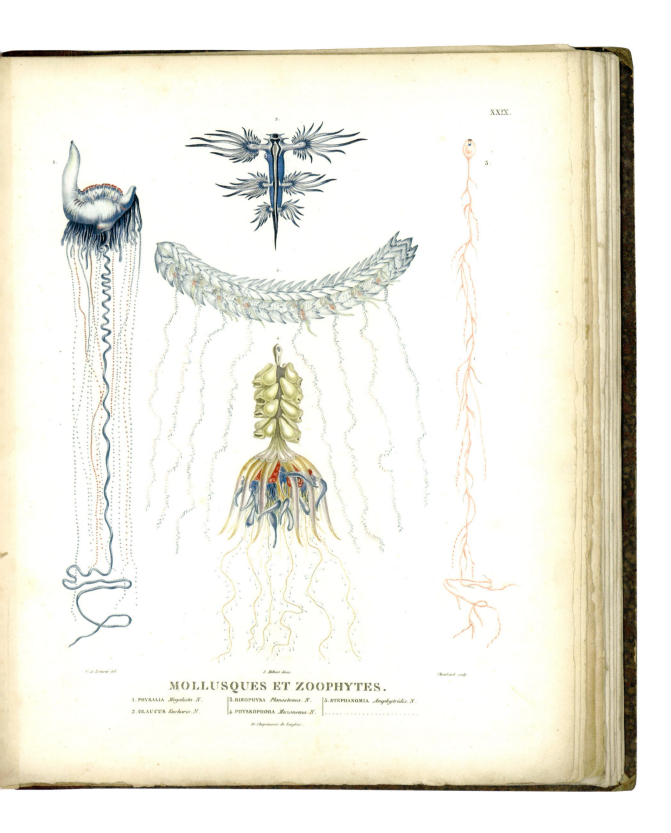

MOLLUSQUES ET ZOOPHYTES.

1. PHYSALIA *Megalista* N.
2. GLAUCUS *Eucharis* N.
3. RIZOPHYSA *Planestoma* N.
4. PHYSSOPHORA *Muzonema* N.
5. STEPHANOMIA *Amphytridis* N.

MOLLUSQUES ET ZOOPHYTES.

XXXII.

NOUVELLE - HOLLANDE : ÎLE KING.

L'ÉLÉPHANT-MARIN ou PHOQUE À TROMPE. (*Phoca Proboscidea, N.*)

Vue de la Baie des Éléphants.

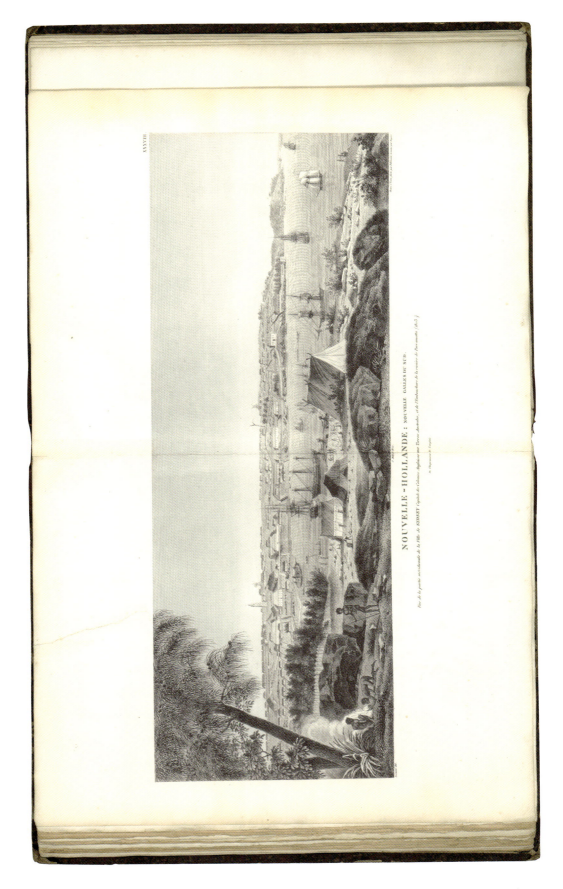

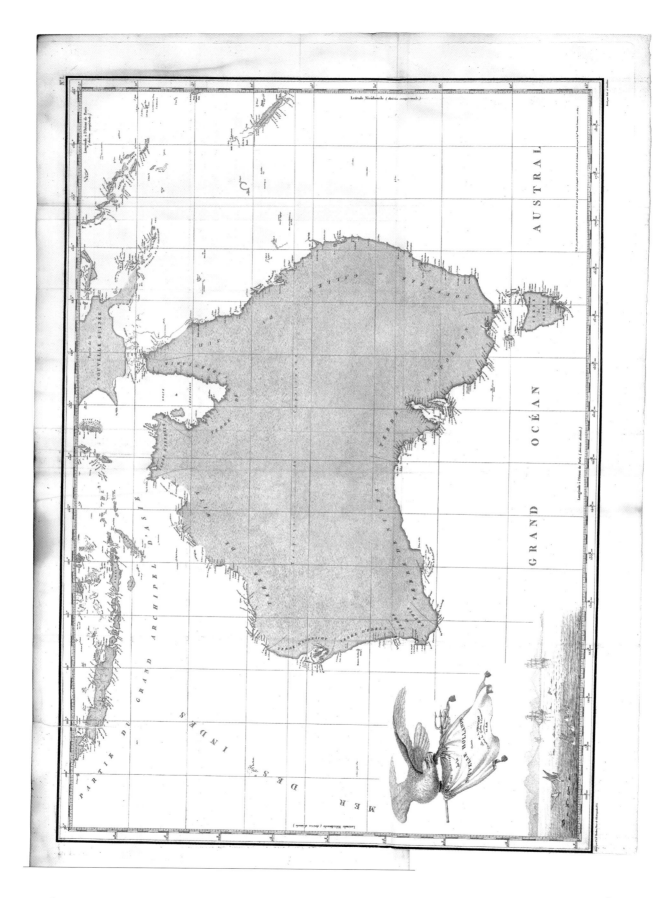

コルディエラ景観図集
Voyage de Humboldt et Bonpland. pt. 1. Relation historique. Atlas pittoresque

フンボルト, フリードリヒ・ヴィルヘルム・ハインリヒ・アレクサンダー・フォン
Humboldt, Friedrich Wilhelm Heinrich Alexander Freiherr von (1769-1859)

ボンプラン, エメ
Bonpland, Aimé Jacques Alexandre (1773-1858)

フンボルトはドイツ, ベルリン生まれの博物学者, 地理学者。本書は1799年に植物学者ボンプランとともに5年間にわたり南米のメキシコ, コロンビア, ペルー, ベネズエラなどの国々, オリノコ川, アマゾン川流域, 中世メキシコに栄えたアステカ文明が残る高山地域やその周辺領域を探検した航海記。

ペルー・アンデスにあるコルディエラ・ブランカは, 全長200kmにわたり, ペルー最高峰のワスカラン (6768m) をはじめ, 6000m以上の山々を有する南米最大の山群である。コルディエラ地方の景観の記録を中心に, 南アメリカ大陸に生活している原住民の風俗やモニュメントなどが克明に記録されている。フンボルトが険しいコルディエラ山中を探検するのに原住民が背負う籠に担がれて, 悠然と本を読んでいる様子が描かれている。当時の原住民とヨーロッパ人の関係を対比させた構図が興味深い。2人の探検のなかで特筆すべきはカシキクアーレ川の地図を作製したことと, エクアドルの最高峰6000mのチンボラソ山を探検したことである。これによりフンボルトは山裾の熱帯植物と頂上の寒帯植物の存在を発見し生物地理学という新たな学問への門戸を開いた。広げると73cmにもなる折込図版に描かれたチンボラソ山の景観図は直彫りのドライポイント, 空の色はアクアチントと上部はエッチングなど複雑な手の込んだ印刷技法を駆使して描かれており当時の印刷技法のレベルの高さがうかがえる。フンボルトがエスキースを描き, ティボー (Thibout, Jean-Thomas 1757-1826) がデッサンし, ブーケ (Bouquet, Louis 1765-1814) が彫版を担当している。フンボルトは地形学, 植物学, 地質学上の膨大なデータをもとに様々な新しい観測を行い後世の科学の発展に大きな功績を残した。また, ボンプランは6万種にもおよぶ植物を採取し分類した。現在ではコルディエラ地方全域はワスカラン国立公園に指定され保護されている。また1985年に世界遺産にも登録されている。南アメリカのフンボルト海流は彼の名に因む。

図版制作	Humboldt, Friedrich Wilhelm Heinrich Alexander Freiherr von
	Bonpland, Aimé Jacques Alexandre
	Thibout, Jean-Thomas
	Bouquet, Louis
出版地	Paris
出版者	F. Schoell
出版年	1810
版	
巻号数	1v.
印刷技法	手彩色銅版 (ドライポイント, エッチング, アクアチント)
印刷者	

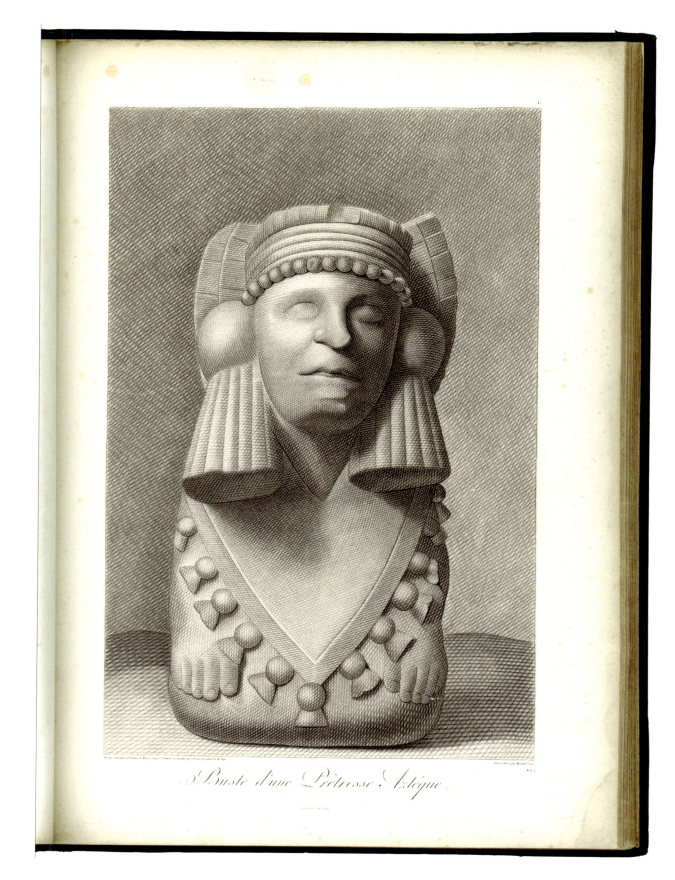

Buste d'une Prêtresse Aztèque.

I-09 コルディエラ景観図集

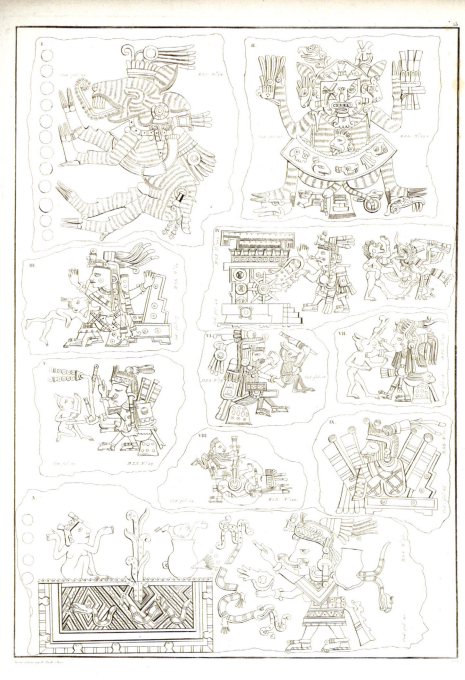

Hiéroglyphes Aztèque
du Manuscrit de Veletri

Intérieur de la Maison de l'Inca au Cañar.

Rochers basaltiques et Cascade de Regla.

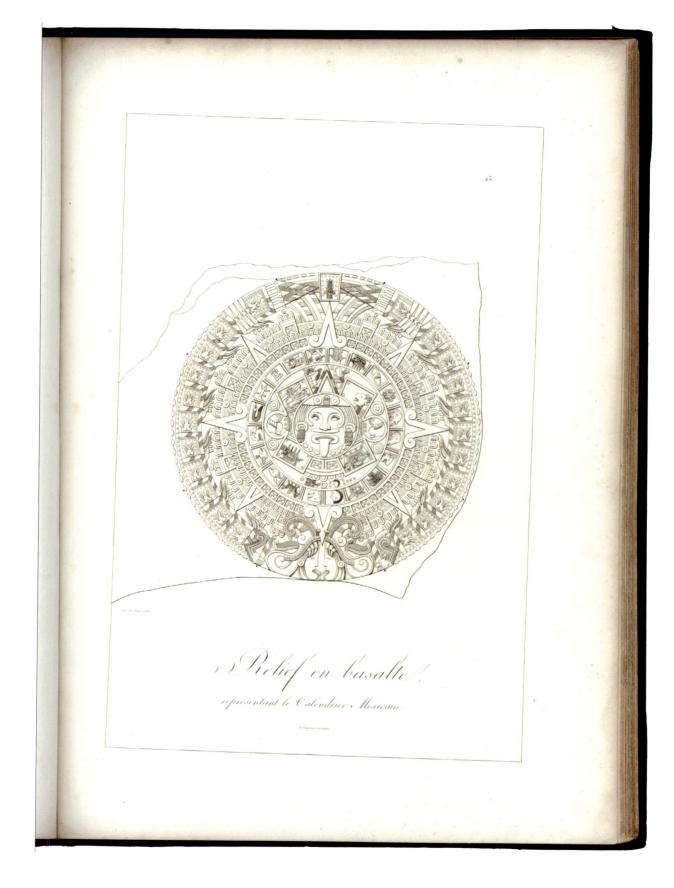

Relief en basalte,
représentant le Calendrier Mexicain.

I-09 コルディエラ景観図集

Signes Hiéroglyphiques des Jours de l'Almanach Mexicain.

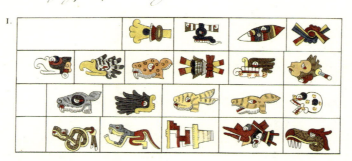

I.

II.

Peinture Hiéroglyphique,
tirée du Manuscrit Borgien de Veletri.

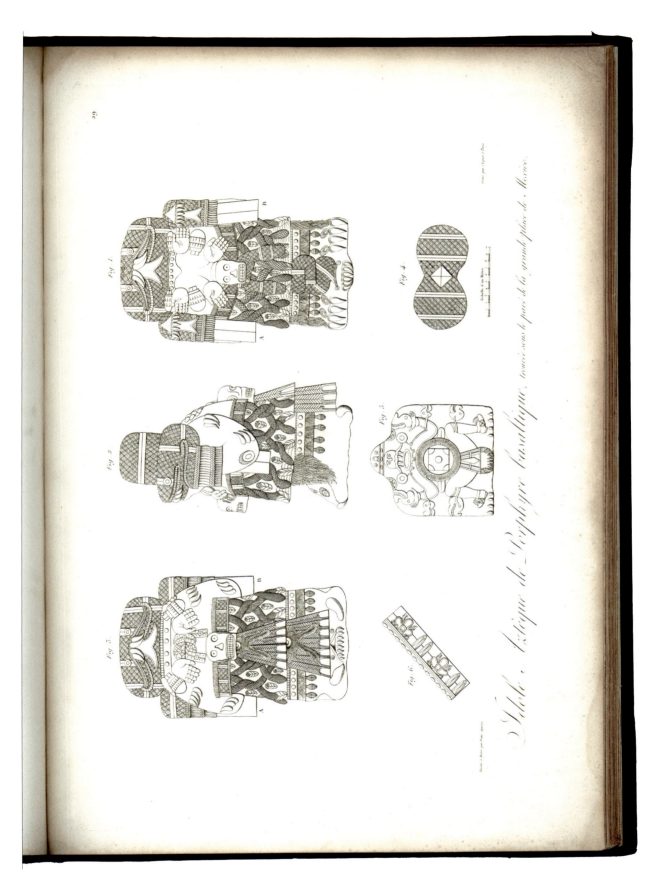

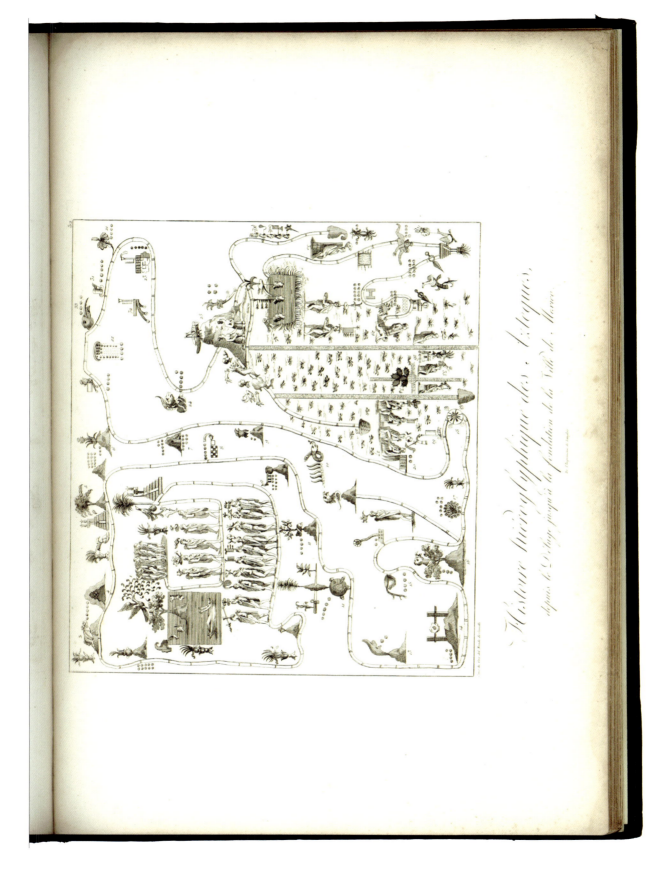

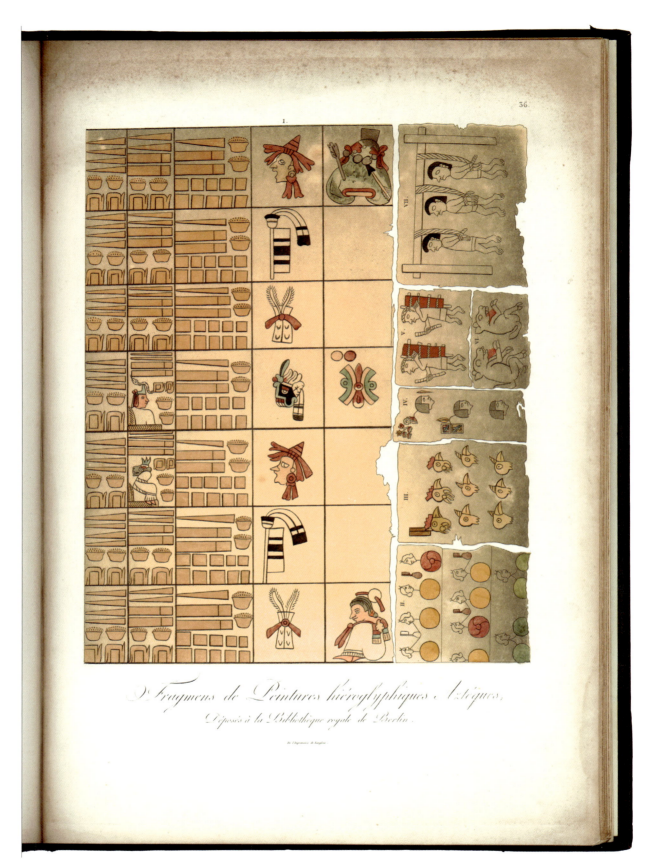

I-10

フローラの神殿
Temple of Flora, or garden of the botanist, poet, painter, and philosopher

ソーントン，ロバート・ジョン
Thornton, Robert John (1768-1837)

ソーントンはロンドン生まれの医学者。1798年に植物学者マーティン（Martyn, Thomas 1735-1825）の講義でリンネを知り植物学研究に傾倒する。
本書の始まりには1812年1月1日に印刷されたバラ，アマリリスなどの植物が描かれている。口絵扉にはバルトロッツィ（Bartolozzi, Francesco 1727-1815）とランドジーア（Landseer, Johe 1769-1852）によるクピドの挿絵があり，リンネのセクシャルシステムを解説する為に構想されたもの。特徴の一つは驚くべき構図の大胆さであり，当時イギリスで流行していたピクチャレスク様式を取り入れた描写である。また裕福であったソーントンがヘンダーソン（Henderson, Peter Charles 1799-1829）やライナグル（Reinagle, Phillip 1749-1833）などの優秀な彫版師を集め，当時のあらゆる銅版技法を駆使して製作したもので史上最も美しい植物図譜と称されている点があげられる。
本書は，1812年に私的くじの景品として刊行された第1版の縮小四折判で，一般的に「第2版」あるいは「くじ本」と呼ばれる。また，第1版（フォリオ判）は，1799年から約10年にわたり第31図まで分冊で刊行されたが，1800年代に入り植物への関心の薄れや戦争を原因とした資金難から続刊が困難になったとされる。
書名は彼が尊敬するエラズマス・ダーウィン（Darwin, Erasmus 1731-1802）の哲学詩『自然の神殿』から影響を受けて選んだもの。

図版制作	Henderson, Peter Charles
	Ward, William (1766-1826)
	Landseer, John
	Bartolozzi, Francesco
	et al.
出版地	London
出版社・発行者・印刷所	Dr. Thornton
出版年	1812
版	［第2版］
巻号数	1v.
印刷技法	手彩色多色刷銅版（スティップル，アクアチント，メゾチント他）
印刷者	

Flora dispensing Her Favours on the Earth

Group of Auriculas

Large Flowering Sensitive Plant.

106 | I-10 フローラの神殿

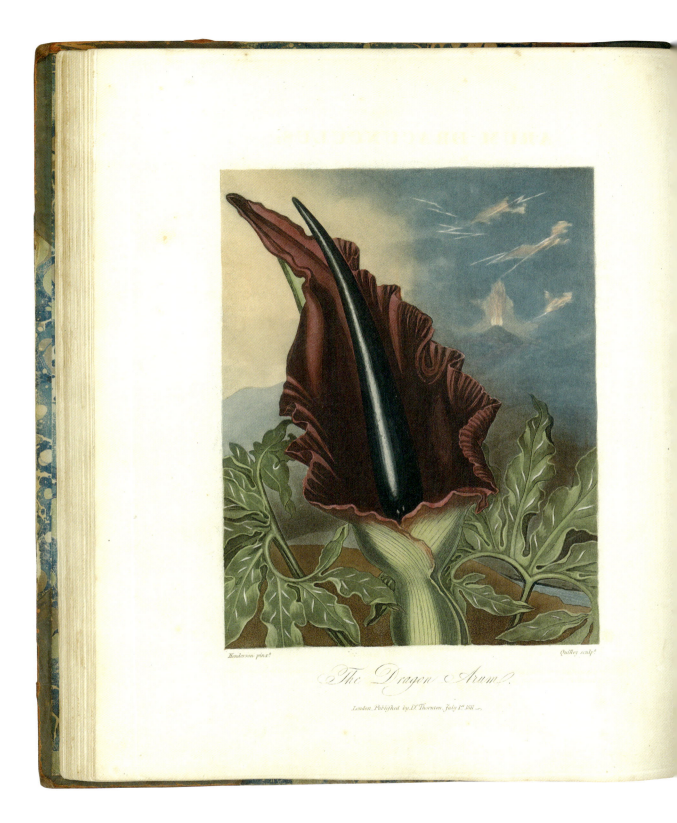

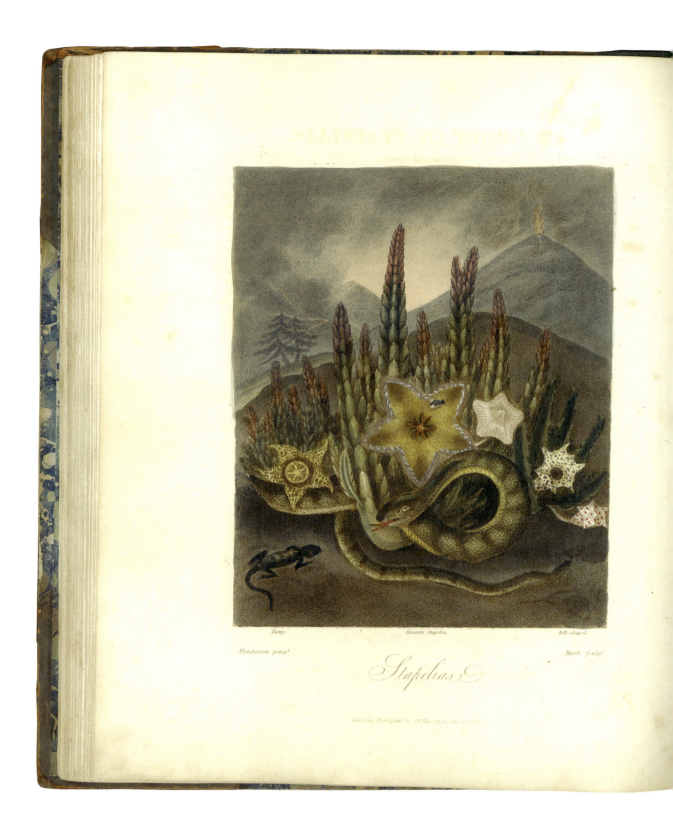

108 | I-10 フローラの神殿

The Nodding Renealmia.

American Cowslip

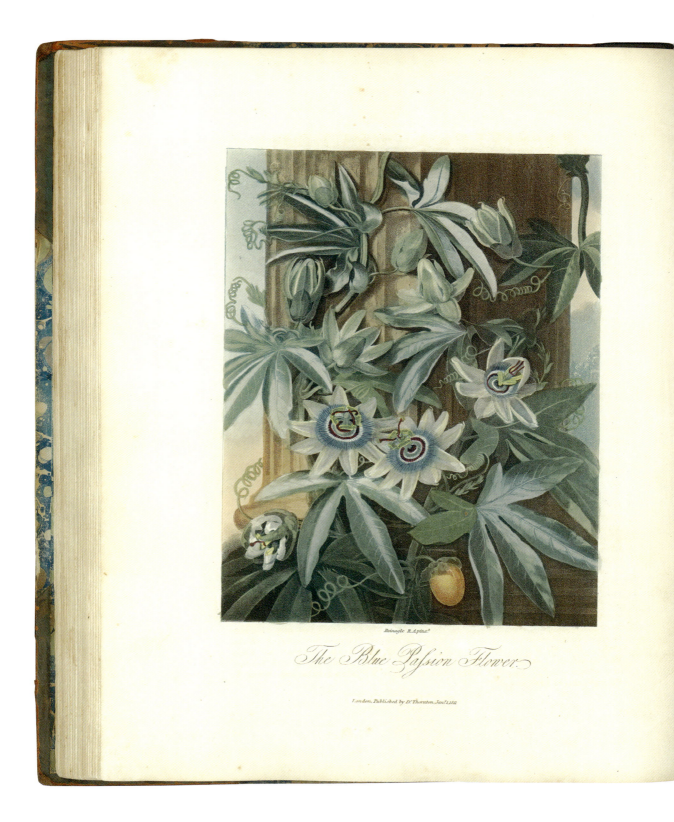

The Blue Passion Flower.

London, Published by Dr Thornton, Jan.º L1802.

Artichoke Protea.

I-11

解剖学遺稿集
Anatomia per uso degli studiosi di scultura e pittura opera postuma

マスカーニ, パオロ
Mascagni, Paolo (1755-1815)

イタリアのシエナ生まれのマスカーニは解剖学を学びフィレンツェのラ・スペコラ大学教授を務めた。彼は科学的な実物大の解剖図を著し新たな解剖学を樹立したとされる。本書は『解剖学遺稿集』とあるように，マスカーニの死後，彼の一族によって〈芸術家のための解剖図〉というコンセプトでまとめられた遺作。15図の色彩豊かな図版は，全身図と局所図に分かれ，銅版プレートには骨や筋肉の名称が直接彫られている。

銅版印刷を用いた解剖図譜の表現の進化は，アルビヌス（Albinus, Bernhard Siegfried 1697-1770），ダゴティ，マスカーニへとその系譜をたどることができる。

特徴的な図像のひとつとして，男性の左手に医学の象徴であるアスクレピオス（ギリシャ神話の医学の神様）の杖と呼ばれる蛇の巻きついた杖のモチーフが描かれ，マスカーニの医学への畏敬が表現されていることがわかる。また，正面図譜の背景にはブルネルスキ（Brunelleschi, Filippo 1377-1446）のドーム建築を臨む街並，後向き図譜の背景には海，横向き図譜には山が，それぞれ描かれており，一列に合わせると連続した風景が現れる。これらの風景からはこの背景が当時の学問の中心地であったフィレンツェの街であることが読みとれる。

図版制作	Mascagni, Paolo
出版地	Firenze
出版社・発行者・印刷所	[Giovanni Marenigh]
出版年	1816
版	
巻号数	1v.
印刷技法	手彩色銅版（スティップル・エングレーヴィング）
活字工	Giovanni Marenigh

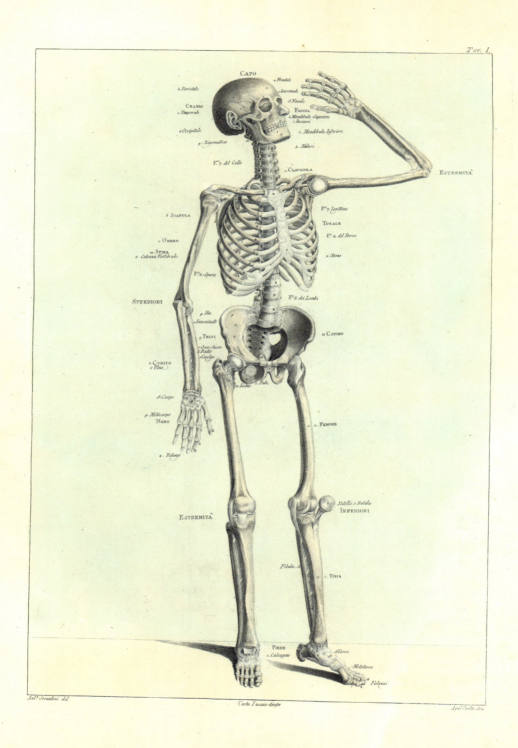

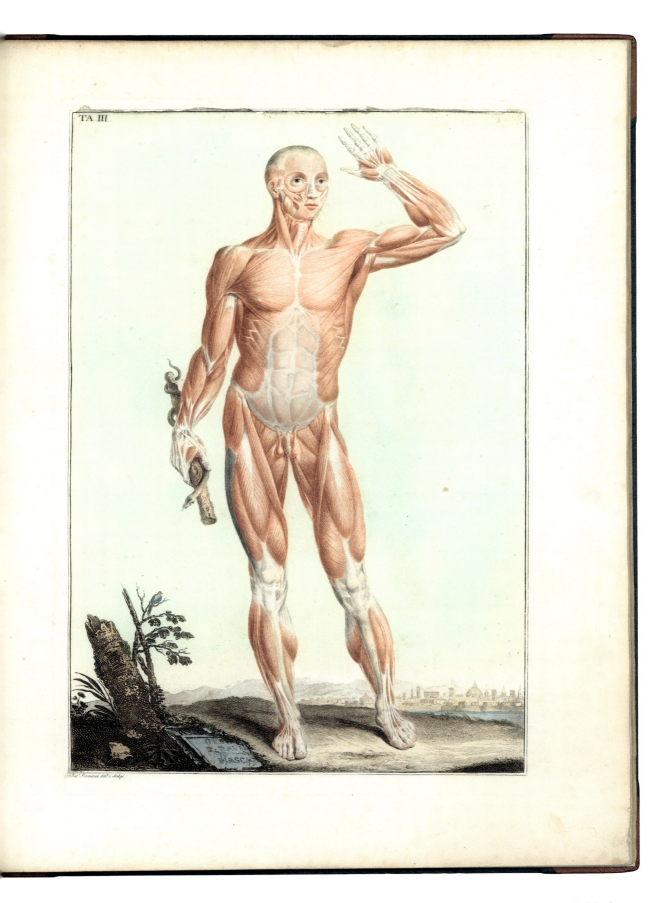

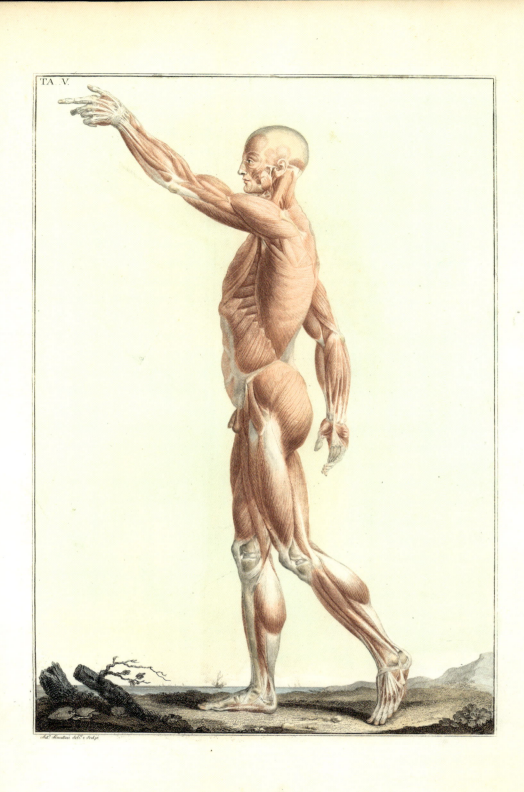

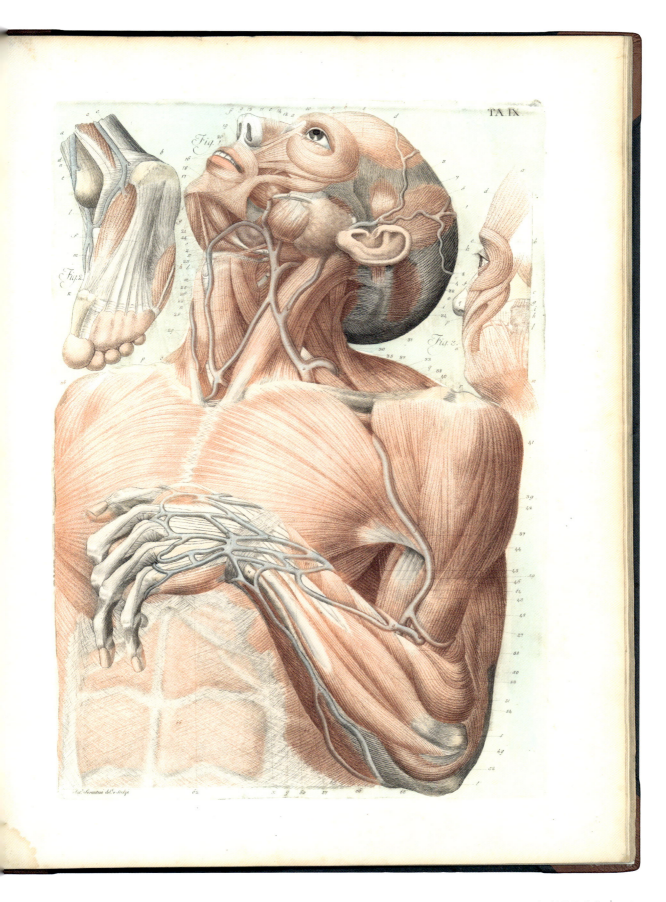

I-11 解剖学遺稿集 | 119

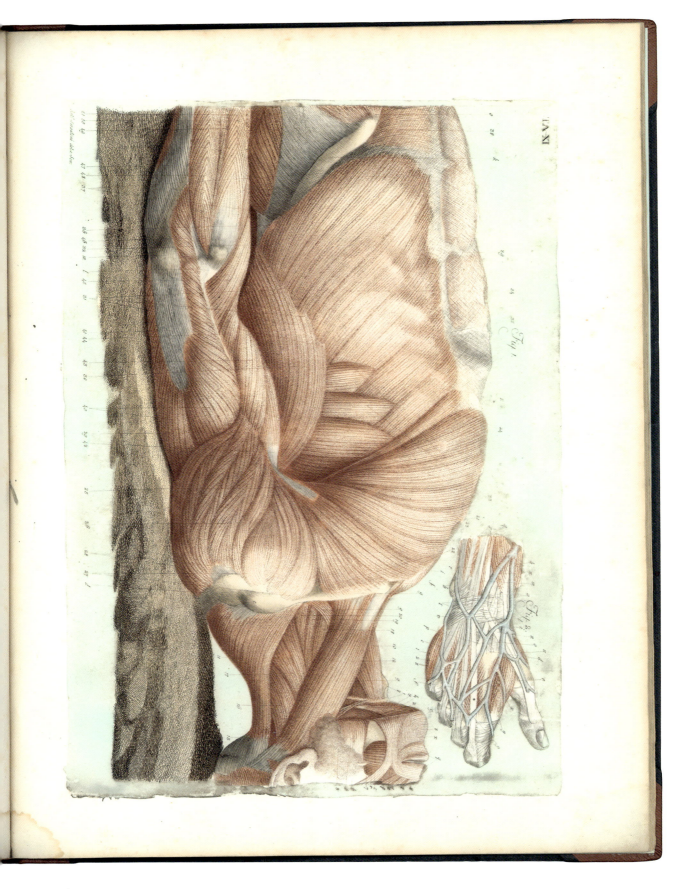

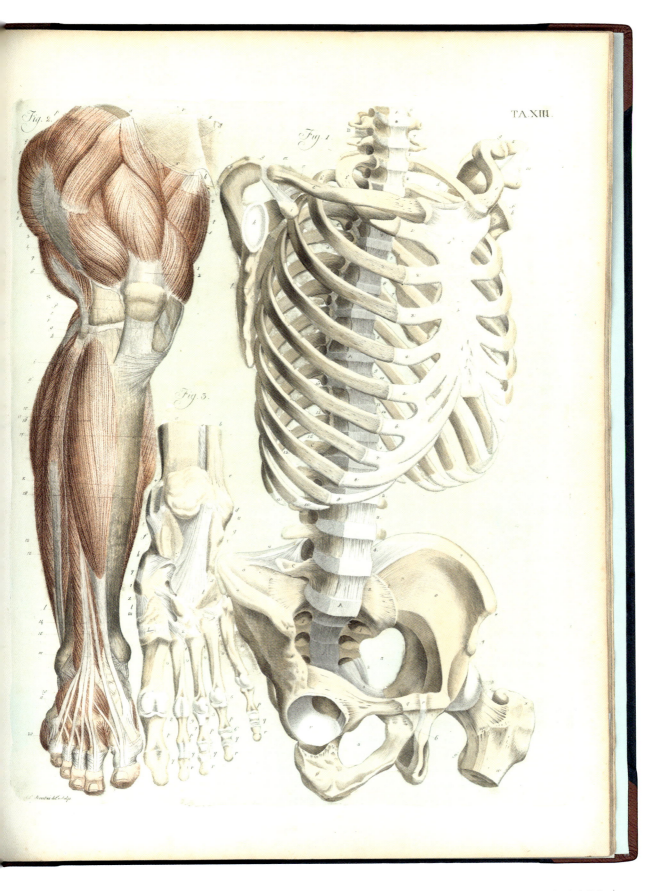

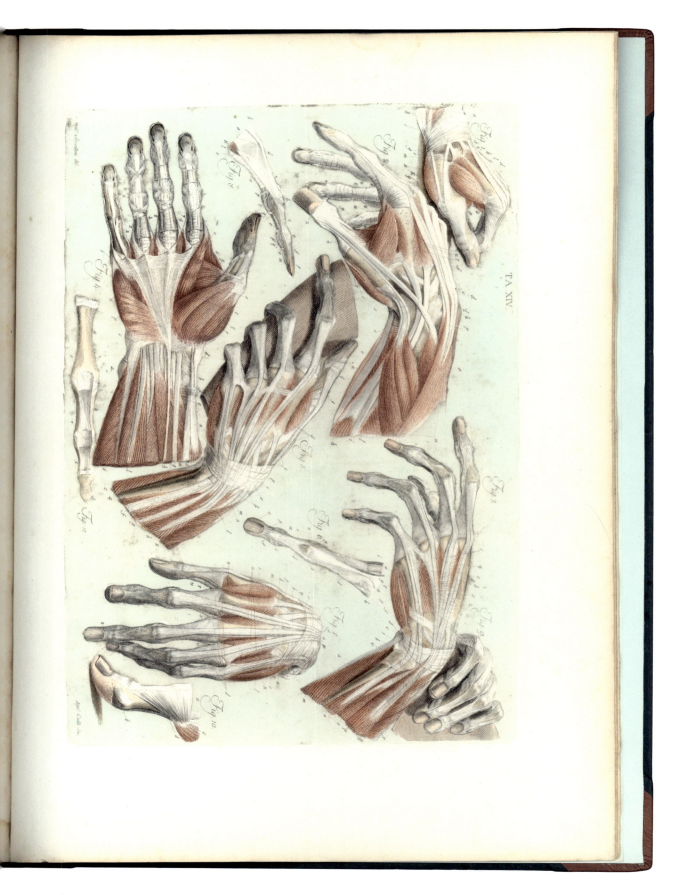

I-12

熱帯ヤシ科植物図譜
Historia naturalis palmarum

マルティウス，カール・フリードリヒ・フィリップ・フォン
Martius, Carl Friedrich Philipp von (1794-1868)

マルティウスはドイツの植物学者，探検家。ドイツ南東部のバイエルン州エアランゲンに生まれ，大学では植物学を修め植物学者となる。本書『熱帯ヤシ科植物図譜』は，バイエルン皇帝マクシミリアン1世（Maximillian I）から支援を受け，1817年から1820年にかけて動物学者であったスピックス（Spix, Johann Baptist Ritter von 1781-1826）を伴いブラジルからペルーに探検を行った成果をもとに出版されたもの。元版は1823年から1850年にかけてライプチヒからラテン語で出版されている。この大著三部作は植物学者である彼の功績のうちで最もよく知られた科学的な研究書であり，当時のヨーロッパ社会では未知の植物であったアレカ椰子を学術的な見地から詳細にまとめたもの。240点におよぶ多色リトで印刷された幾何学的で精密に描写された図版は芸術の範疇を超えた科学的な植物解剖図譜として珍重された。かのフンボルトは「ヤシが命名されて知られている限り，マルティウスの名は有名になるだろう」と述べてマルティウスの功績を称えた。

1巻ではヤシ科植物の分類を体系づけ生物地理学的に最初となる地図を製作している。2巻ではブラジルに生育するヤシの樹木の調査をまとめている。3巻は熱帯ヤシ全種類に関して系統立てた分類学的な註解を与えている。当時史上最高の自然史画家と呼ばれたバウアー（Bauer, Ferdinand Lucas 1760-1826）が，図版の一部を担当している。

図版制作	Mohl, Hugo von (1805-1872)
	Unger, Franz Joseph Andreas Nicolas (1800-1870)
	Bauer, Ferdinand Lucas
出 版 地	Monachii [Munchen]: Lipsiae
出 版 者	[Frid. Fleischer in Comm.]
出 版 年	[1823-1850]
版	
巻 号 数	3v.
印刷技法	多色リトグラフ
印 刷 者	

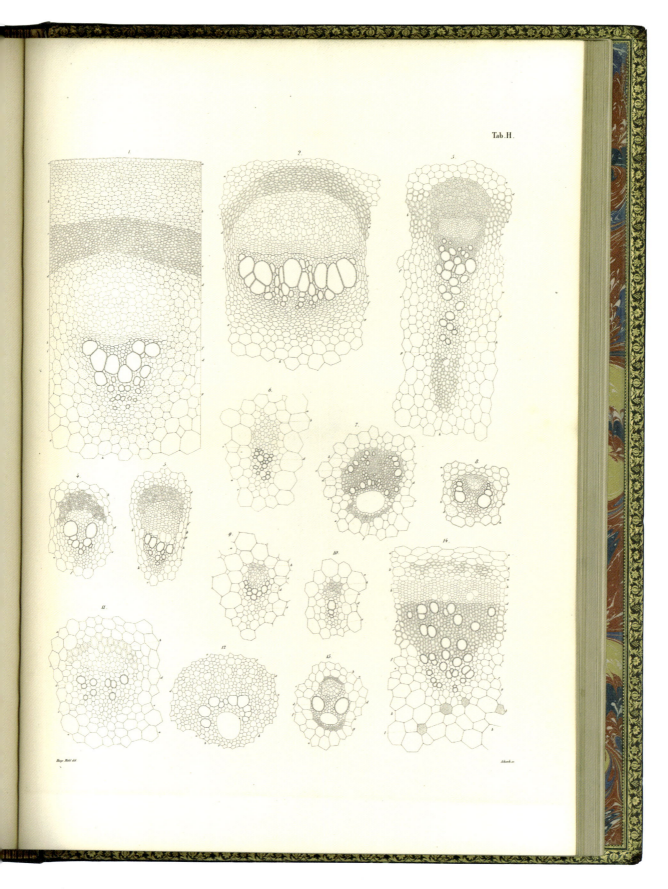

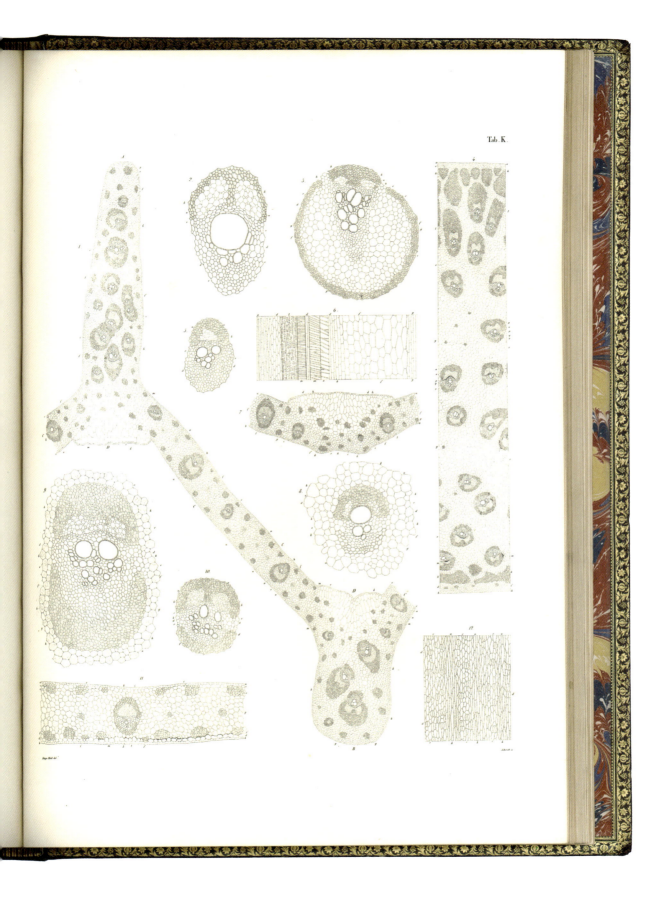

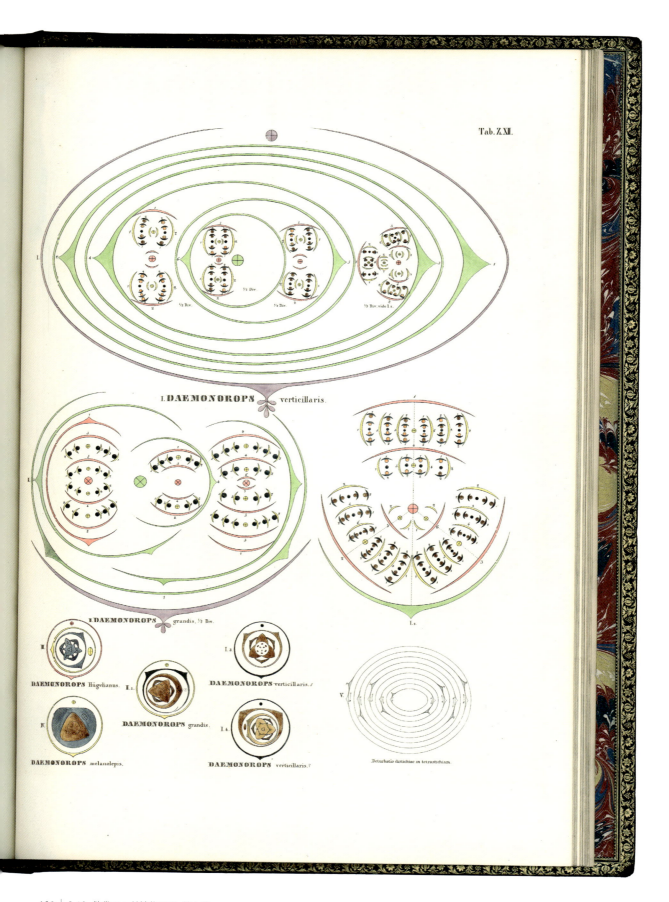

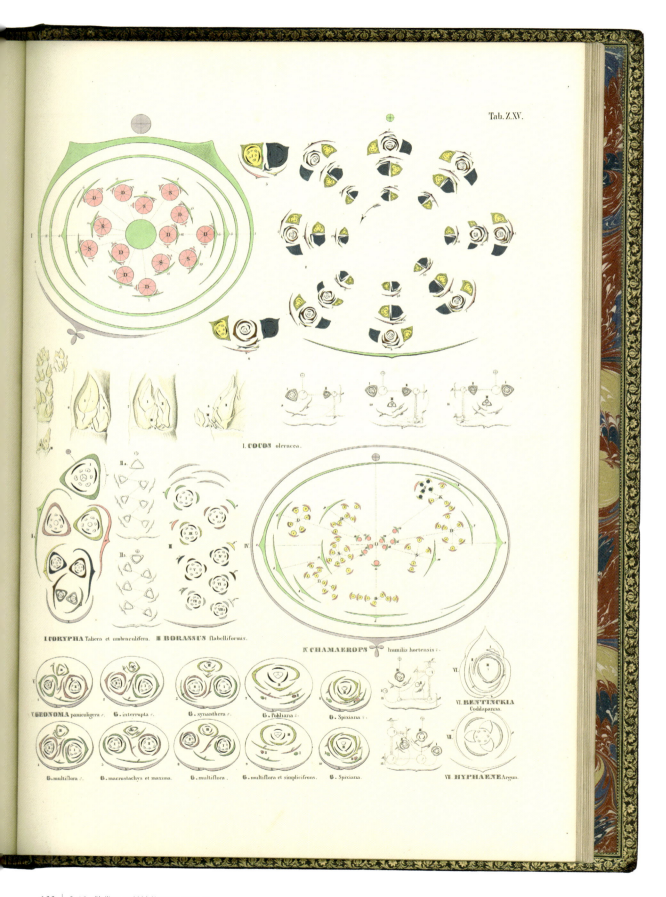

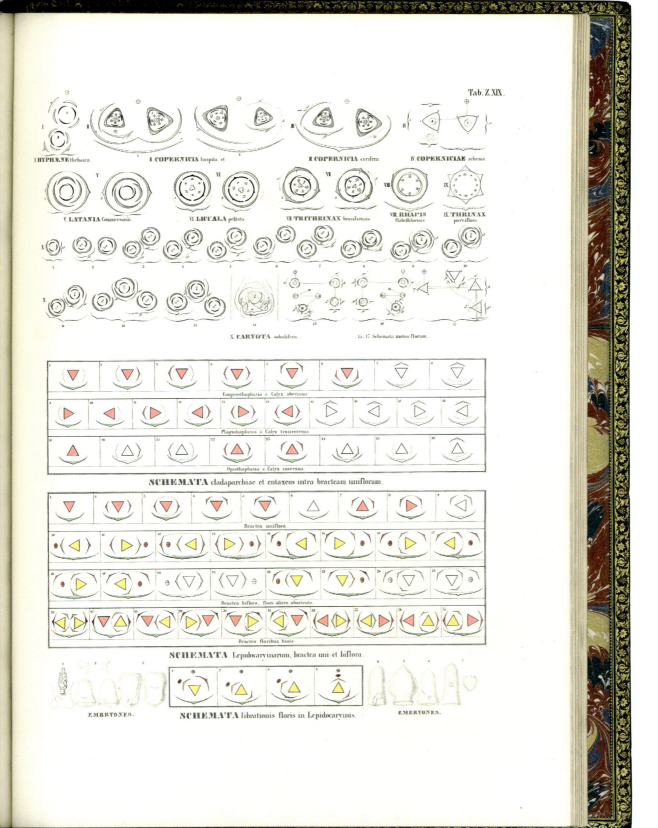

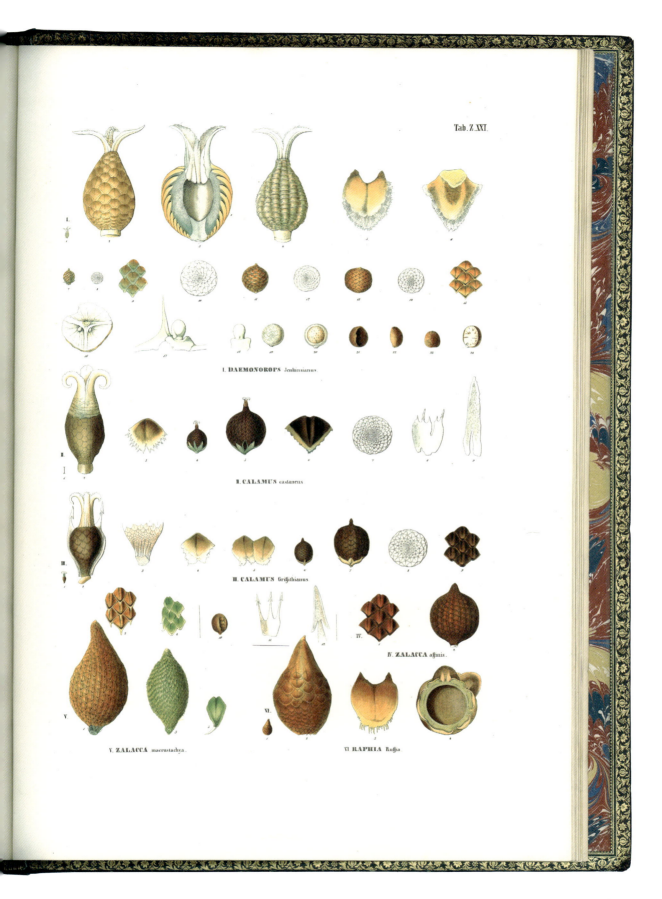

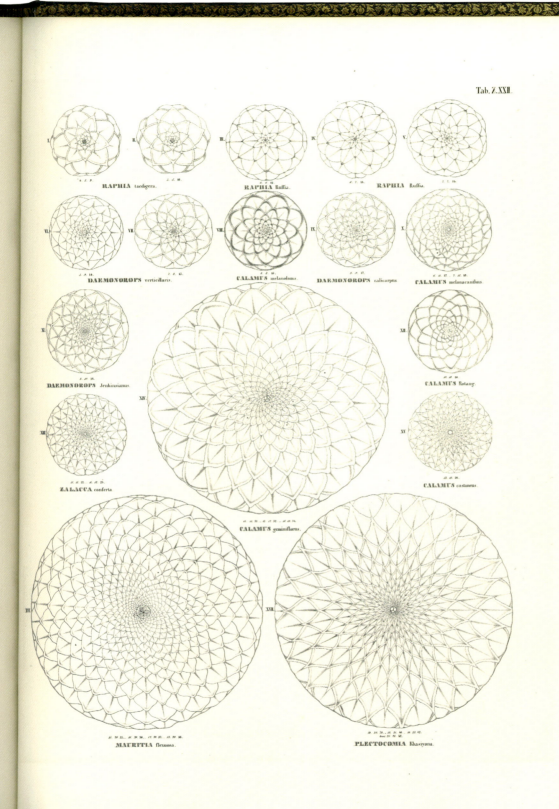

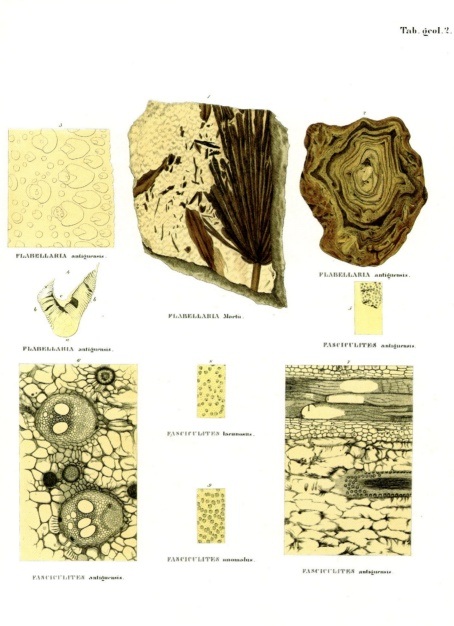

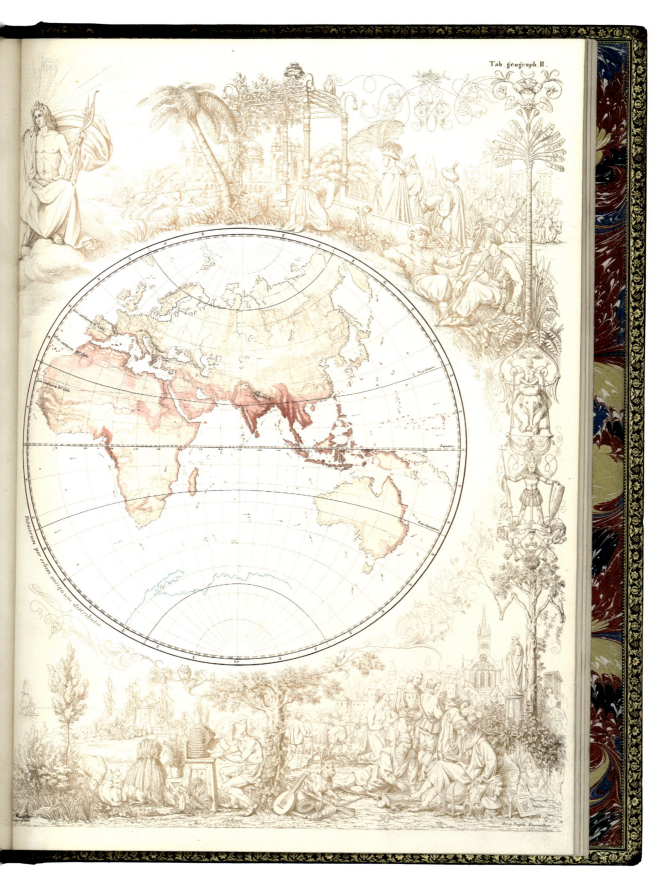

EUTERPE oleracea.

DIPLOTHEMIUM caudescens.   BACTRIS acanthocarpa.

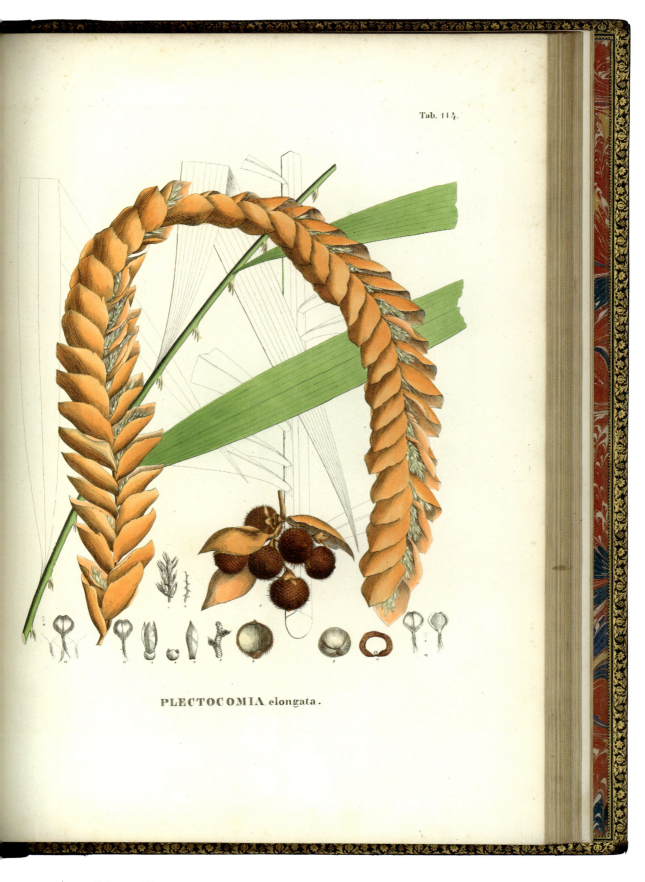

Tab. 114.

PLECTOCOMIA elongata.

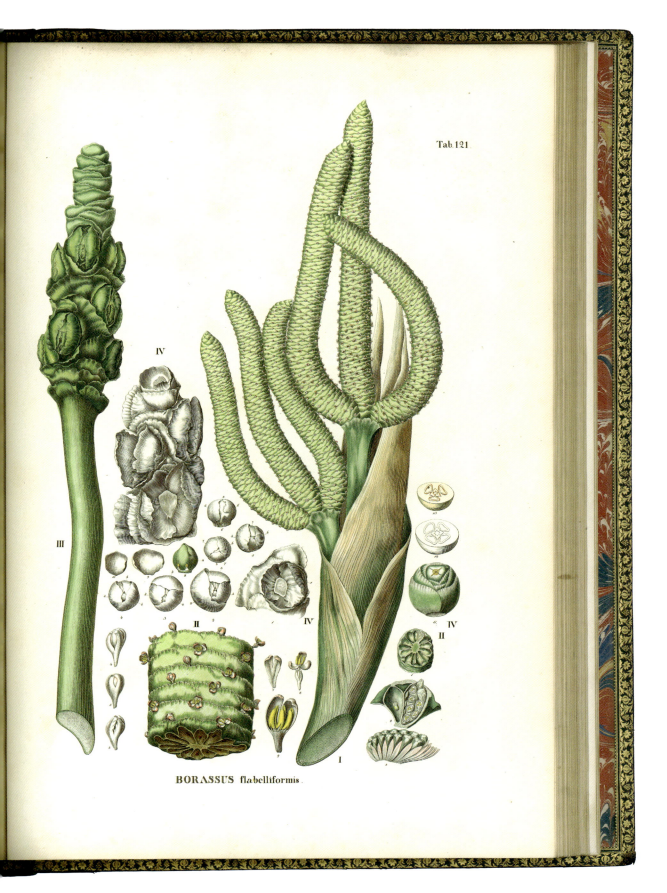

LODOICEA sechellarum.

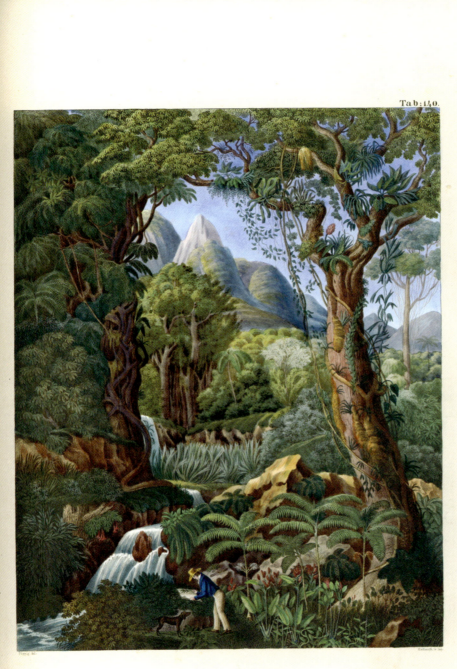

MORENIA Pöppigiana.

Tab. 171

NIPA fruticans.

I-13

ユラニー号およびフィジシエンヌ号
世界周航記録 動物図譜編

Voyage autour du monde, fait par ordre du Roi, sur les corvettes de L. M. l'Uranie et la Physicienne, pendant les années 1817, 1818, 1819 et 1820. Histoire naturelle, Zoologie

フレシネ, ルイ・クロード・デソール・ド
Freycinet, Louis Claude Desaulses de (1779-1842)

フレシネはフランス生まれの探検家。天文学のミューズ（詩神）であるユラニーに因んで命名した船名ユラニー号による探検航海記。南太平洋の科学調査を目的として1817年南フランスを出発し、大西洋を横断し3年の歳月をかけほぼ地球を一回りする大航海であった。
この航海で採取され持ち帰られた多くの動植物などの博物資料はパリの自然史博物館に寄贈された。本書は全8巻のうちの動物図譜であるが、鳥類・魚類の図版が大半を占める。特にサンゴや無脊椎動物のクラゲなどはヨーロッパに紹介され話題となった。2艘の船の意味するところは、ユラニー号の座礁と破損のため、1820年アメリカ船籍のマーキュリー号を買い取りフィジシエンヌ（科学者の意味）号と命名し航海を継続したことである。最も面白い逸話として残されているのは男性に限られていた航海調査にフレシネの妻ローズが男装して乗船し活躍した武勇伝である。

図版制作	
出版地	Paris
出版社・発行者・印刷所	Pilet Aîné, Imprimeur Libraire
出版年	1824
版	
巻号数	[8 v.]
印刷技法	手彩色銅版
印刷者	

1. ROUSSETTE KÉRAUDREN. *(PTEROPUS KÉRAUDREN. N.)*
2. Son crâne.

CASSICAN FLUTEUR. *(BARITA TIBICEN. N.)*

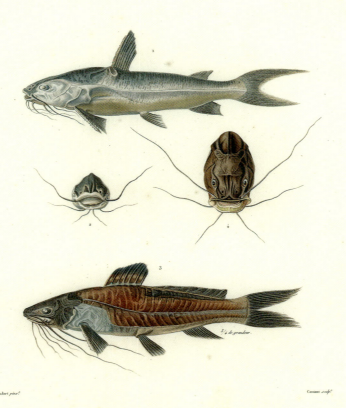

1. BAGRE BARBU. *N.*; 2. Le même vu de face; 3. PIMÉLODE QUÉLEN. *N.*; 4. Le même vu de face.

1. OPHISURE LONG MUSEAU .N; 2. ANGUILLE MARBRÉE .N.

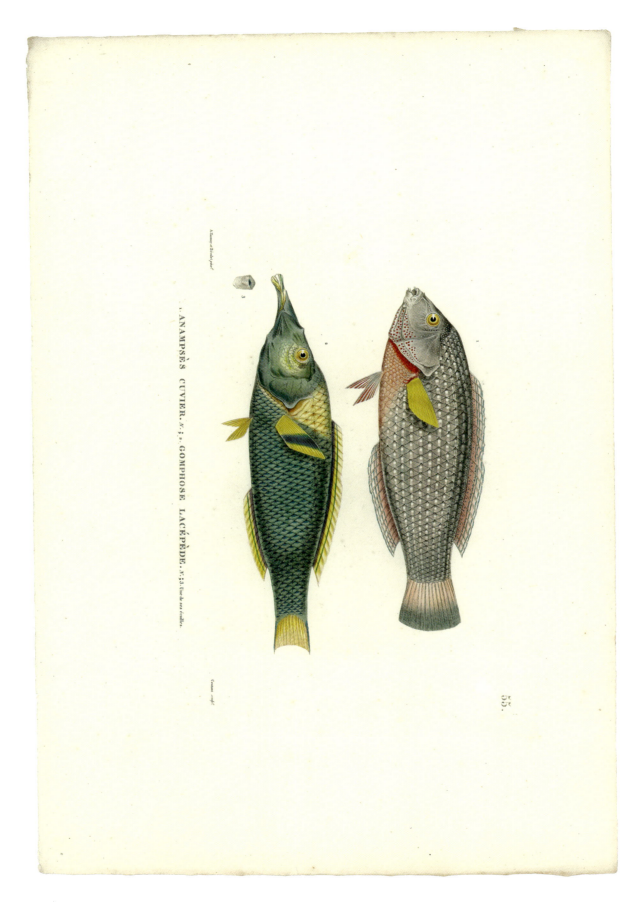

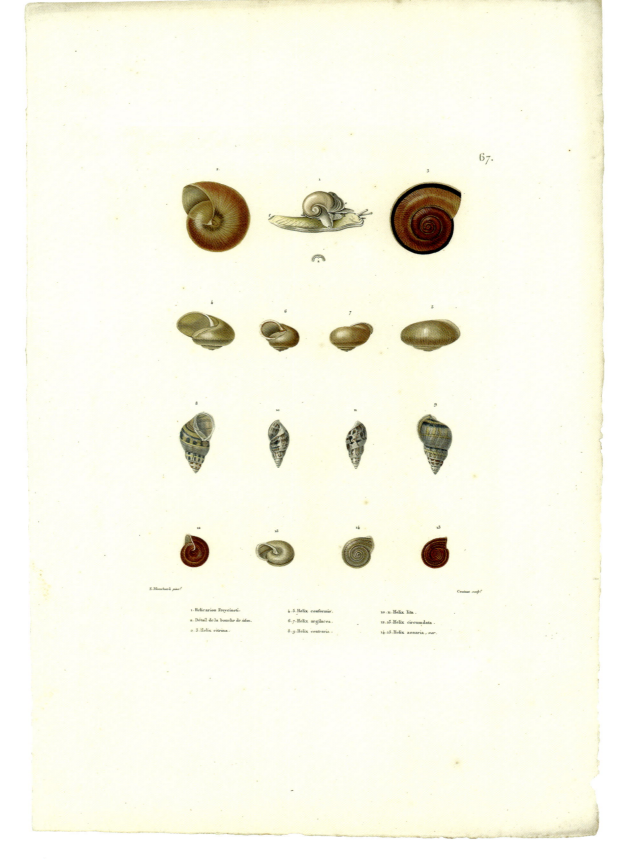

1. THELPHUSE CHAPERON ARRONDI. 2. OCYPODE BOMBÉ.

ÎLE GUÉBÉ. CHAPEAUX, ARMES ET USTENSILES DES HABITANS.

(Voyez l'explication des planches.)

I-14

脊椎動物図譜 哺乳類編・爬虫類編
Naturgeschichte und Abbildungen
Der Säugethiere.　Der Reptilien

シンツ, ハインリヒ・ルドルフ
Schinz, Heinrich Rudolf (1777-1861)

シンツはスイスのチューリヒ生まれの医者で動物学者。ドイツのヴェルツブルグとイェーナで医学を学び, 1798年にチューリヒに戻り, 1833年にはチューリヒ大学で自然史学の教授として教鞭を執る傍ら, 1850年代半ばまで自然史博物館の学芸員も務め, 多くの著名な動物学者と共同で動物学の研究に関わった。彼は主にスイスや中央ヨーロッパの動物を研究対象としていた。代表的な著作物である動物図譜は本書『脊椎動物図譜』全5巻の他, "Europäishe Fauna（ヨーロッパの動物）"（1840年刊）が学術研究書として有名で, それらは主に当時のドイツの優れた彫版師であり刷師であったブロットマン（Brodtmann, Karl Joseph　1787-1862）の協力を得て出版された。また, 同時代のフランスの博物学者で動物学の祖と言われるキュヴィエ（Cuvier, Georges　1769-1832）の名著 "Le règne animal（動物界）"をドイツ語に翻訳し自らの動物分類学研究の参考にしていた。本書の哺乳類編に描かれている人種の図版から始まりオランウータン, チンパンジーなどを脊椎動物として同列に扱った分類学的なレイアウトはキュヴィエの『動物界』に影響を受けたものと思われる。
全5冊のうち1〜3巻は「哺乳類編」で, 1824年にスイスのチューリヒで刊行された。1巻と2巻は図版編, 2巻には図版177が2枚あり, 片方は〈176〉の誤植であろう。3巻は解説編。
一方, 全5冊のうち「爬虫類編」は2巻本で1833年にスイスのシャフハウゼンで刊行された。1巻は図版編で爬虫類の単位を構成するカメ, ヘビ, トカゲ, イグアナ, ヤモリ, カメレオン, ワニ, ヘビなど分類された102枚の図版が収められている。2巻は解説編。カメの腹を仰向けに描き, ヘビの巻き方や模様の色彩など装飾的な美しさを意識した視覚的なレイアウトにもシンツならではの特徴を示している。

図版制作	Brodtmann, Karl Joseph
出版地	Zürich, Schaffhausen
出版者	Brodtmanns lithographischer Kunstanstalt
出版年	1824, 1833
版	
巻号数	5v.
印刷技法	手彩色リトグラフ
形　態	[Bd. 1-3]: 34cm, 図版　[Bd. 4-5]: 35cm, 図版
印刷者	Brodtmann, Karl Joseph

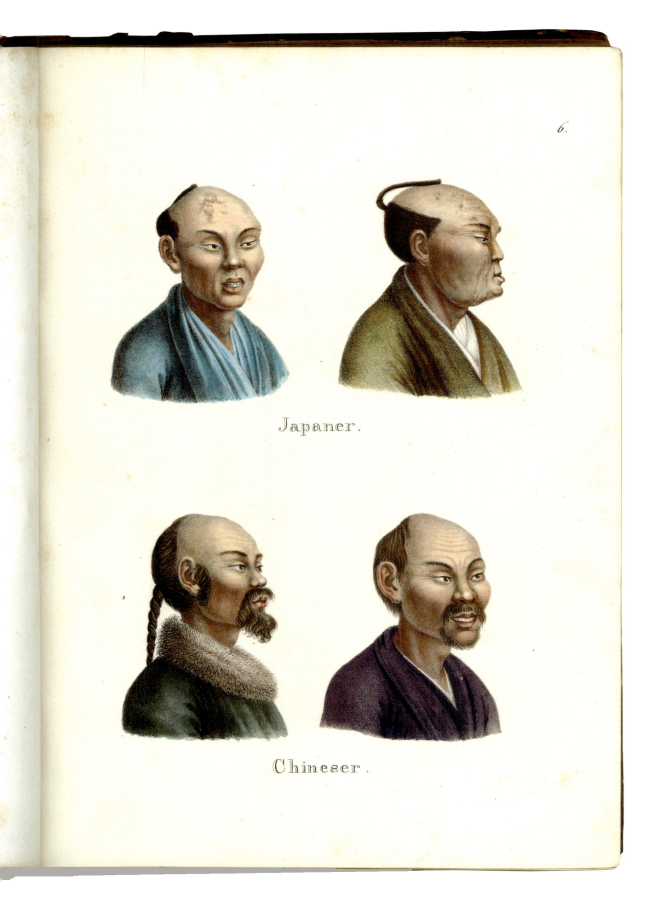

Japaner.

Chineser.

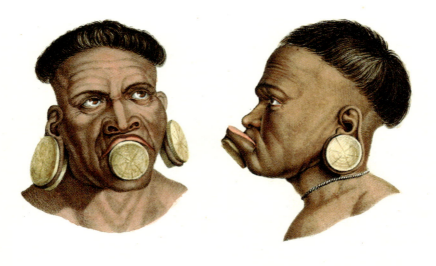

Botocuden.

1.	2.	3.
Der grüne Affe.	Der Mangabey.	Der Schnurrbart.
Cercopithecus Sabœus.	Cercopithec. Æthiops.	Cercopithecus Cephus.
Le Callitriche.	Le Mangabey à collier blanc.	Le Mustac.

Humboldts Nachtaffe.   *Uistiti mit weissem Kopf.*
Nyctipithecus Humboldtii.   *Jachus leucocephalus.*
Le Douroucouli.   *L'Ouistiti à tête blanche.*

Galago vom Senegal.   Tarsier mit braunen Händen.
Galago senegalensis.   Tarsius fuscomanus.
Galago du Sénégal.   Tarsier aux mains brunes.

1. Grosses
2. Mittleres } Rollschwanzthier.
3. Kleines

Cheirogalaeus { major.
medius.
minor.

Fliegender Maki.
Galeopithecus rufus.
Le Galeopitheque

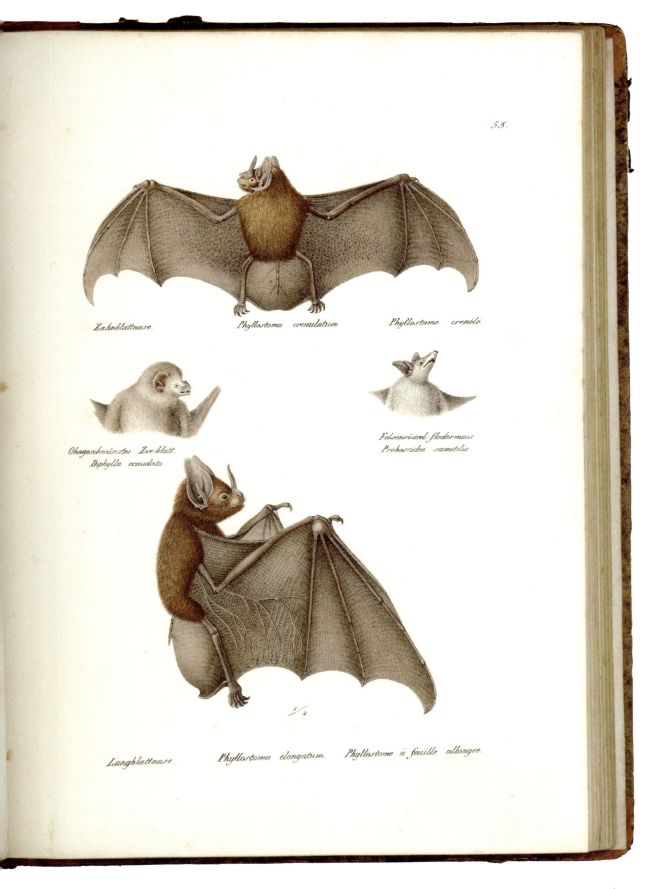

59.

Dreyzehnige Kammnase.   Grosse Hufeisennase.   Kleine Hufeisennase.
Rhinolophus tridens.   Rhinolophus uni-hastatus.   Rhinolophus bi-hastatus.
Rhinolophe trident.   Rhinolophe uni-fer.   Rhinolophe bi-fer.

Commersons Kammnase.   Die Tiefnase.   Die Stirnbinde.
Rhin. Commersonii.   Rhin. Speoris.   Rhin. Diadema.
Rhin. de Commerson.   Rhin. Cruménifer.   Rhin. Diadème.

Thebaischer Nachtflieger.   Egyptischer Fliegender Hund.   Der durchbrochene Grabflieger.
Nycteris thebaicus.   Pteropus Aegyptiacus.   Taphozus Perforatus.
Nyctère de la Thebaïde.   Roussette d'Egypte.   Taphien perforé.

Natürliche Grösse.

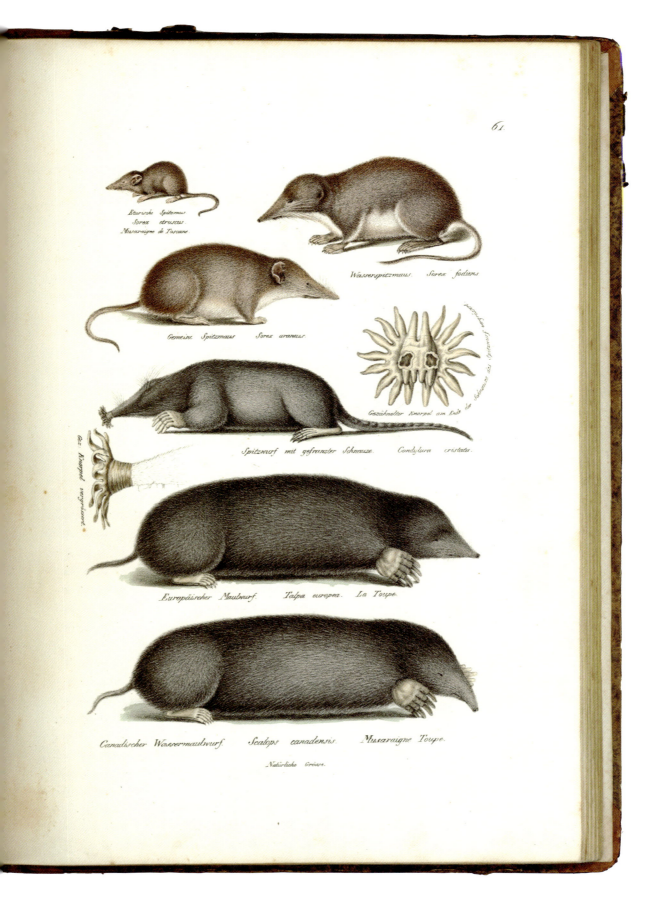

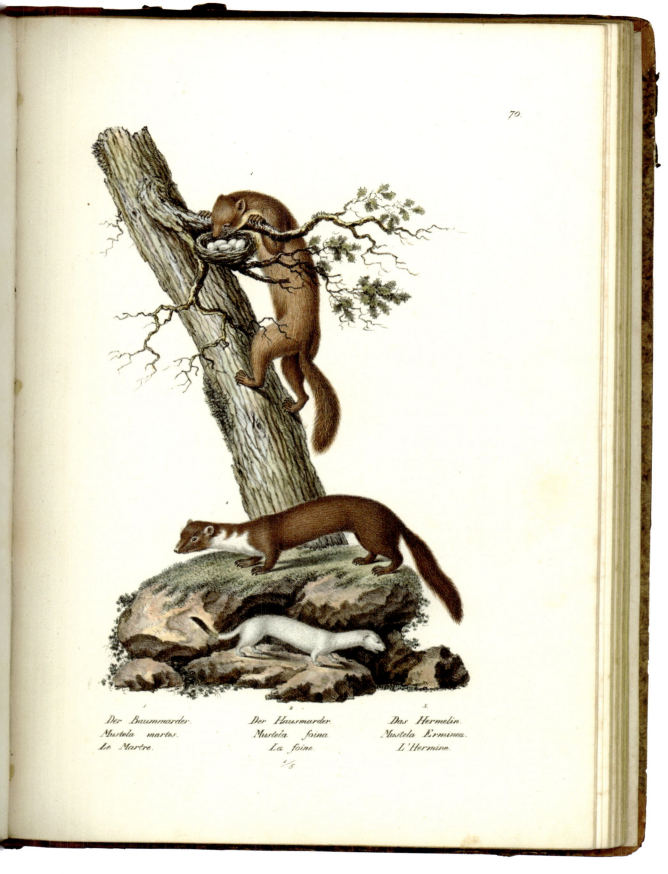

80.

Gefleckte Hyäne.   Hyæna crocuta.   La Hyène tachetée.
1/7

1/9
Gestreifte Hyäne.   Hyæna striata.   La Hyène rayée.

Löwe aus der Barbarey. Felis Leo barbaricus. Lion de Barbarie.

Die Löwin mit ihren Jungen, und ihr Wärter.
La Lionne avec ses Petits, et son Gardien.

Die Hauskatze.
Felis catus domesticus.
Le chat domestique.

1. Masken Eichhorn.
Sciurus capistratus.
Ecureuil à masque.
Europäisches Eichhorn.
Sciurus vulgaris.
L'Ecureuil commun.

2. Graues Eichhorn.
Sciurus cinereus.
Le petit gris.
Brasilisches Eichhorn.
Sciurus æstuans.
L'Ecureuil du Brésil.

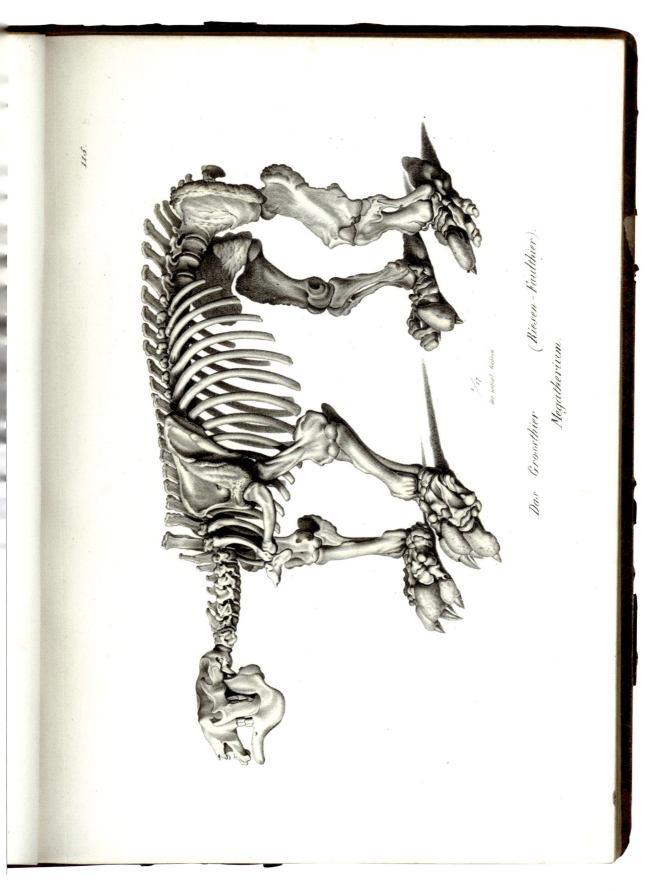

Der asiatische männliche Elephant. Elephas indicus. Eléphant d'Asie mâle.

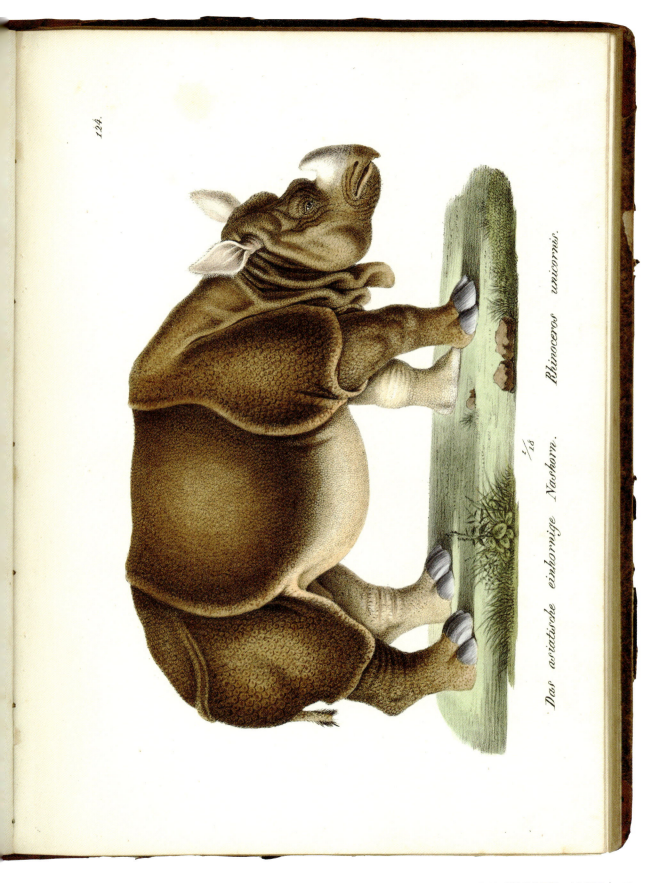

1. Der Rennhirsch.   2. Der Elendthirsch.
Cervus Tarandus.   Cervus alces.
Le Renne.   Cerf Elan.

Afrikanische Giraffe.   Camelopardalis Giraffa.
La Giraffe africain femelle.

168.

Das breitschwänzige Schaf.   Ovis laticaudata.
Mouton à grosse queue.

Das spanische Schaf.   Ovis hispanica.
Race d'Espagne.

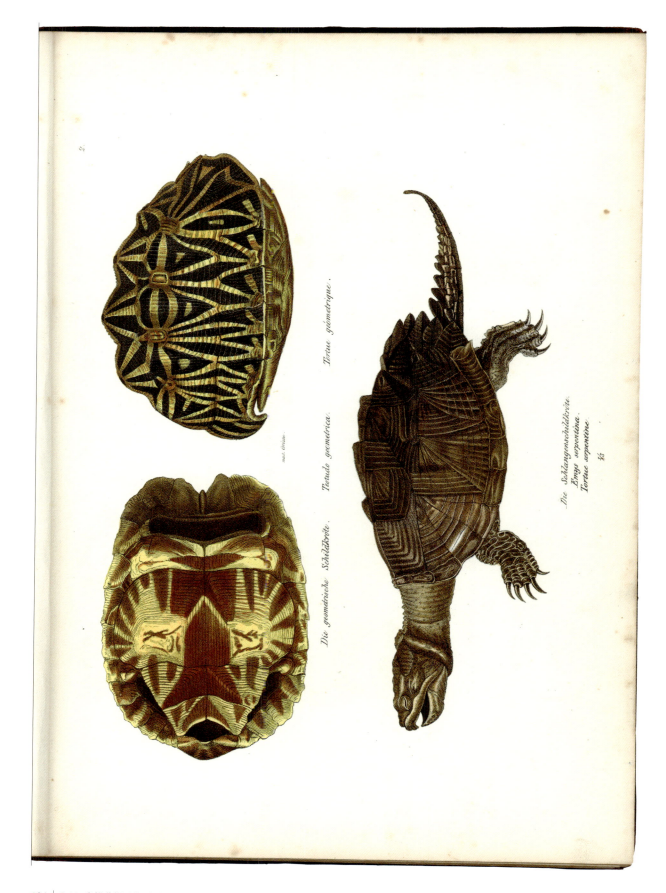

16.

Der Freifinger. Gecko gymnodactylus.

Der rauhe Gekko. Gecko scaber.

Der gekörnte Gekko. Gecko granosus.

Der gefleckte Gekko. Gecko maculatus.

1	2	3
Die gehelmte Basilisk.	Die blatterige Segelechse.	Die amboinische Segelechse.
Basiliscus mitratus.	Istiurus pustulatus.	Istiurus amboinensis.
Basilic à capuchon.		Le Port-crête.

Der gemeine Leguan.
Iguana supidissima.
Iguane ordinaire.

1	2	3
Die glatte Natter.	Die Treppennatter.	Die Gelbliche Natter.
Coluber laevis.	Coluber scalaris.	Coluber flavescens.

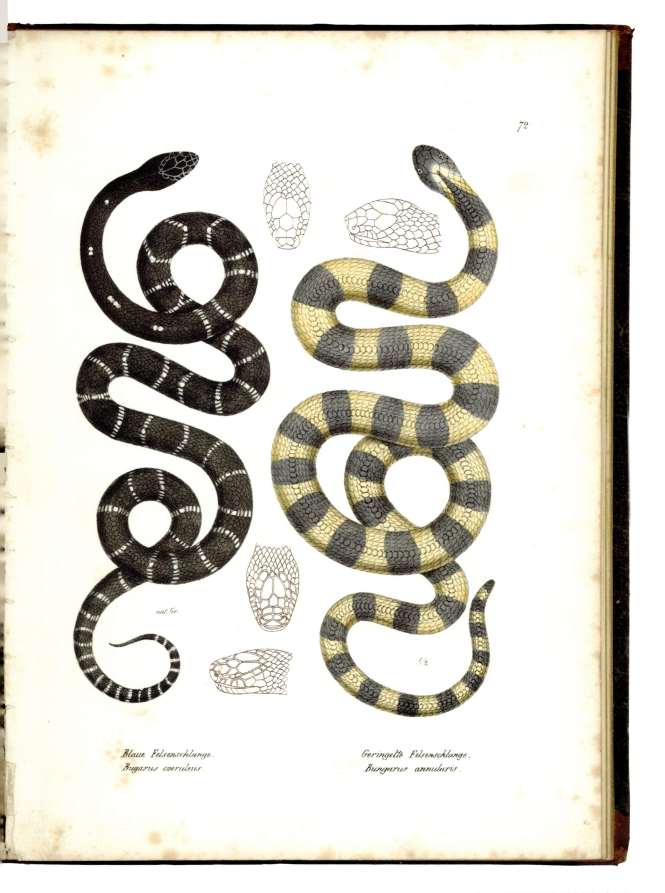

Blaue Felsenschlange. / Bungarus coeruleus.

Geringelte Felsenschlange. / Bungarus annularis.

1. Der gefleckte Erdsalamander. 2. Der Brillen-Salamander.
Salamandra maculosa. Salamandra perspicillata.
3. Der marmorirte Molch.
Triton marmoratus.

Der Molch mit dem Rückenkamm Triton cristatus. a. Mann. b. Weibchen Eier legend. Seine Verwandlung in natürlicher Grösse u. vergrössert.

89.

Der grüne Wasserfrosch, Männ. u Weib: Rana esculenta,
seine Eier u. seine Verwandlung.

1. Die Kreuzkröte.
Bufo calamita.

2. Die gemeine Hornkröte (a) Männchen. (b) Weibchen.
Ceratophrys dorsata, Mas. et foem.

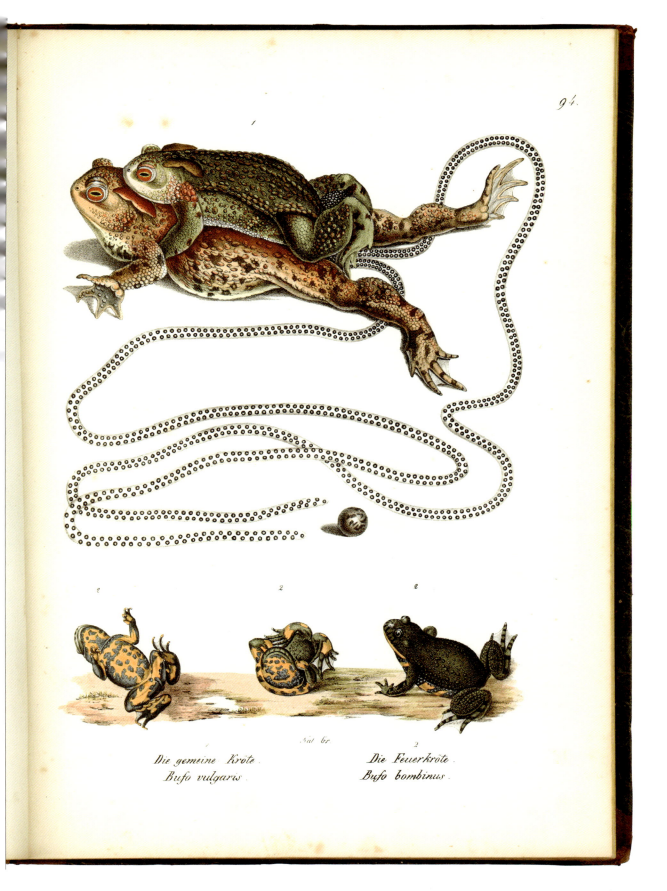

Die gemeine Kröte. Die Feuerkröte.
Bufo vulgaris. Bufo bombinus.

I-15

コキーユ号世界航海記
動物編・植物編・探検航海編

Voyage autour du Monde, exécuté par Ordre du Roi, sur La Corvette de la Majesté La Coquille, pendant les années 1822, 1823, 1824 et 1825. Histoire naturelle, Zoologie, Histoire naturelle, Botanique, Histoire du Voyage

デュプレ，ルイ・イシドール
Duperrey, Louis-Isidore (1786-1865)
レッソン，ルネ・プリムヴェール
Lesson, René Primevère (1794-1849)
ガルノー，プロスペル
Garnot, Prosper (1794-1838)

19世紀前半のフランスは世界周航や太平洋へ探検船を送り出す全盛期であった。それらの代表的な航海記のひとつが、本書『コキーユ号世界航海記』であり、「動物編」「植物編」「探検航海編」がある。フランスの航海士で博物学者のデュプレが探検船コキーユ号を指揮し、1822年から25年にかけて太平洋熱帯地域の博物探検に挑んだ航海報告書。太平洋の島々で得られた膨大な情報としての記録は8巻にもおよび、フランスからコキーユ号に同乗していた博物学者のレッソンらが描いた彩色図版は当時の印刷技術を駆使した美しい出来栄えとともに学術的価値の高い博物図譜の傑作と称されている。当館は全6巻の所蔵でありおそらく「探検航海編」の解説資料2巻が欠けているものと思われる。特に、「コキーユ号航海記」においては雄大な美しいタヒチ島にある標高727mのオテマヌ山を抱くボラボラ島の風景が描かれていることはよく知られている。
図版は数種類の版画技法を駆使した繊細な調子が特徴である。
「植物編」では「第2回探検隊デュルヴィルによる植物図譜」と記載があり、海藻類，植物類など52点の図版が掲載されている。
「探検航海編」はニュージーランドなど太平洋の島々の独特な風景や住居建築，原住民の風俗，伝統的な習慣，祭事に至るまでの詳細な図版を伴った記録集。
印刷は、フランスの印刷業界において，製紙・出版分野で多大な功績を残し，またディドー・ポイントの基を設計したフィルマン・ディドー (Didot, Firman 1764-1836)。

図版制作	Lesson, René Primevère et al.
出版地	Paris
出版者	Arthus Bertrand, Libraire-Éditeur
出版年	1826-1830
版	
巻号数	[8v.]
印刷技法	手彩色銅版，アクアチント，エッチング
印刷者	Didot, Firman

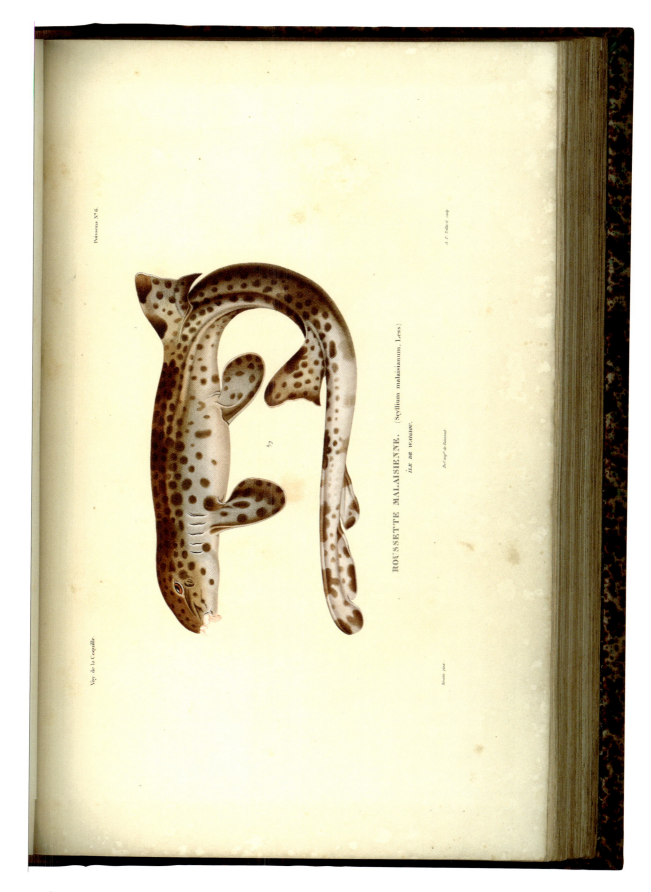

ROUSSETTE MALAISIENNE. (Scyllium malaisianum, Less.)
ÎLE DE WAIGIOU.

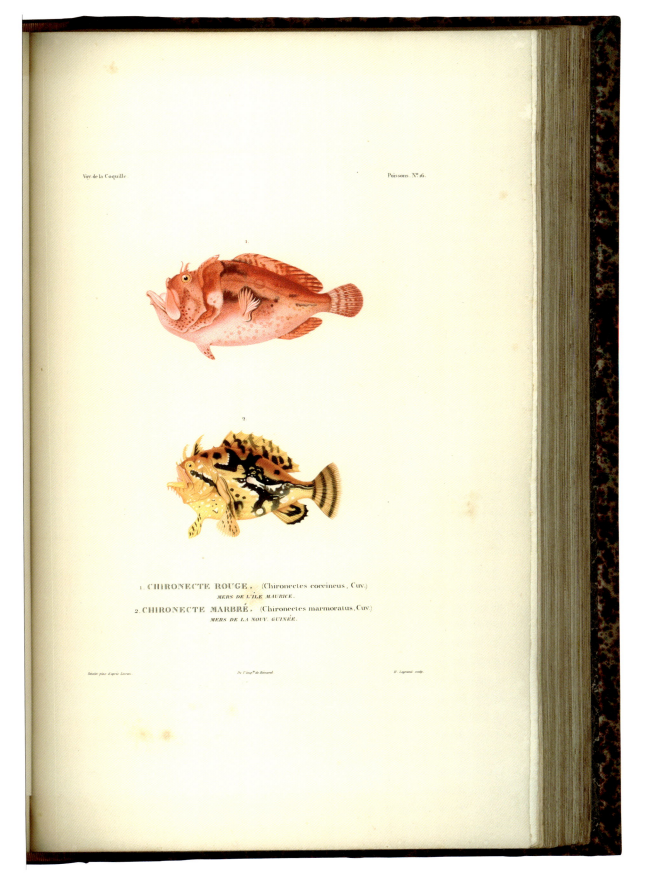

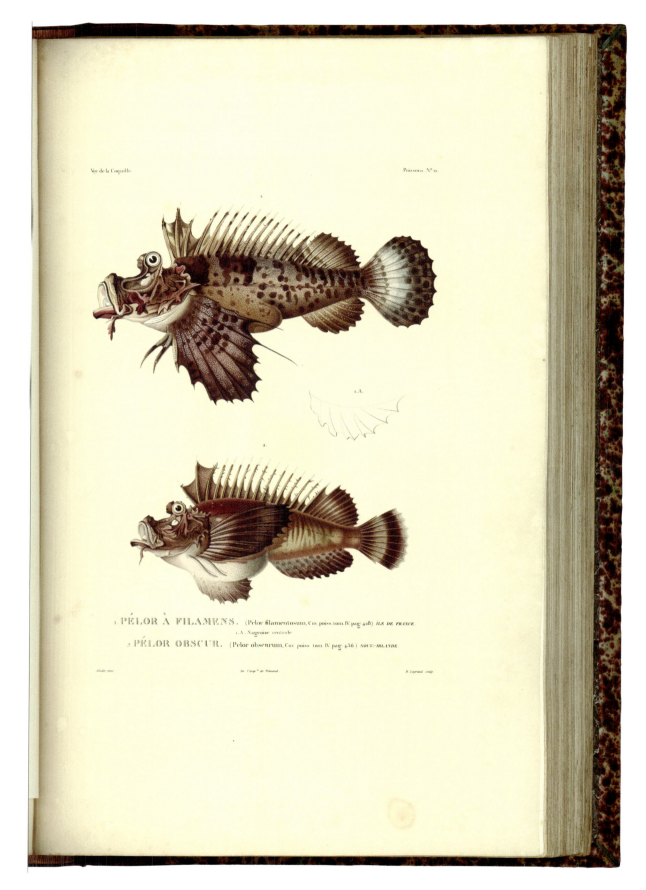

1. PÉLOR À FILAMENS. (Pelor filamentosum, Cuv. poiss. tom. IV. pag. 438) *ÎLE DE FRANCE.*
1.A. Nageoire ventrale
2. PÉLOR OBSCUR. (Pelor obscurum, Cuv. poiss. tom. IV. pag. 456.) *NOUV.-IRLANDE.*

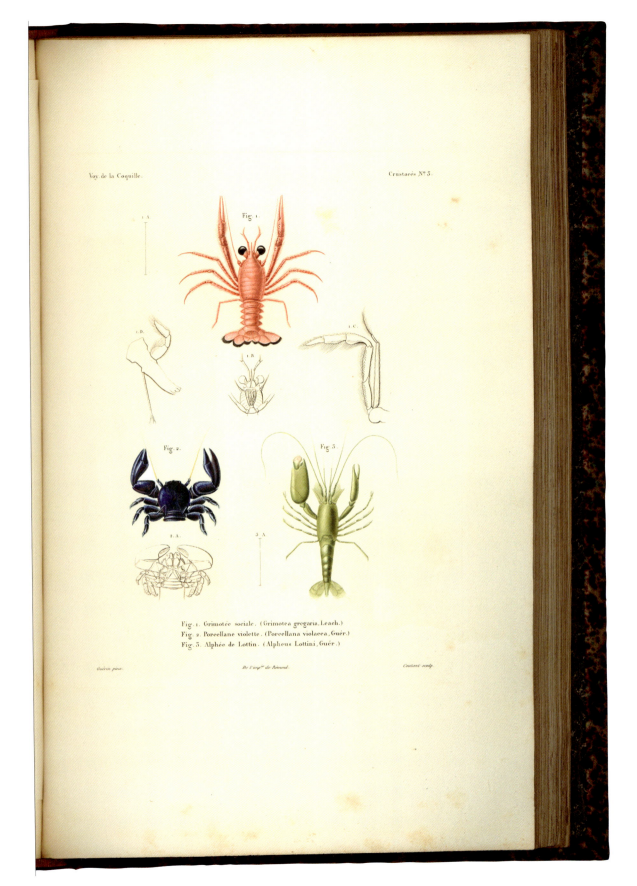

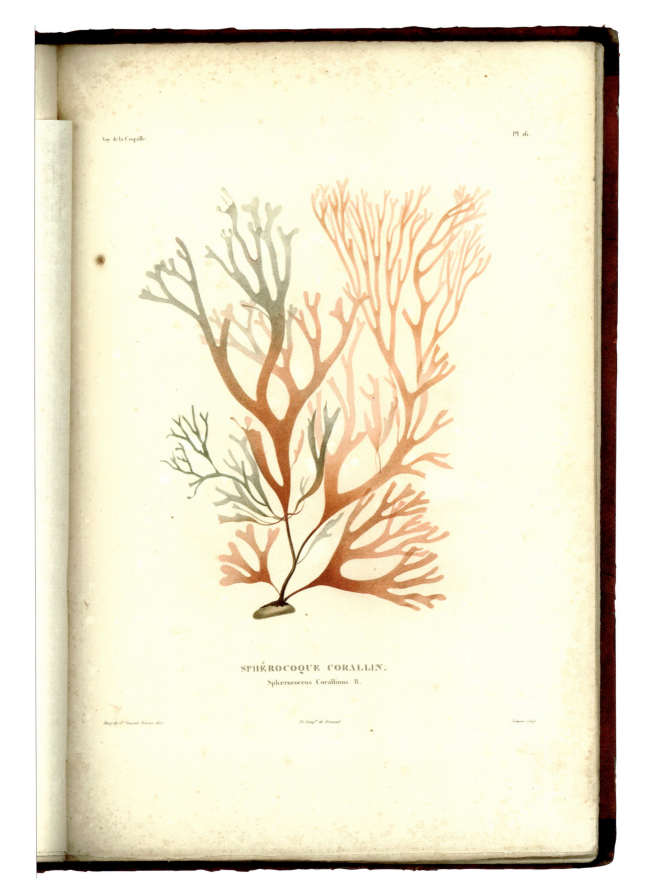

SPHÉROCOQUE CORALLIN.
Sphærococcus Corallinus. B.

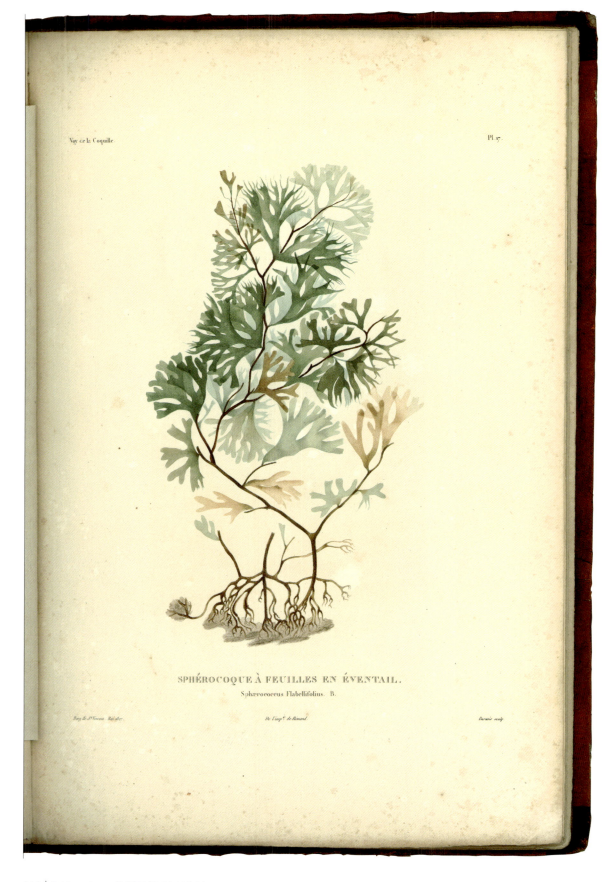

SPHÉROCOQUE À FEUILLES EN ÉVENTAIL.
Sphærococcus Flabellifolius. B.

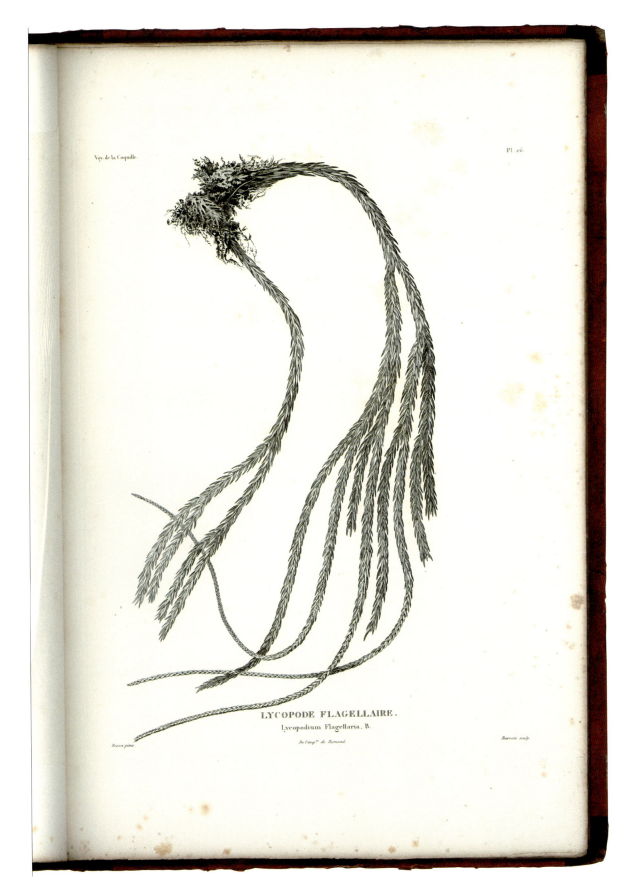

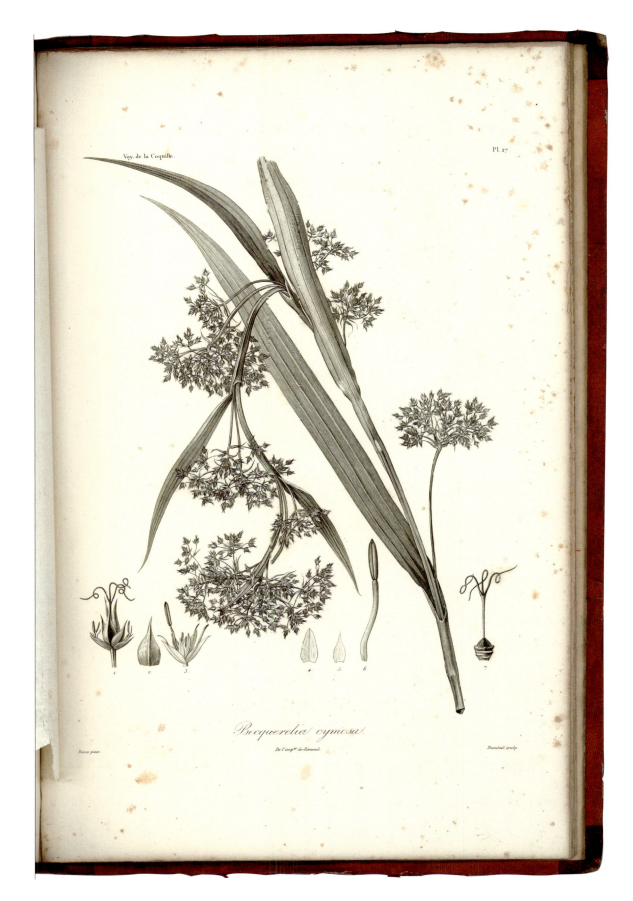

VUE DE L'ILE BORABORA.
(ILES DE LA SOCIETE.)

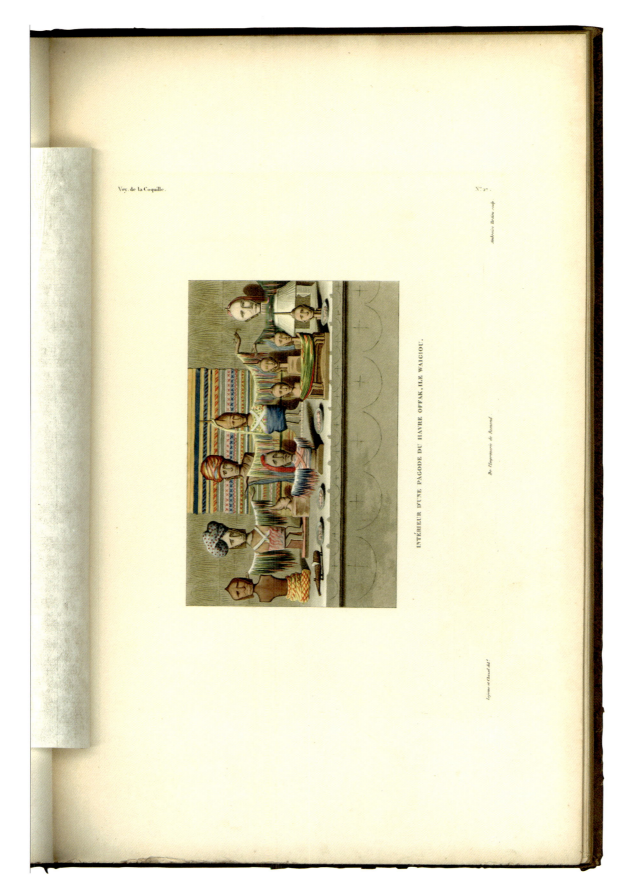

Voy. de la Coquille. N° 59.

FÊTE RELIGIEUSE DES HABITANS DE CAÏELI, ILE BOUROU.

CASCADE DE FARSADIA PRÈS DU VILLAGE DE KIDIKIDI.

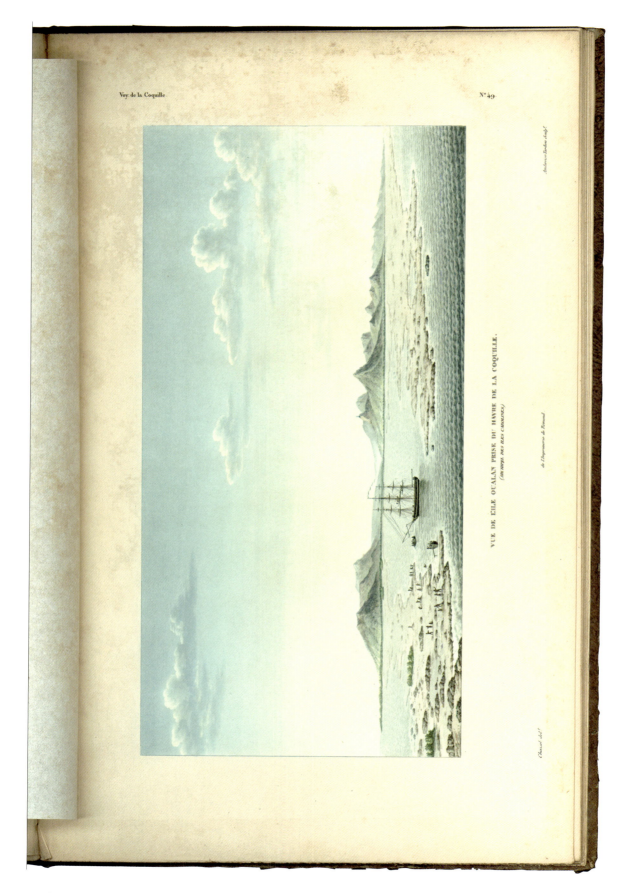

VUE DE L'ILE OUALAN PRISE DU HAVRE DE LA COQUILLE.
(GROUPE DES ILES CAROLINES.)

I-16

アストロラブ号世界周航記
Voyage de la corvette l'Astrolabe

デュモン・デュルヴィル，ジュール・セバスティアン・セザール
Dumont d'Urville, Jules-Sébastien-César (1790-1842)

デュモン・デュルヴィルはフランス，ノルマンディ生まれの海軍司令官で海洋探検家でもあった。天文学や植物学，昆虫学など博学な知識を活かし，フランス海軍が太平洋で実施した3回の重要な科学探検航海において最も活躍したひとり。

第2回目の航海に使用した探検船コキーユ号をアストロラブ号（天球儀の意味）と船名を変えて，第3回目の探検調査を行い，帰国後1830年から35年にかけて5年の歳月を費やし出版されたのが本書である。植物学者のレッソン（Lesson, Pierre Adolphe 1805-1888）やジャッキノー（Jacquinot, Charles Hector 1796-1879）らが手掛けたが銅版やリトグラフの最高の印刷技法を駆使した大判の地図を含む図版編7巻と詳細なテキスト編13巻におよぶ航海記録は，民族学的，博物学的視点の双方においてフランスに大きな成果をもたらした。とりわけ，貝類，蝶類，魚類，植物学の領域において重要な発見があったとされる。

膨大なそれらの記録のうち，航海記においては，緯度，経度，方位角など詳細な測量値が示された航海地図や，1827年の航海当時から33年まで探検したオーストラリア南部，ニュージーランド，ミクロネシア，メラネシア領域など西洋人がはじめて足を踏み入れたとされる楽園の地の探検記録が示されている。そこにはその領域の地理とともにニューギニア諸島の原住民の生辰や生活様式が描かれていて，当地の独特な風俗文化が克明に記されている。アストロラブ号の探検はヨーロッパではあまり知られていなかった貝類の学術調査に大きな成果を上げたことが知られており，手彩色銅版を用いて左右対称の構図で装飾的かつ視覚的にデザインレイアウトされた夥しい貝類の形態は驚異的でさえある。また詳細なテキストはニュージーランド独自に棲息していた哺乳類動物の図譜，軟体動物図譜，植物図譜など新たな発見も含めた研究報告書となっている。

図版制作	Jacquinot, Charles Hector
	Lesson, Pierre Adolphe
出 版 地	Paris
出 版 者	J. Tastu
出 版 年	1830-1835
版	
巻 号 数	[20v.]
印刷技法	銅版，手彩色銅版，手彩色リトグラフ
印 刷 者	

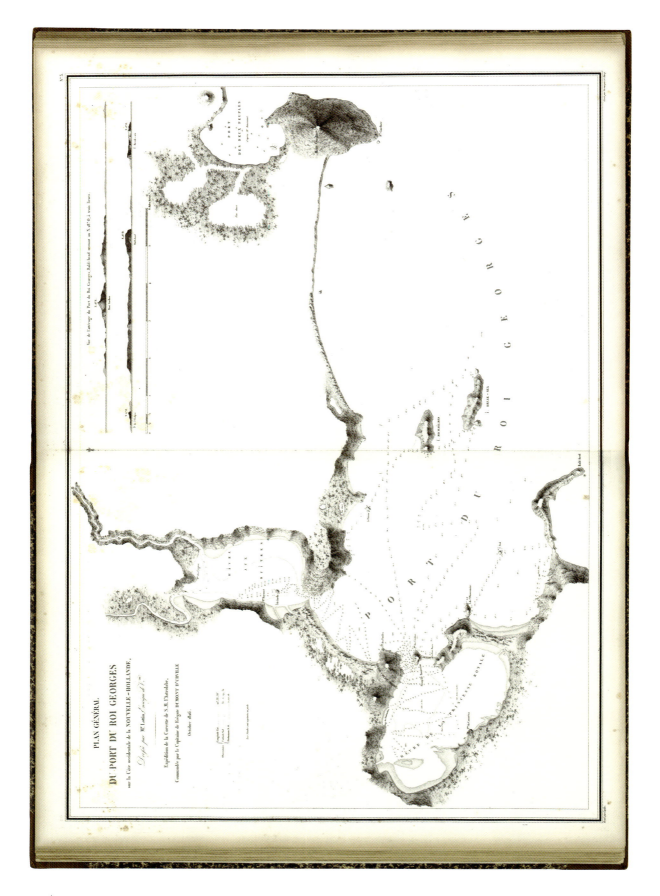

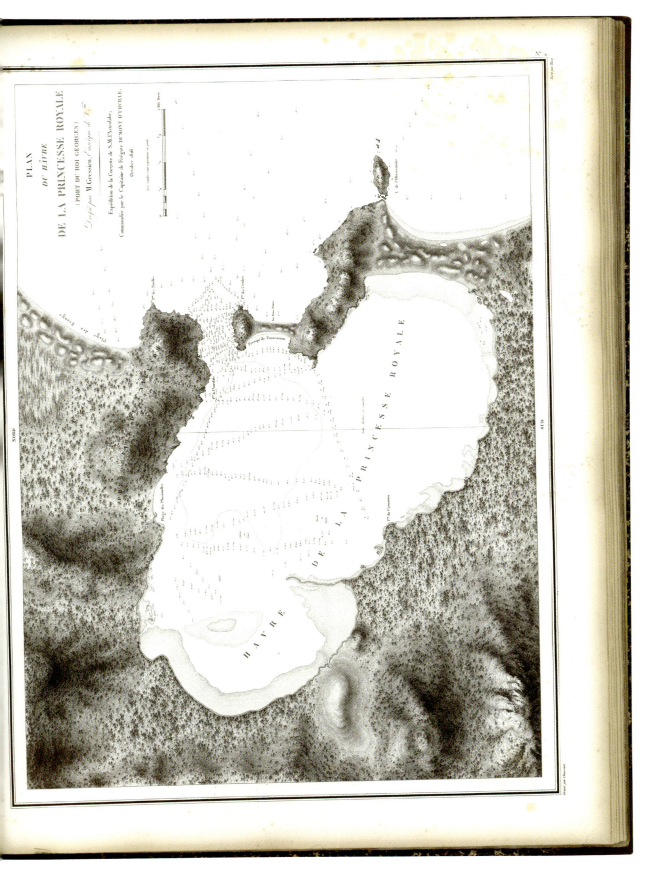

I-16 アストロラブ号世界周航記 航海地図

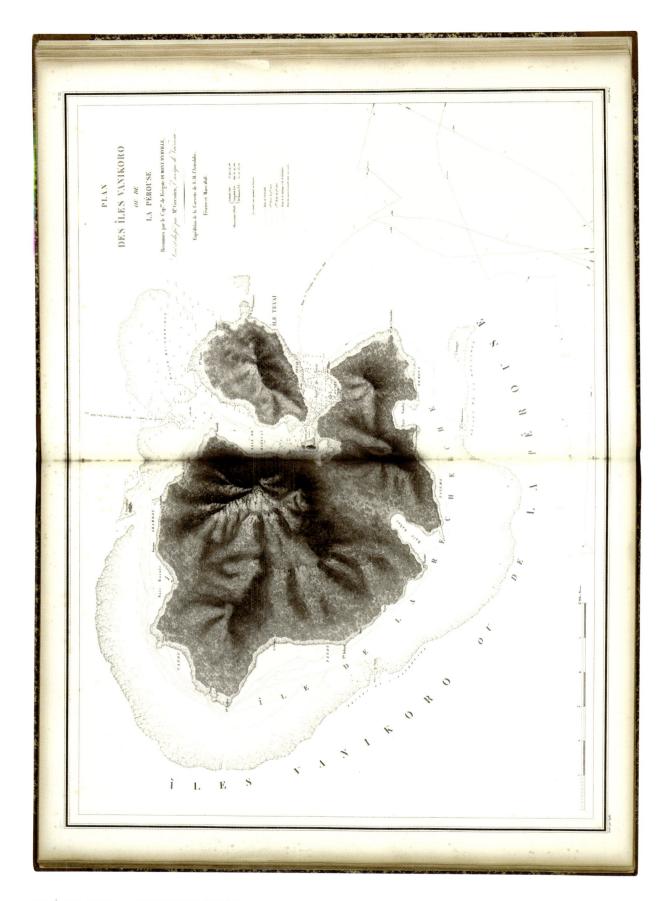

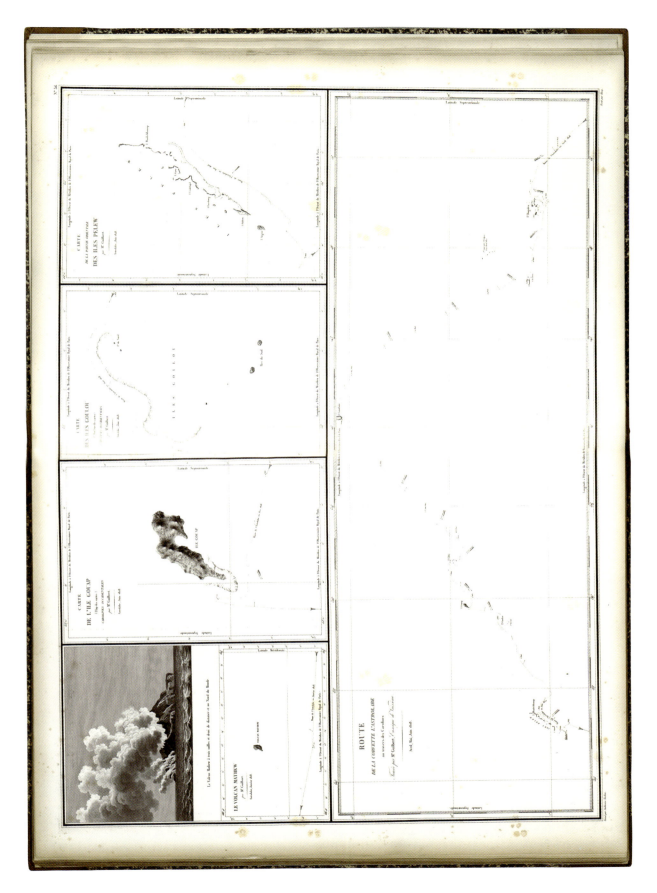

I-16 アストロラブ号世界周航記 航海地図

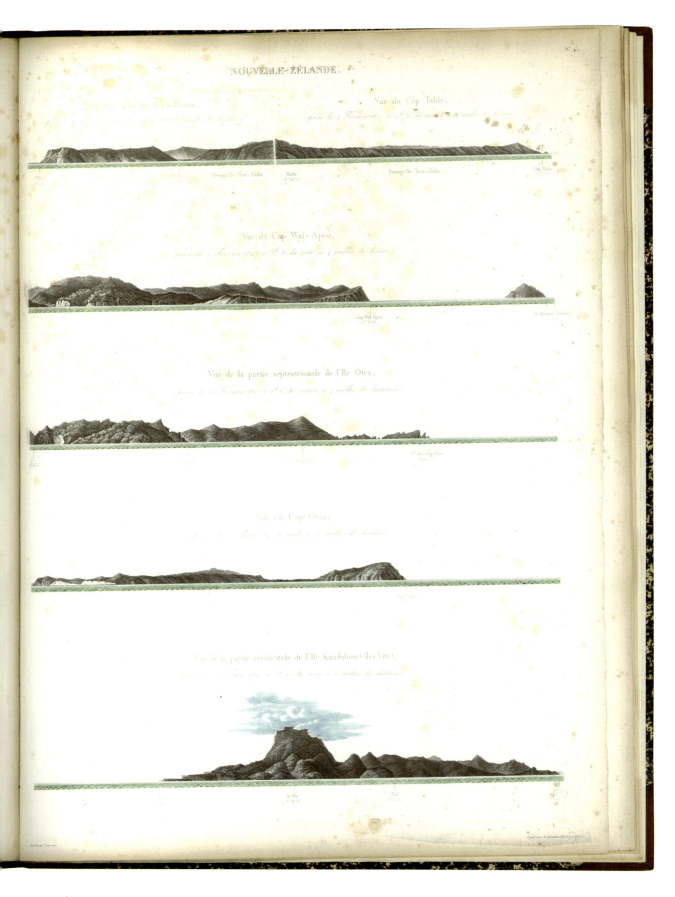

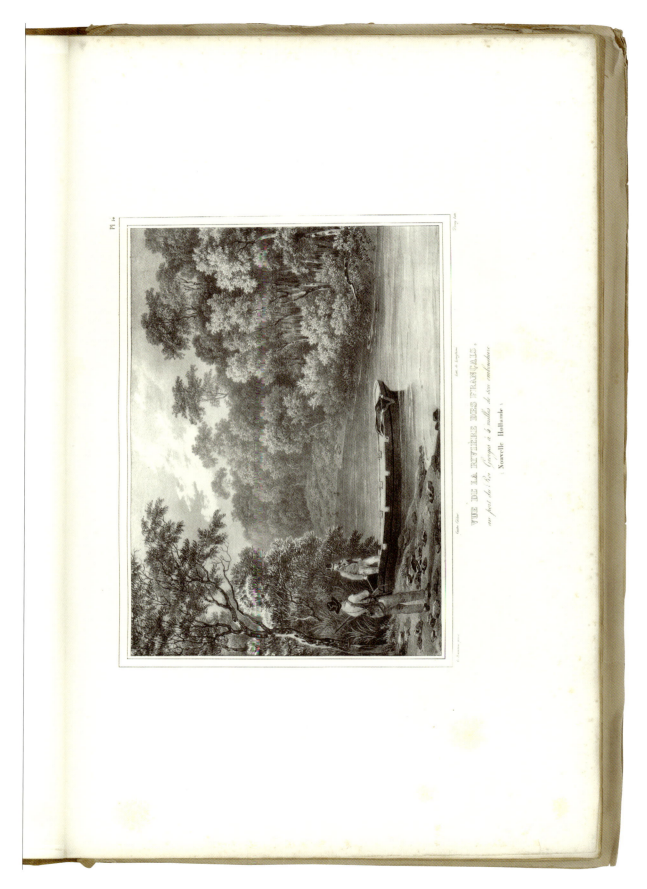

I-16 アストロラブ号世界周航記 航海史：図録1 | 235

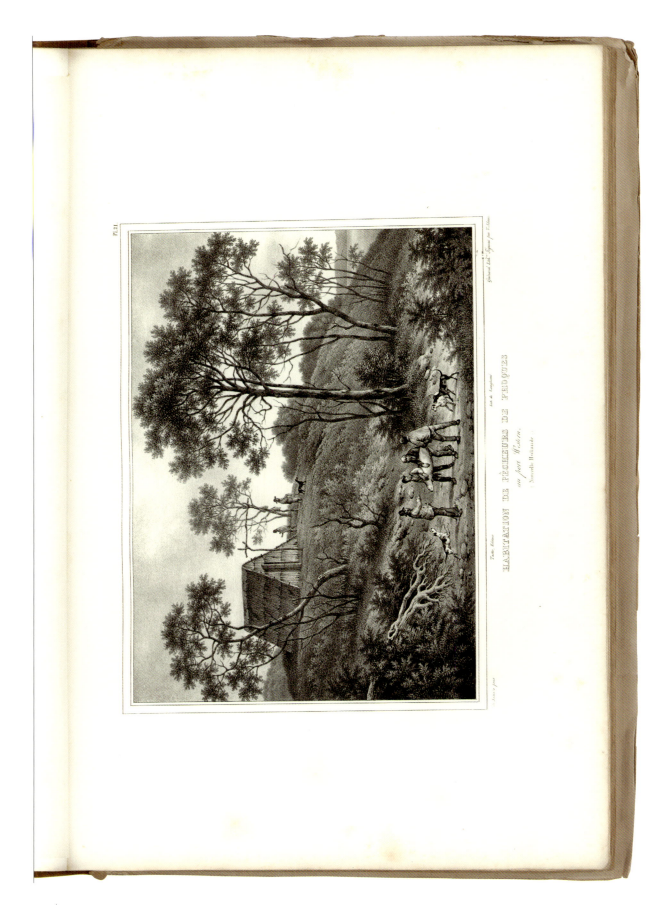

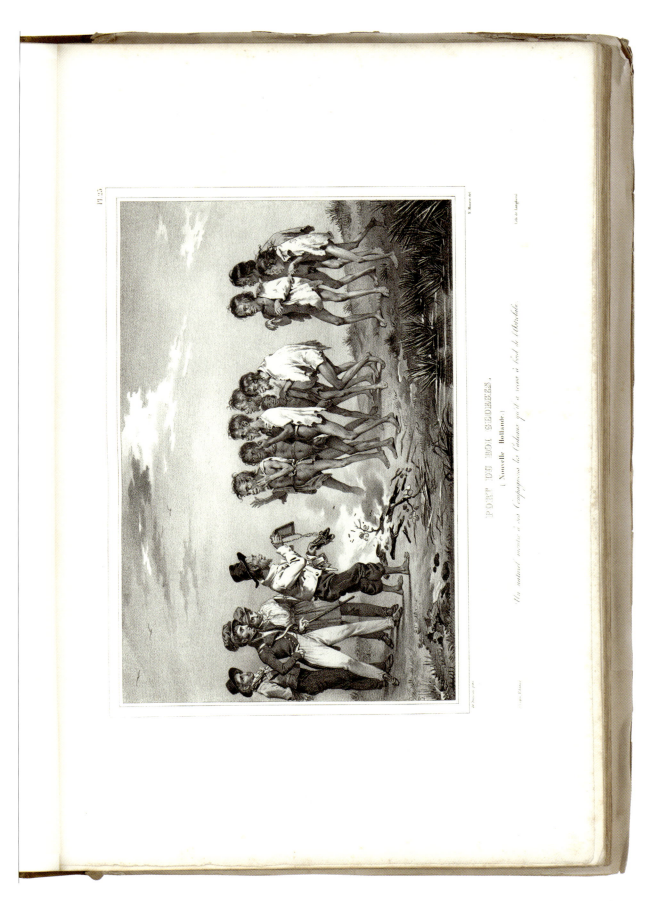

PORT DU ROI GEORGES.
(Nouvelle Hollande.)
Un naturel montre à ses Compagnons les Cadeaux qu'il a reçus à bord de l'Astrolabe.

I-16 アストロラブ号世界周航記 航海史：図録1

LA CORVETTE L'ASTROLABE
tombant tout-à-coup sur des récifs dans la baie de l'Abondance
(Nouvelle-Zélande.)

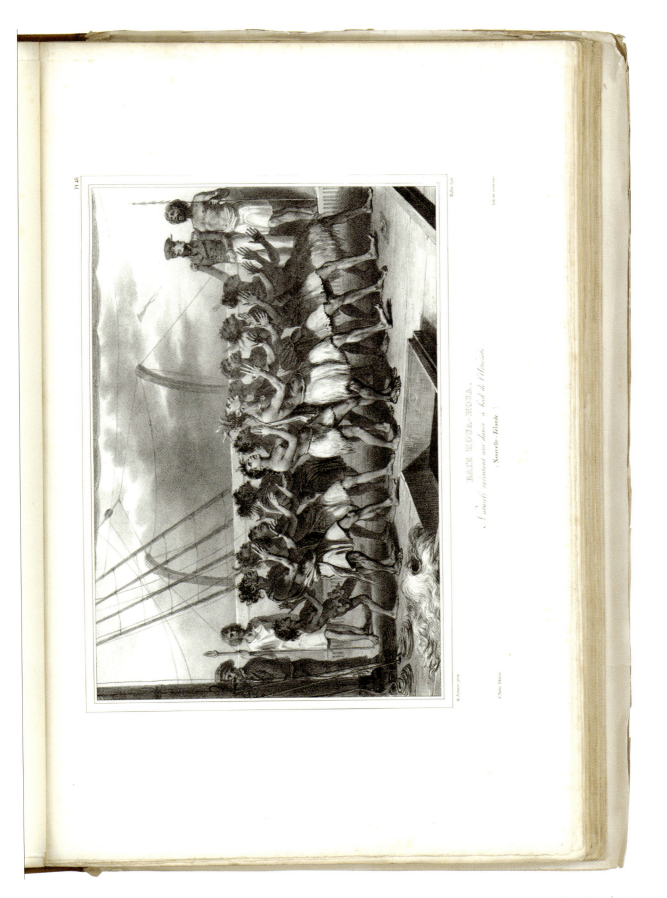

242 | I-16 アストロラブ号世界周航記 航海史：図録1

LA CORVETTE L'ASTROLABE
en perdition sur des récifs
(Tonga Tabou)

TRONC D'ARERE,
de 100 pieds de circonférence, près de Moua
(Tonga-Tabou)

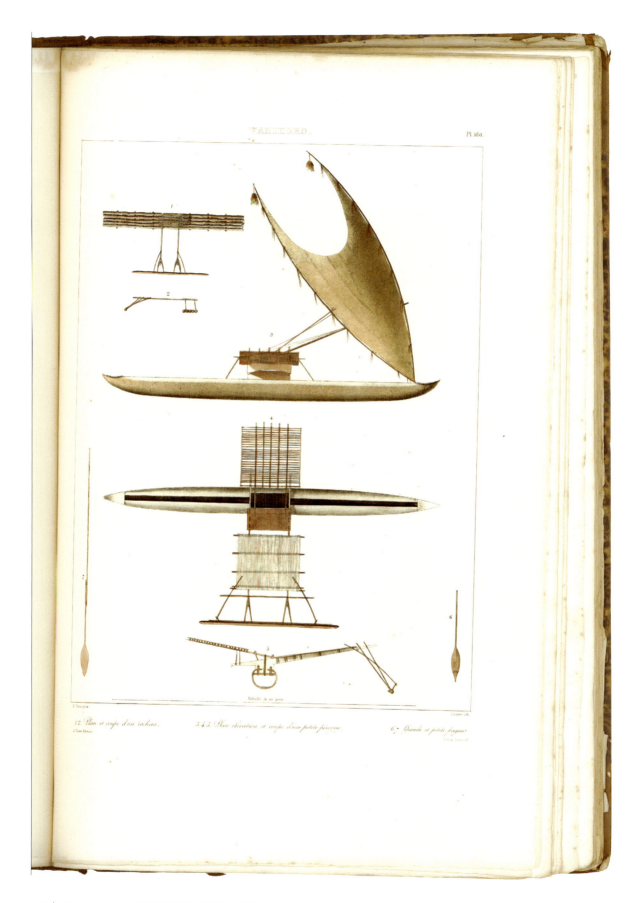

LES CHEFS DE TIKOPIA
recevant les Officiers de l'Astrolabe.

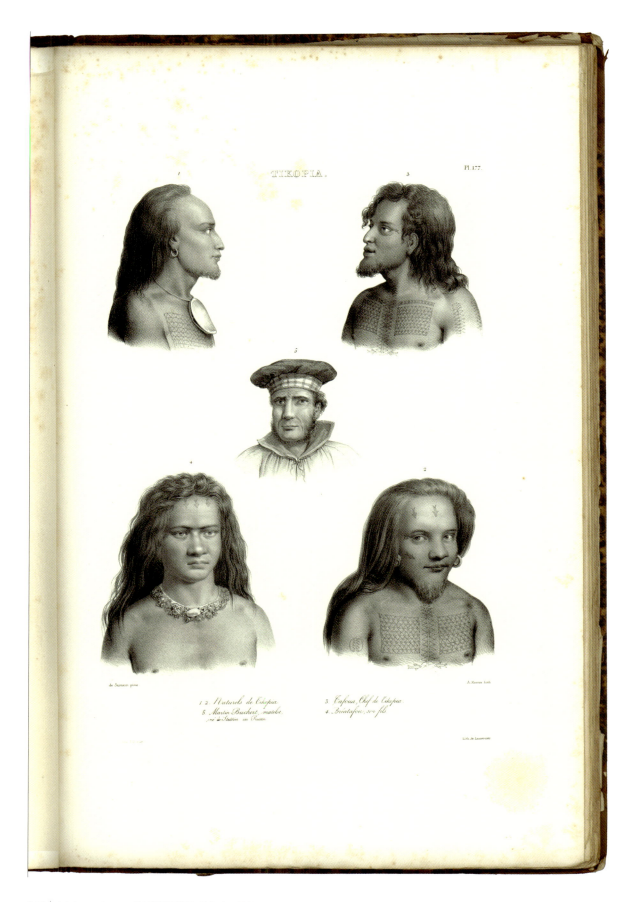

ROUTE DE TONDANO
(Îles Célèbes)

CHUTE DE LA RIVIÈRE DE TONDANO

I-16 アストロラブ号世界周航記 航海史：図録2

Mr. MERKUS, Gouverneur des Moluques
offrant des Bals Pousttres à l'Expédition de l'Astrolabe.
(Célèbes.)

260 | I-16 アストロラブ号世界周航記 航海史：図録 2

UNE GROTTE
au quartier de la grande rivière
(Ile Maurice)

1 2 CYNOCÉPHALE NÈGRE.

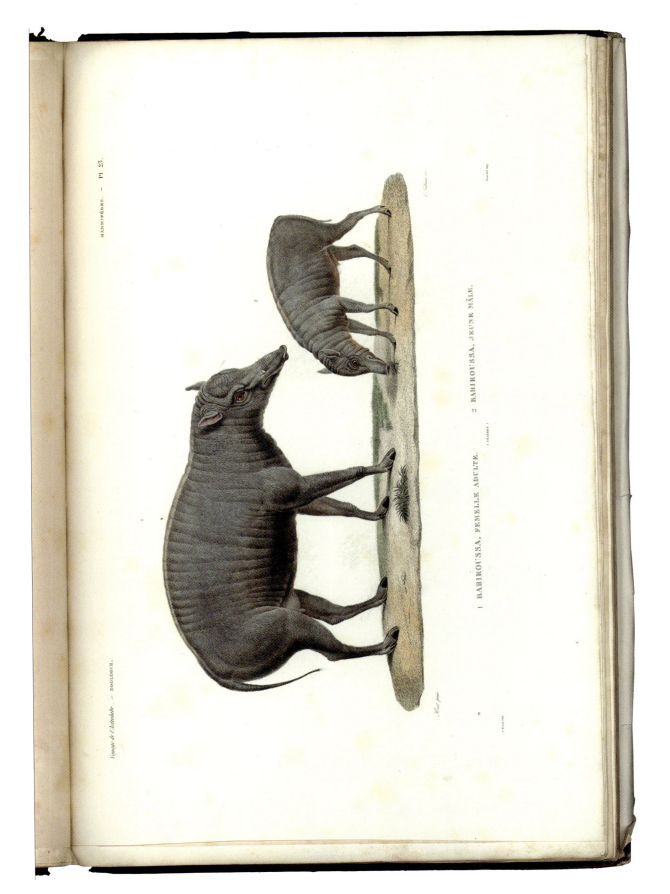

COLOMBE À VENTRE ROUX, MÂLE.

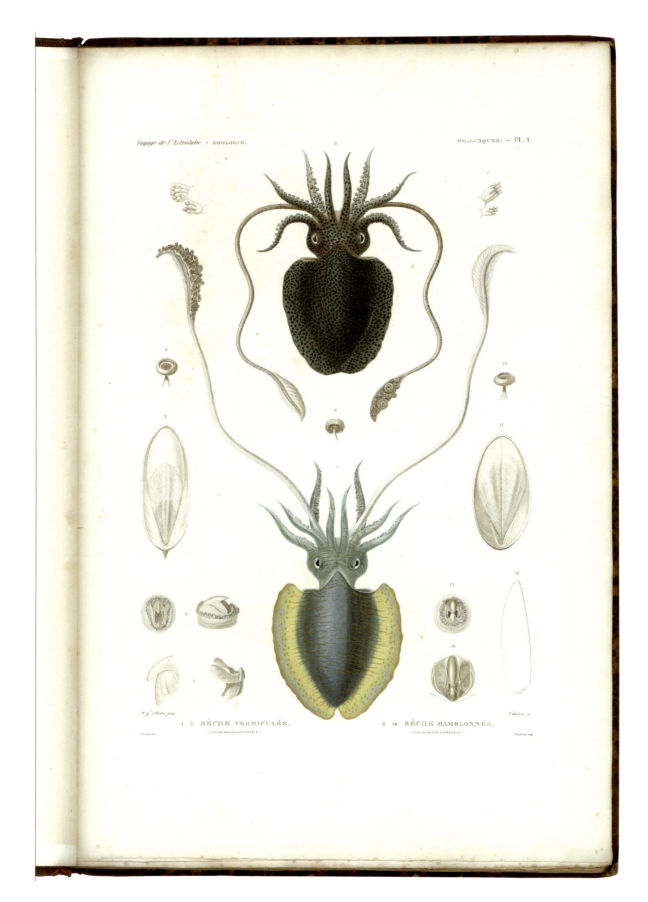

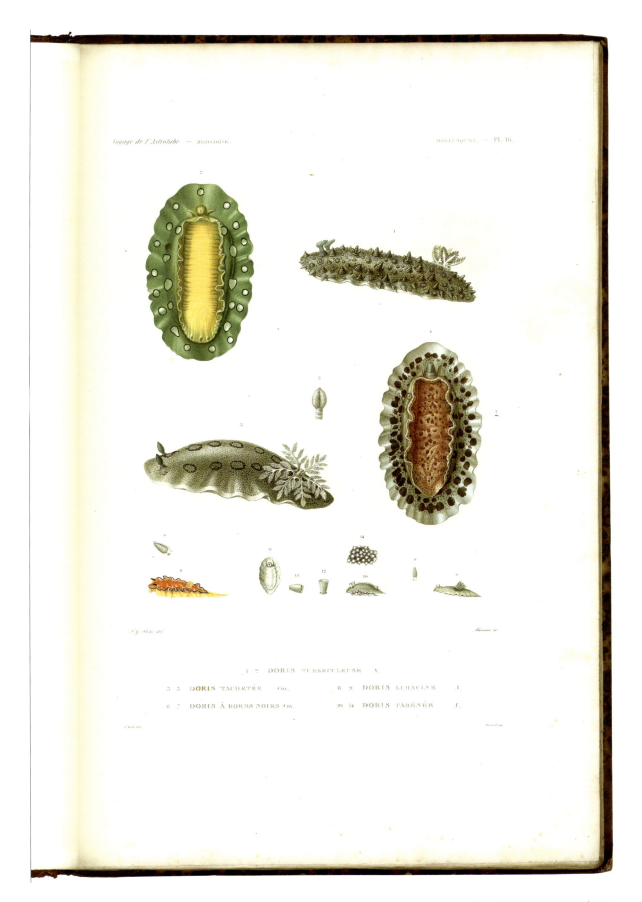

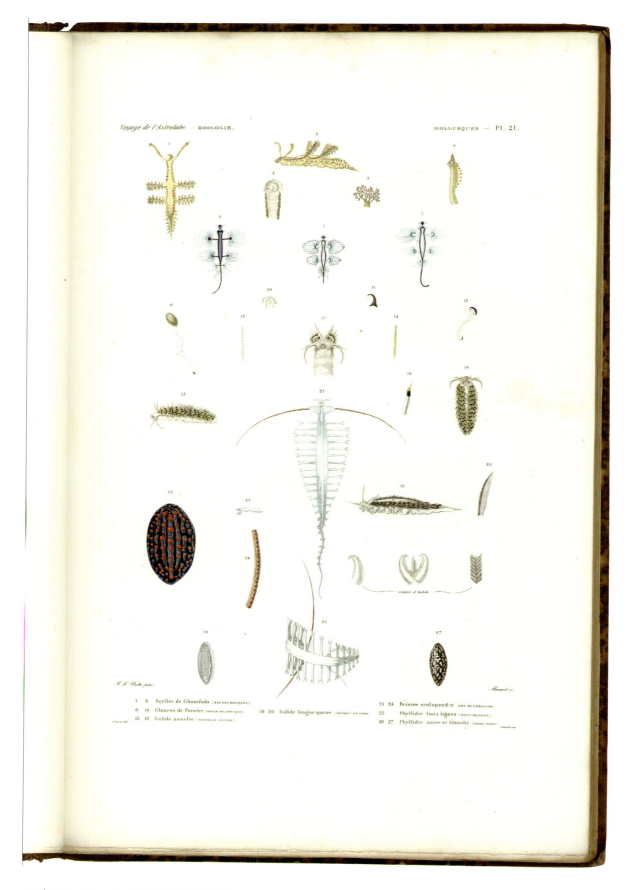

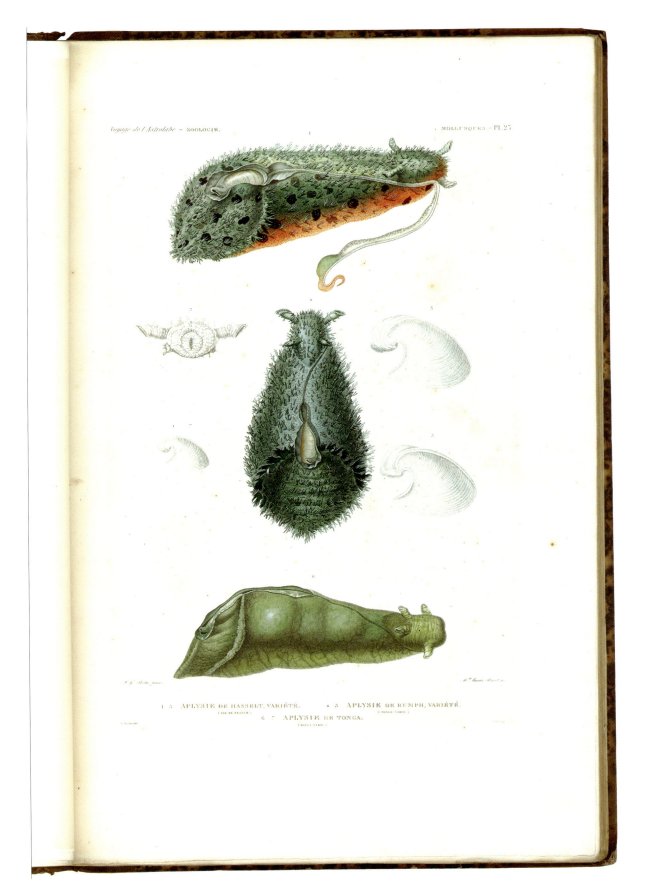

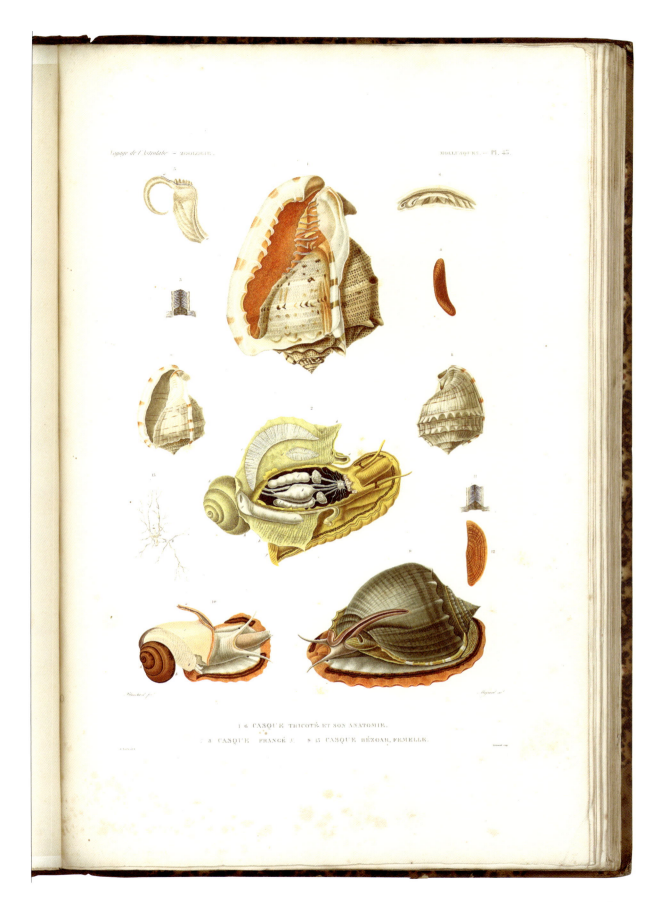

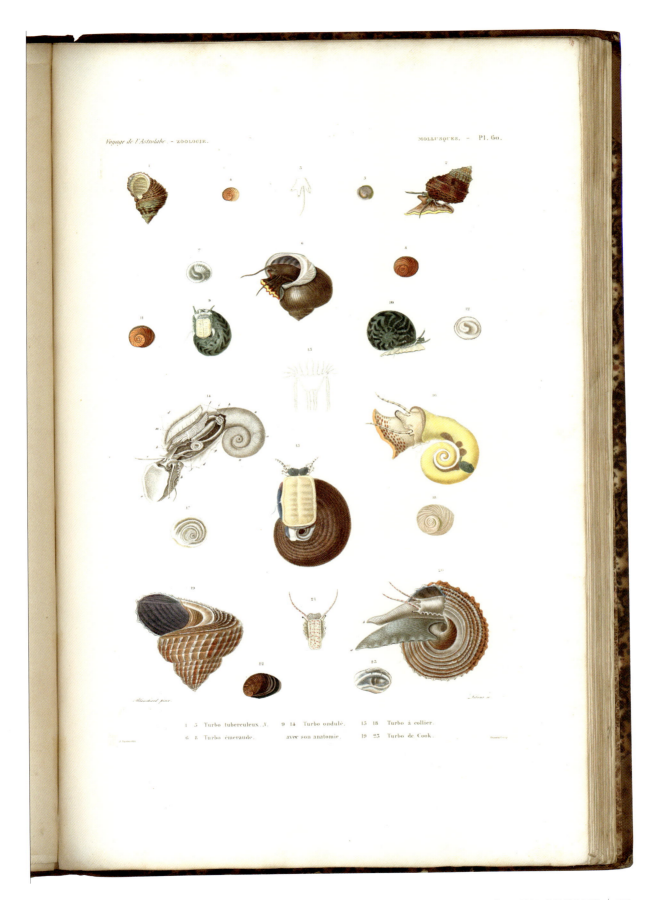

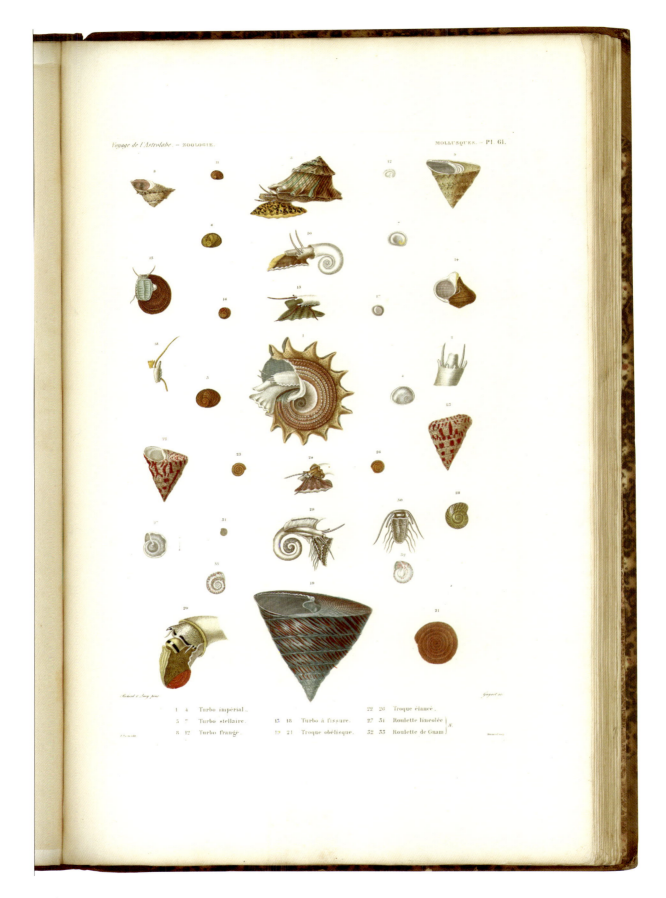

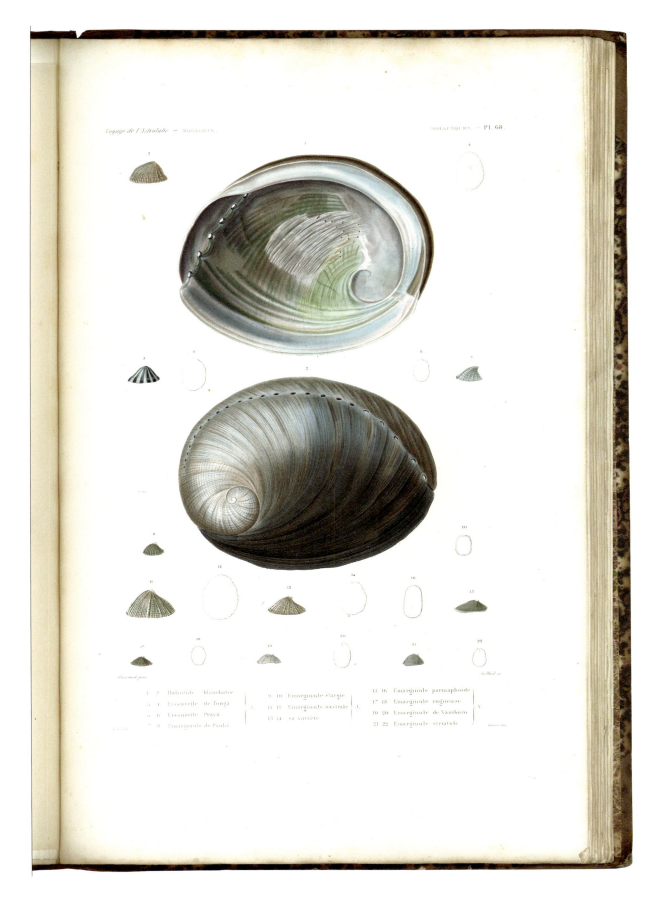

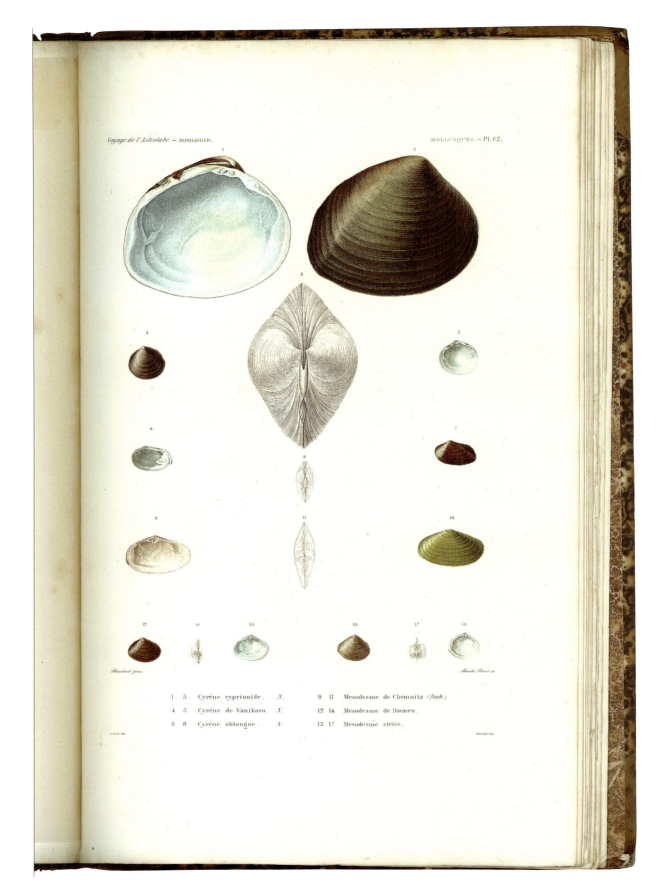

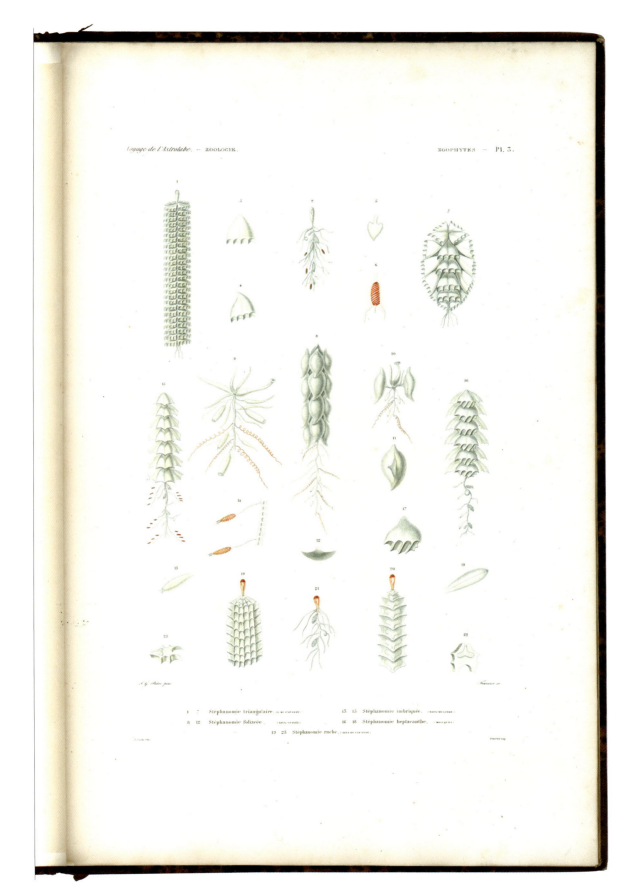

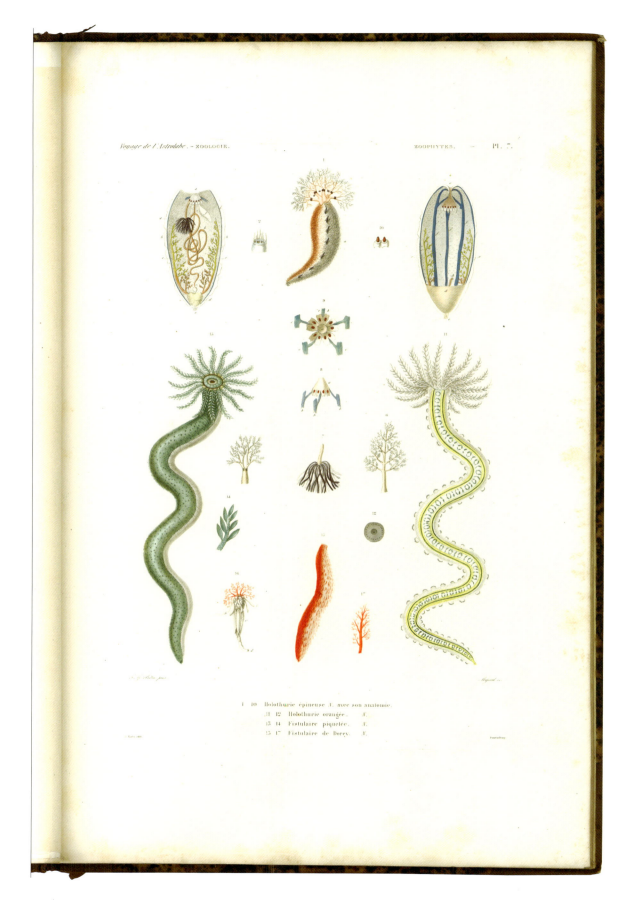

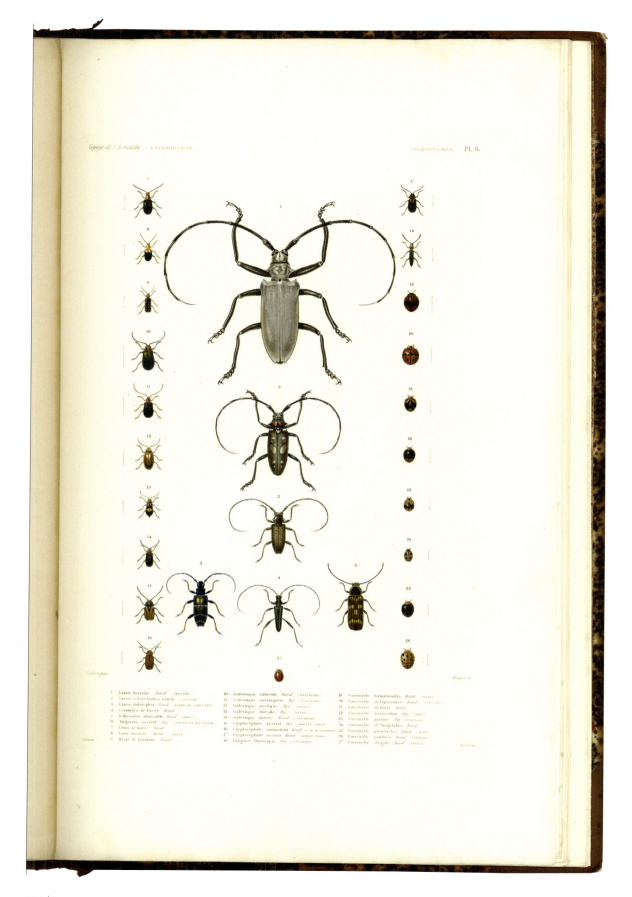

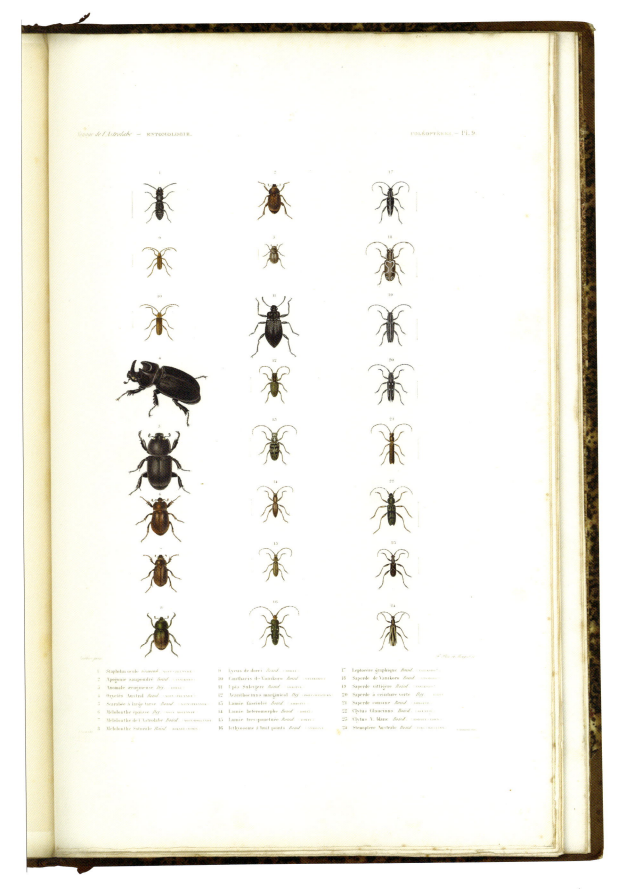

MARGINARIA GIGAS Nob.

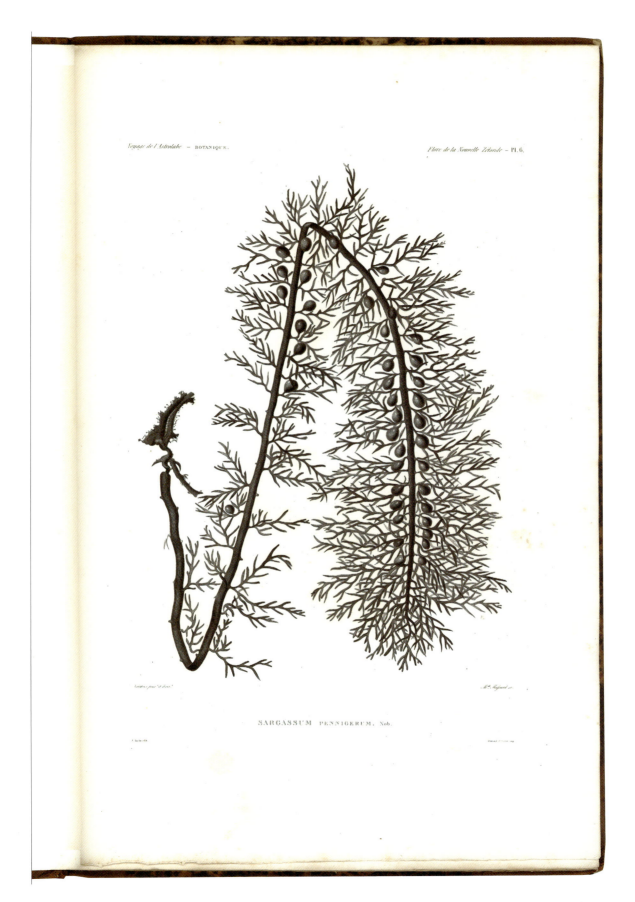

SARGASSUM PENNIGERUM, Nob.

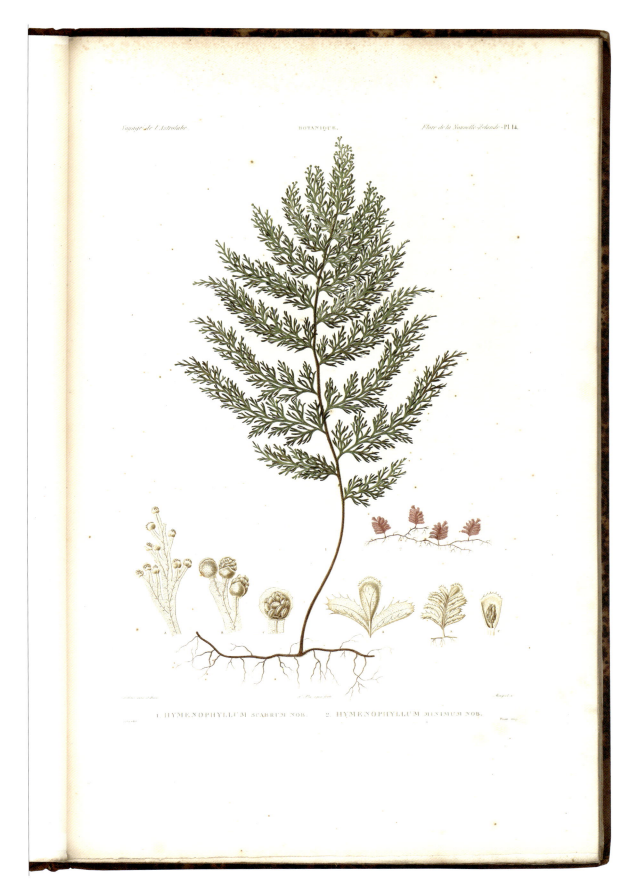

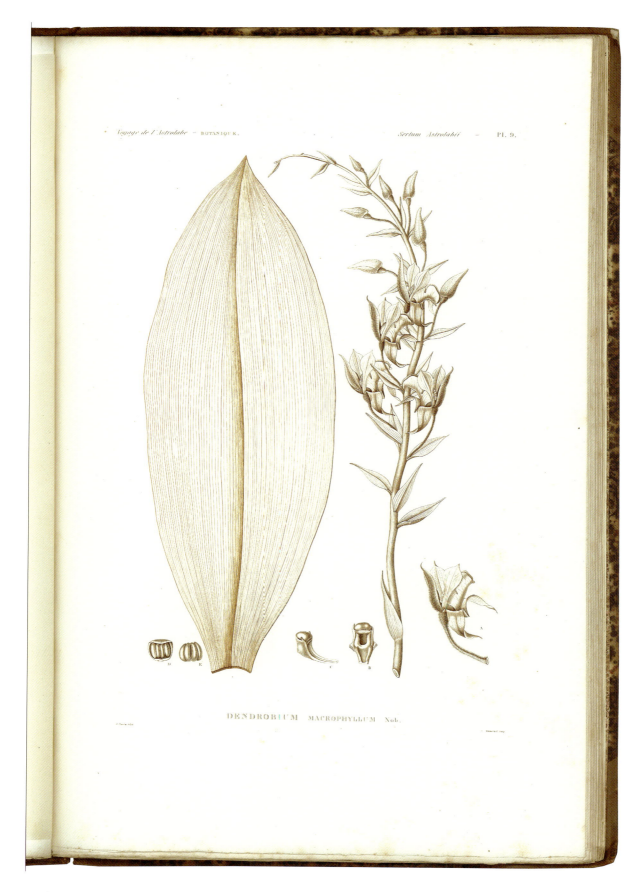

一般と個別の頭足類図譜
Histoire naturelle générale et particulière des céphalopodes acétabulifères vivants et fossiles

フェルサック, アンドレ・エティエンヌ・ジュスタン・パスカル・ジョゼフ・フランソワ・ドードベール・ド
Férussac, André Étienne Justin Pascal Joseph François d'Audebert de (1786-1836)

ドルビニ, アルシド・シャルル・ヴィクトル・デッサリーヌ
d'Orbigny, Alcide Charles Victor Marie Dessalines (1802-1857)

フェルサック, ドルビニはともにフランスの博物学者。フェルサックはフランス海軍学校で地理学と統計学の教授を務めた学者でもあり, 特に軟体動物の研究における功績で有名。一方, ドルビニは動物学, 軟体動物学, 古生物学, 地質学, 考古学, 人類学などの分野でも貢献した。1826年から33年までパリ博物館のためにブラジル, アルゼンチン, パラグアイなど南米を探検して10,000点におよぶ標本を持ち帰った。また, 博物学者としてキュヴィエに影響を受け, 生涯にわたりキュヴィエの「天変地異説」を擁護した。本書はテキスト編, 図版編の2巻セット。元版は1834年から35年にかけてフェルサックによってパリで出版されるが, その後改訂を加え35年から48年にかけてドルビニの手に成る完全版が出版された。当時ヨーロッパでは化石でしか知られていなかった種類を含めて軟体動物の全容を紹介した頭足類研究書である。とりわけ視覚的, 幾何学的なレイアウトによってタコやイカなど頭足類の形態や体内器官をシンメトリーに配置した手法は図鑑的な要素を呈している。図版はフェルサック, ドルビニの他, グレイ (Gray, John Edward 1800-1875), ラマルク (Lamark, Jean Bapt. Pierre Ant. de Monet de 1744-1829) らの画家たちも制作している。

図版制作	Férussac, André Étienne Justin Pascal Joseph François d'Audebert de
	d'Orbigny, Alcide Charles Victor Marie Dessalines
	Gray, John Edward
	Lamark, Jean Bapt. Pierre Ant. de Monet de
出 版 地	Paris
出 版 者	A. Lacour
出 版 年	1835-1848
版	
巻 号 数	[2v.]
印刷技法	リトグラフ, 多色リトグラフ
印 刷 者	

Cryptodibranches. **G. POULPE** *(OCTOPUS). Pl. 9.*

Atelier de Guérin.   Imp.lith. de Bove, dirigée par Noël ainé & Cⁱᵉ

1, 2, Figures de Poulpes, tirées d'un ouvrage chinois.

O. Vulgaris, Lam
hors de l'eau et marchant sur la plage

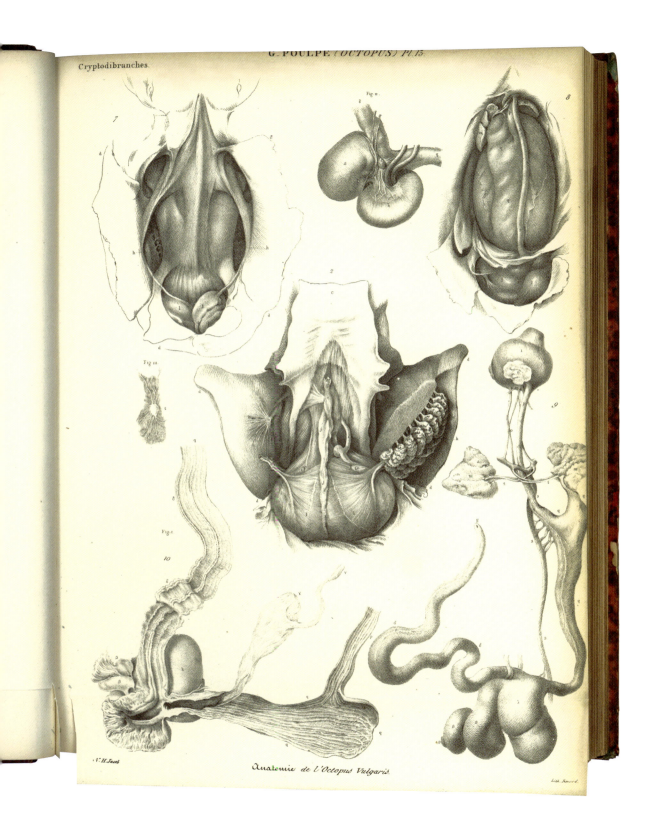

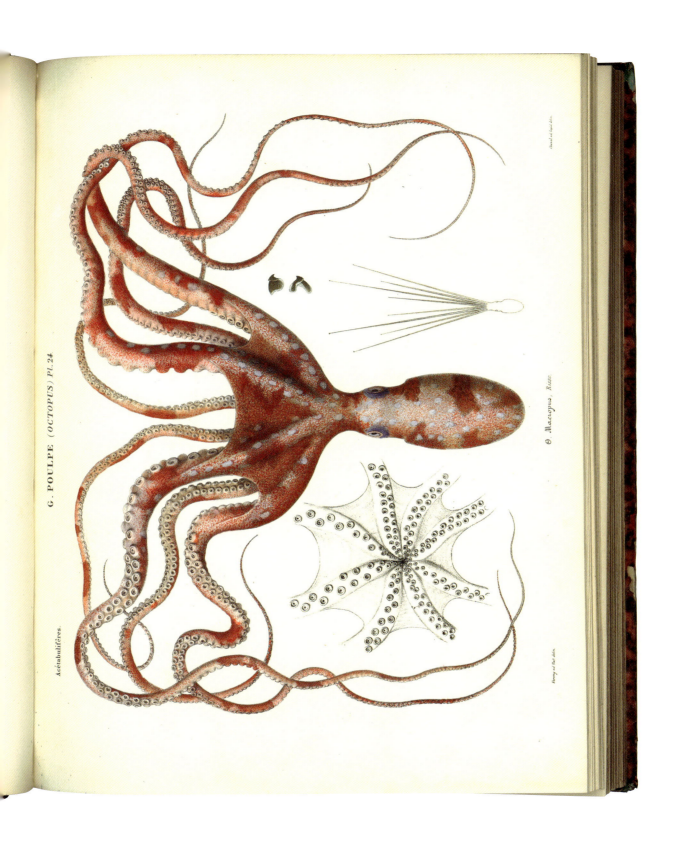

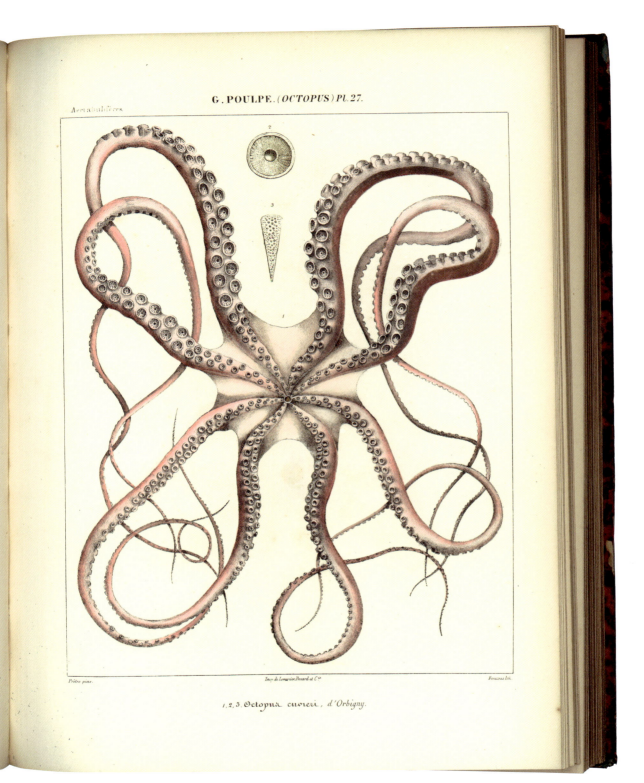

1,2,3. Octopus cuvieri, d'Orbigny.

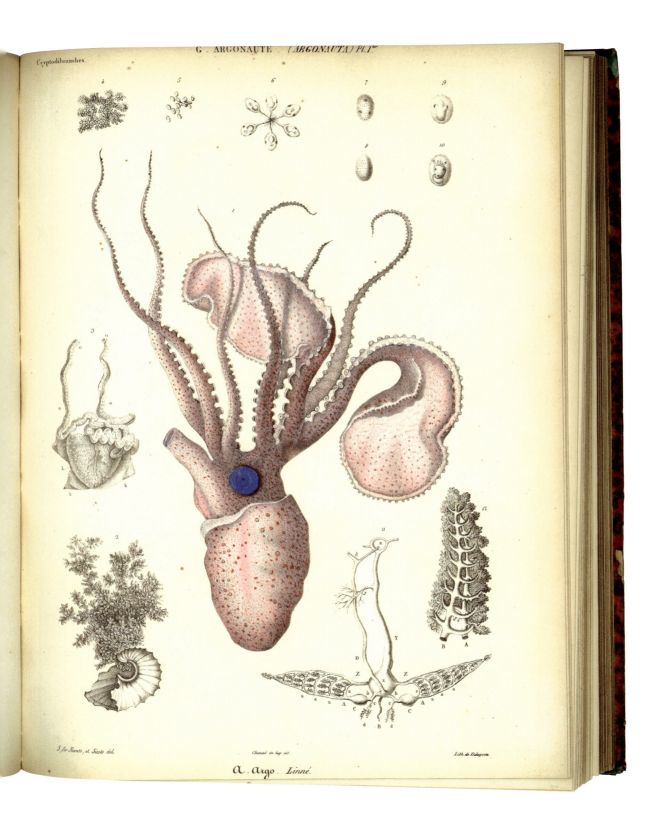

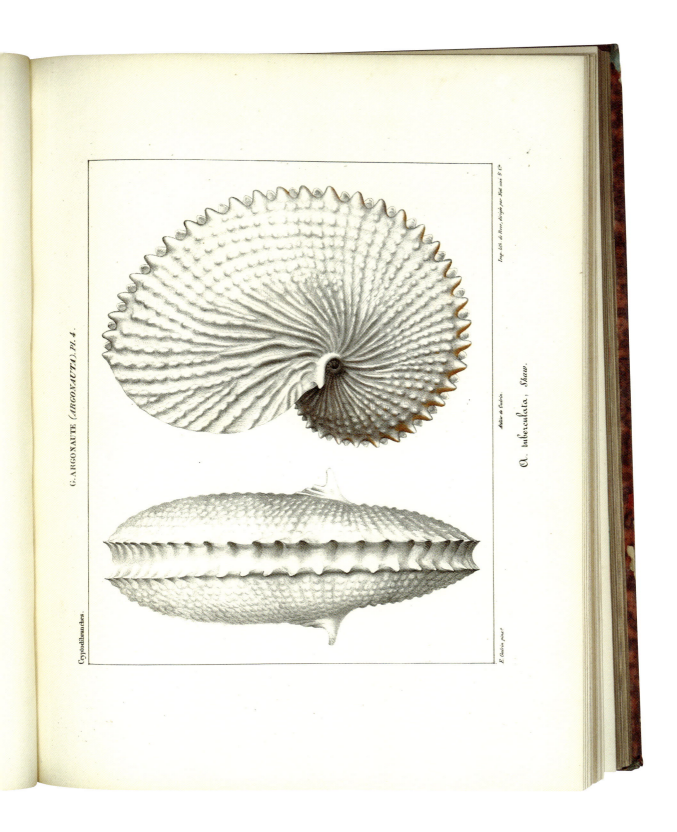

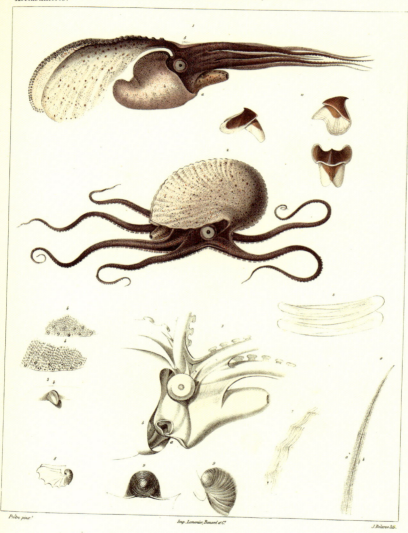

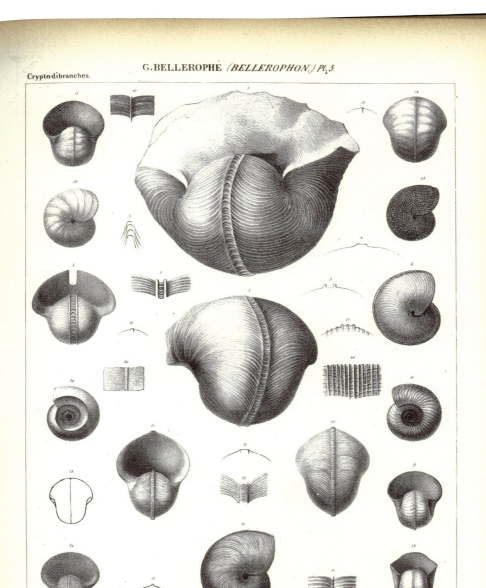

Cranchia Bonelliana, Férussac.

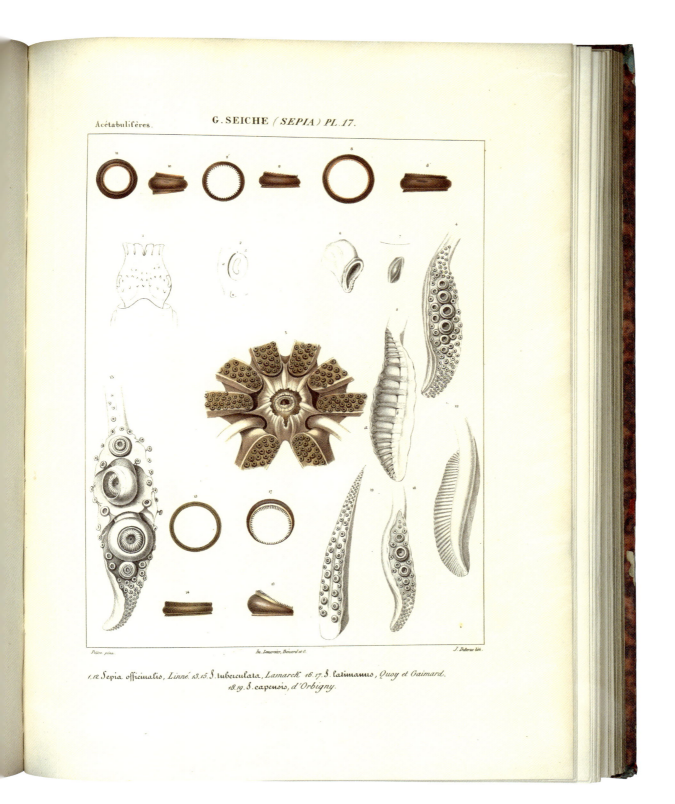

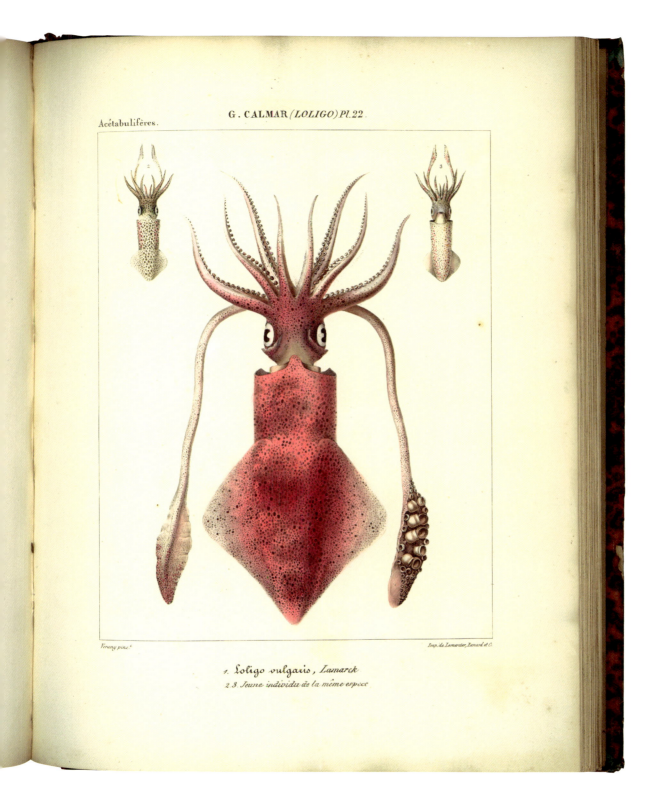

Acétabulifères.   G. CALMAR *(LOLIGO) Pl. 22*.

1. *Loligo vulgaris*, Lamarck
2. 3. Jeune individu de la même espèce

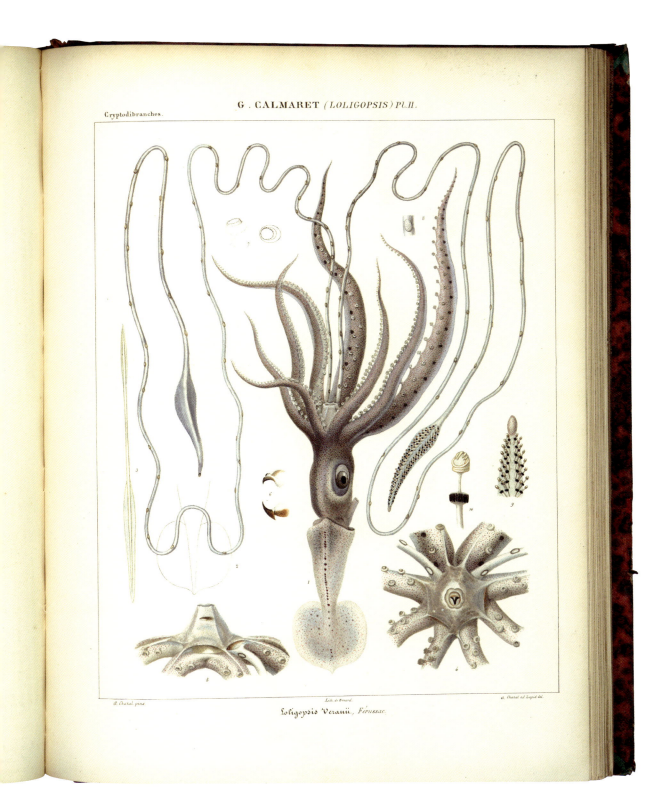

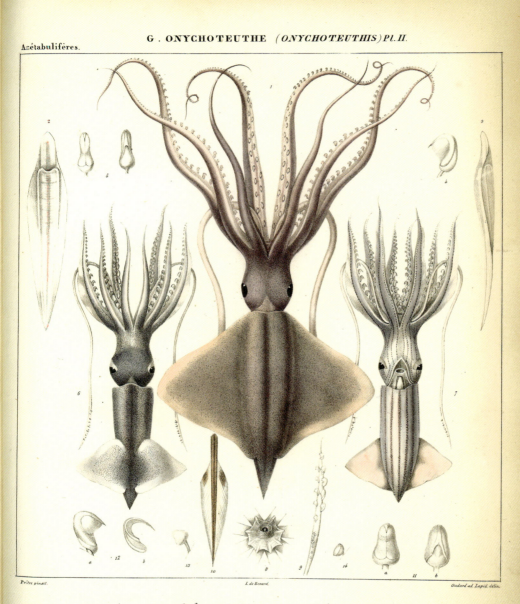

I-18

鳩図譜
Les Pigeons

マダム・クニップ（旧姓 ポーリーヌ・ド・クールセル）
Madame Knip, née Pauline de Courcelles (1781-1851)

テミンク, コンラート・ヤコブ
Themminck, Coenraad Jacob (1778-1858)

プレヴォー, フローラン
Prévost, Florent (1794-1870)

マダム・クニップの鳩図譜。1巻目はオランダの有名な鳥類学者テミンクと，2巻目はフランスの自然史博物館で職を得ていた博物学者プレヴォーとそれぞれ共同で出版したもの。合わせて135図の手彩色鳩図譜が収められている。「クニップ夫人」の名は彼女が1808年に結婚した相手であるオランダの画家ヨゼフ・クニップ（Knip, Joseph 1777-1847）に由来する。二人は間もなく離婚したが，オランダで猫の画家として知られるロナーニップ（Ronner-Knip, Henriétte 1821-1909）は彼らの長女であった。

クニップの描いた初期の作品はアメリカの鳥類が主であり，サロンに出品し金賞を受賞した経歴を持つ。その後，オランダの鳥類学者テミンクが描いた鳩図譜の研究に勤しんでいた。本書はテミンクが1813年から15年頃に出版するはずであった3巻本の鳩の研究書 "Histoire naturelle générale des pigeons et des gallinacés" を底本としているが，クニップがテミンクのテキストを盗用したものだとする説もある。また，クニップはオーストラリアへは一度も訪れたことはなかったが，数多くのオーストラリアの鳥類を描いており，それらの作品は現在オーストラリア国立図書館で収蔵されている。

図版制作	Madame Knip
	Dequevauviller, François-Jacques (1783-1848)
出 版 地	Paris
出 版 者	Madame Knip et Garnery
出 版 年	[1838-1843]
版	
巻 号 数	2v.
印刷技法	手彩色銅版
印 刷 者	Typograhie de Firmin Dedot Fréres

Colombar Commandeur, mâle.
COLUMBA MILITARIS. *Mihi.*

Colombe Colombin.
COLUMBA ŒNAS Lath.

Colombe à Nuque écaillée.
COLUMBA PORTORICENSIS Mchx.

Colombe hérissée
COLUMBA FRANCIX. Lath.

Colombe Oricou Mâle.
COLUMBA AURICULARIS Mihi.

Colombe à masque blanc Mâle.
COLUMBA LARVATA Mihi.

Colombe Blonde.
COLUMBA RISORIA Lath.

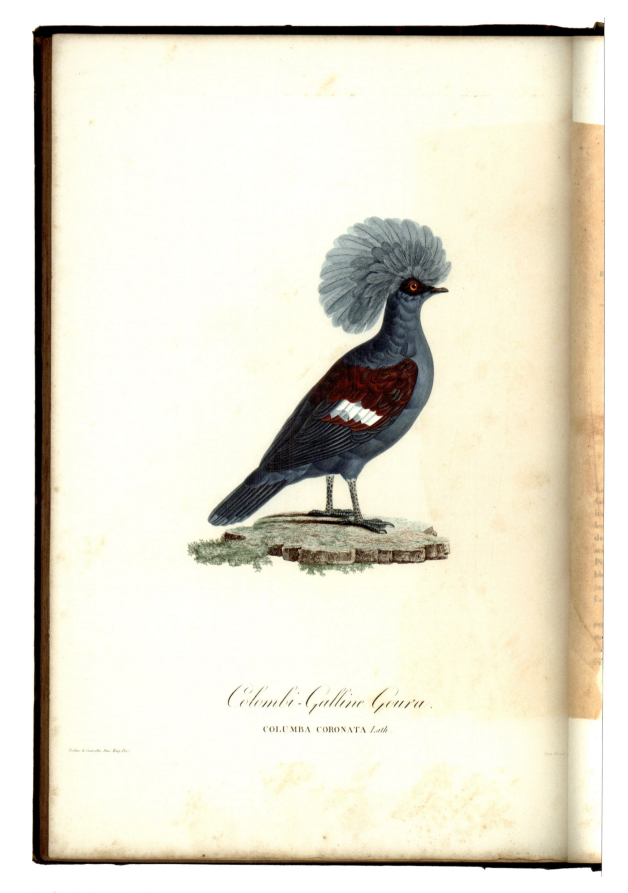

Colombi-Galline Goura.

COLUMBA CORONATA Lath.

Colombi-Galline à Camail.
COLUMBA NICOBARICA. Lath.

Colombe à ventre roux.
COLUMBA RUFIGASTER *Quoy, Gaim.*

Colombi Longup.
COLUMBA LOPHOTES, *Temm.*

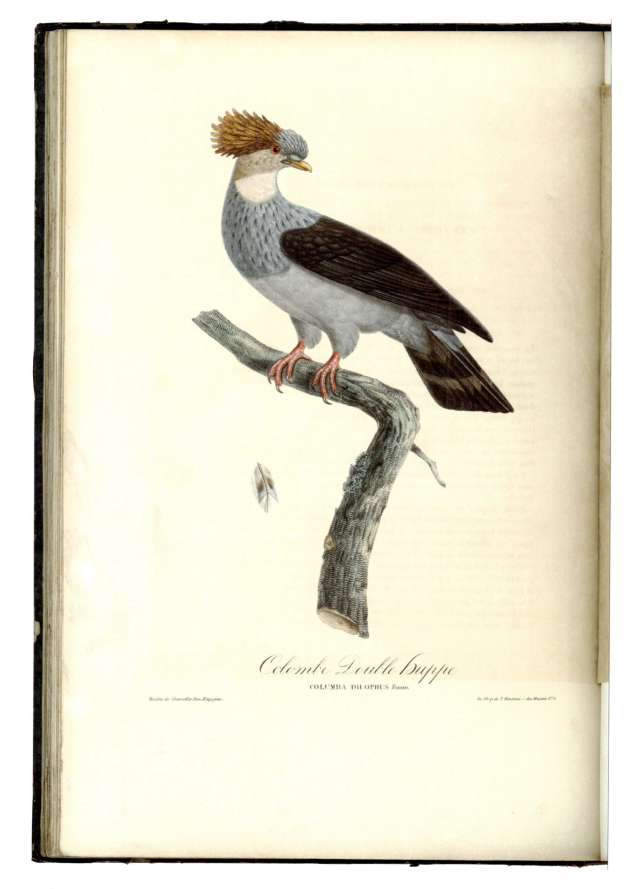

Colombe Double huppe
COLUMBA DILOPHUS *Temm.*

Colombe Océanique.
COLUMBA OCEANICA Less. Coq.

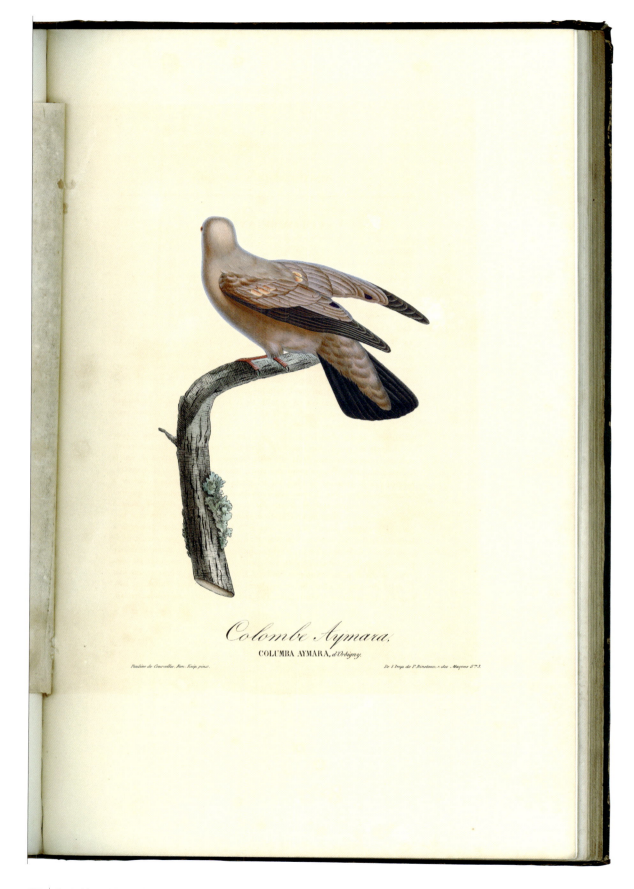

Colombe Aymara.
COLUMBA AYMARA, d'Orbigny.

I-19

チリ全史
Historia fisica y politica de Chile

ゲイ，クラウディオ
Gay, Claudio (1800-1873)

フランスの植物学の権威であり博物学者でもあったゲイは，チリに向けた航海の後，現地に留まりチリ政府のために尽力した。1830年代よりサンティアゴ大学の地理学の教授に就きチリの地誌，地理学，博物学，芸術史から民俗史に至るまでチリの歴史全般を分類学的にかつ系統的に記録した全9巻のチリ全史を刊行した。出版にあたり当時のチリではリトグラフの印刷技術がなかったため，パリの印刷所で出版された。1巻から8巻は解説編，9巻のみ図版編。図版編に描かれた動物は，爬虫類，鳥類，哺乳類，魚類，昆虫などが含まれるが，昆虫図版は詳細な解剖図や細部の構造が図鑑のようにレイアウトされていて美しい。
ゲイはチリの科学の先駆者と称され，彼がまとめた膨大なそれらの図版は現在チリ，サンティアゴの博物館に収蔵されている。

図版制作	
出版地	Chile: Paris
出版者	Museo de Historia Natural de Santiago: Casa del Autuo
出版年	1847-1857
版	
巻号数	9v.
印刷技法	手彩色銅版
印刷者	Brodtmann, Karl Joseph (1787-1862)

1. Mactra Byronensis, Gray
2. Tellina inornata, Hanley.
3. Pholas chiloensis, Molina.
4. Diplodonta inconspicua, Phil.
5. D. _____ Phillippii, Nobis.
6. Solen macha, Molina.
7. Saxicava chilensis, Nobis.
8. Osteodesma cuneata, Desh.
9. Phaseolicama trapezina, Nobis.

1. *Mus rupestris* Gerv. — 2. *Mus lutescens* Gerv.

1. *Plectropoma Semicinctum* Val.   2. *Pinguipes Chilensis* Val.

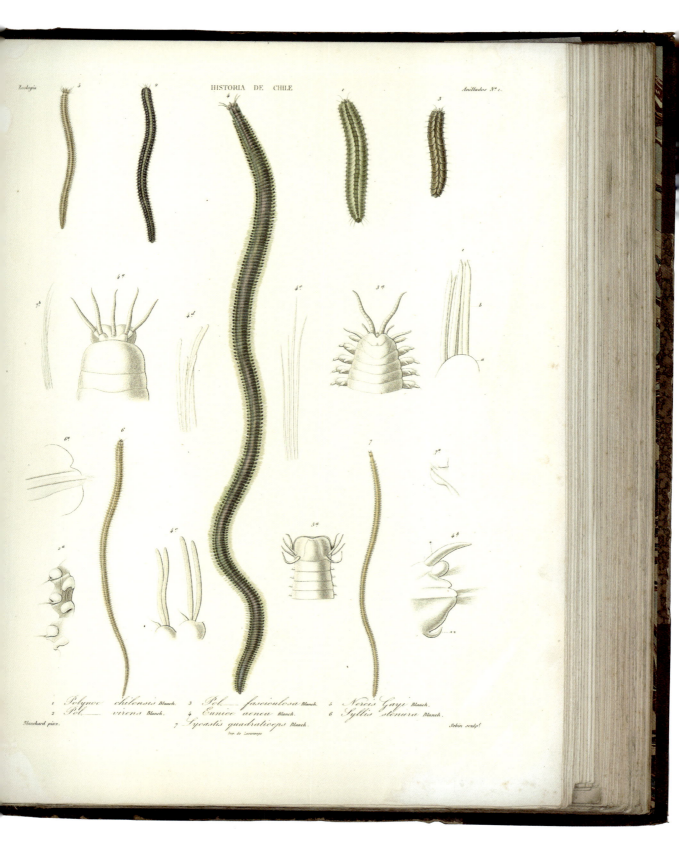

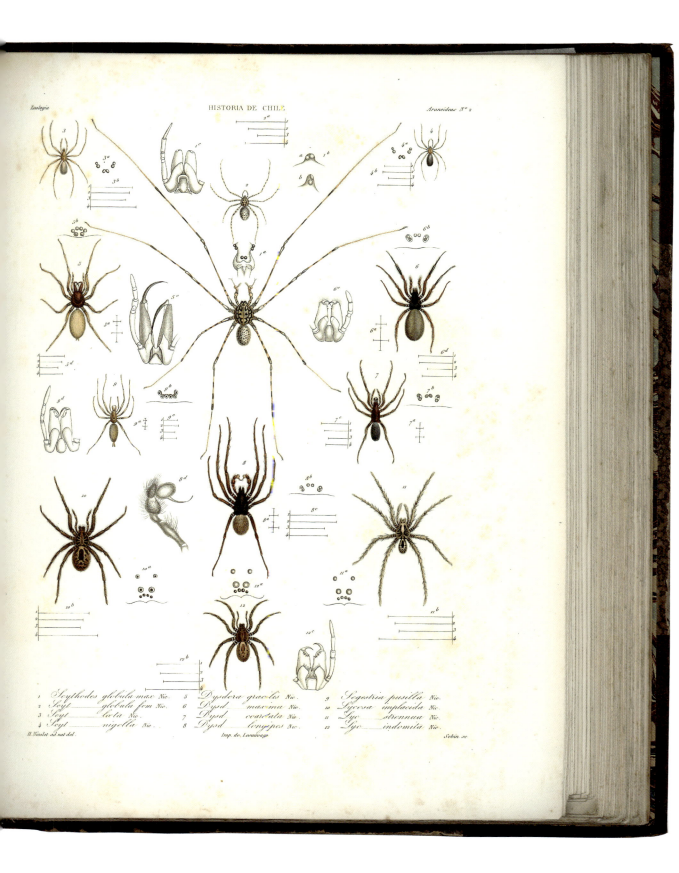

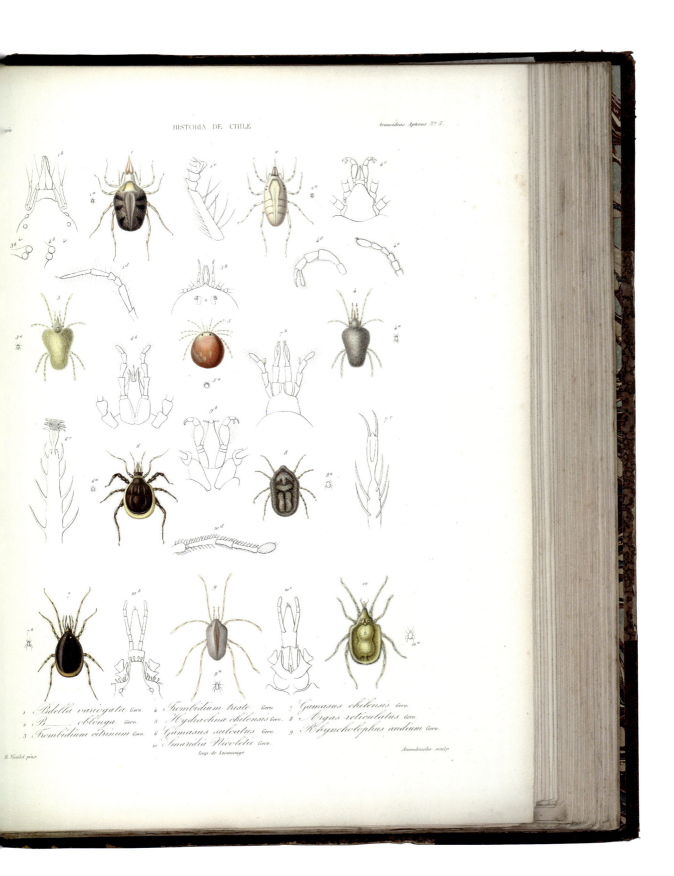

HISTORIA DE CHILE

1. Aphodius chilensis Sol.
2. Trox bullatus Curtis.
3. Scarabaeus punctato-striatus Sol.
4. Oryctes nitidicollis Sol.
5. Oryctomorphus maculicollis Guer.
6. Bombegeneius fulvescens Sol.
7. Brachysternus viridis Guer.
8. Triboatheles ciliatus Sol.
13. Oogeneius vivens Sol.
9. Aulacopalpus elegans Burm.
10. Areoda mutabilis Sol.
11. Homonix cupreus Guer.
12. Catoclastus Chevrolatii Blanch.

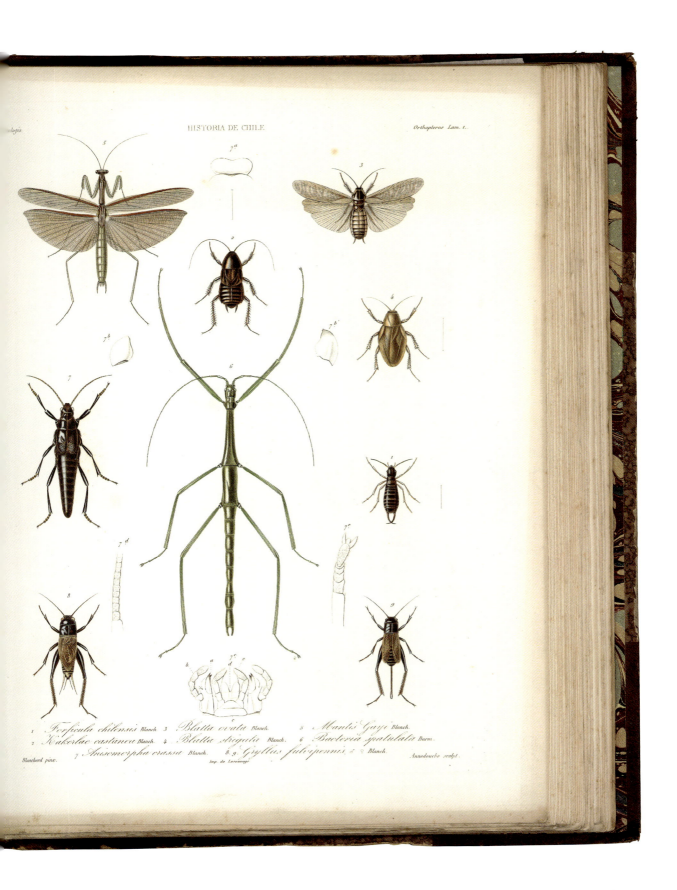

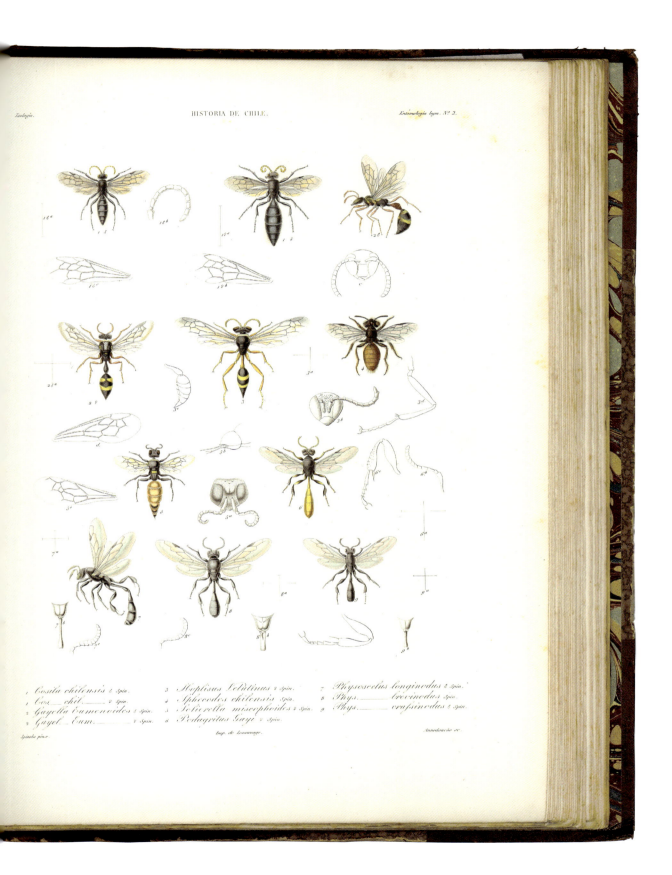

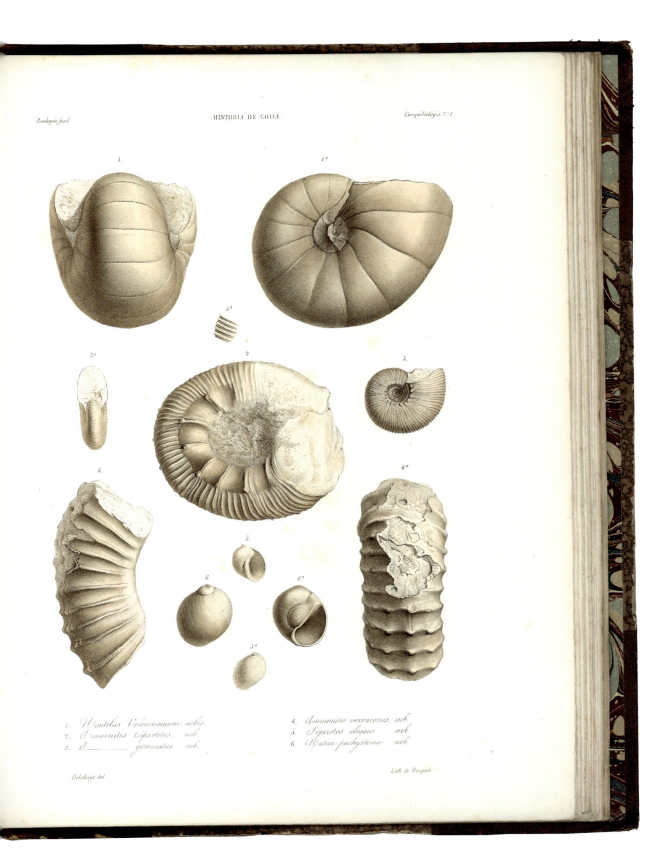

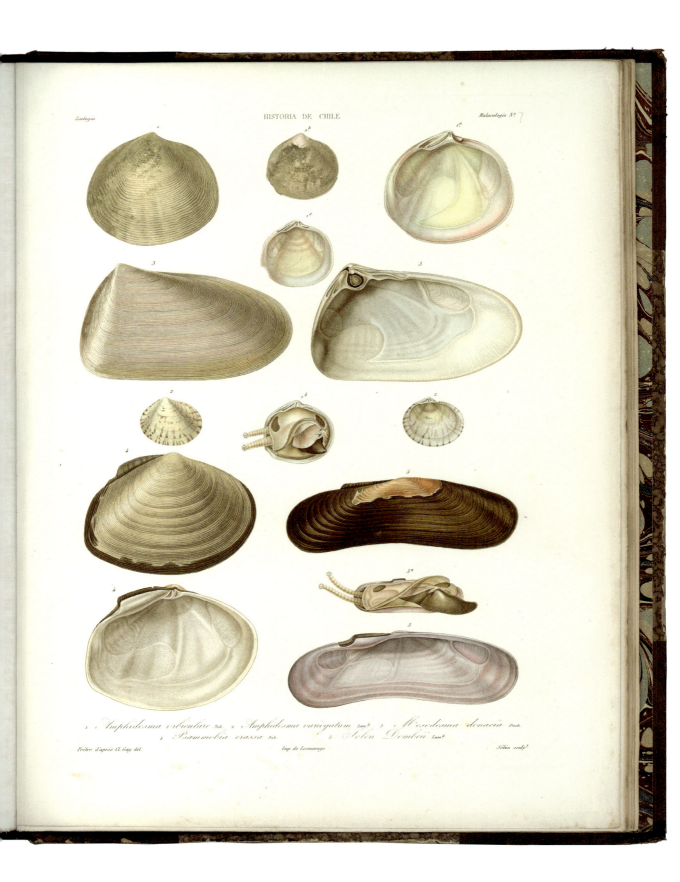

I-20

八色鳥科鳥類図譜
A monograph of the pittidae, or family of ant thrushes

エリオット, ダニエル・ジロー
Elliot, Daniel Giraud (1835-1915)

エリオットはニューヨーク生まれの博物学者。アメリカ自然史博物館,アメリカ鳥学会の設立者の1人であり,シカゴのフィールド自然史博物館の動物担当学芸員も務めた。本書『八色鳥科鳥類図譜』は1861年から63年にかけて6分冊で自費出版された最初の主要な図譜。本書はそのうちの1冊で,極めて美しい手彩色リトグラフで制作された八色鳥の専門図鑑。描かれているのは,ボルネオ,ネパール,フィリピン,ニューギニア等に棲息する八色鳥。エリオットに鳥の種類に適した花や葉を確実に描写することを心がけた。

また,1893年から95年にロンドンのクォリッチ社から刊行された第2版は,元の図版をグールド(Gould, John 1804-1881)やハート(Hart, William Matthew 1830-1908)が描き直した上,新たな図版も加え計51図が収められている。

図 版 制 作｜Elliot, Daniel Giraud
出 版 地｜New York
出版社・発行者・印刷所｜Appleton
出 版 年｜1861-1863
版｜初版
巻 号 数｜[6v.]
印 刷 技 法｜手彩色リトグラフ
印 刷 者｜

BRACHYURUS (GIGANTIPITTA BON.) CYANEUS.

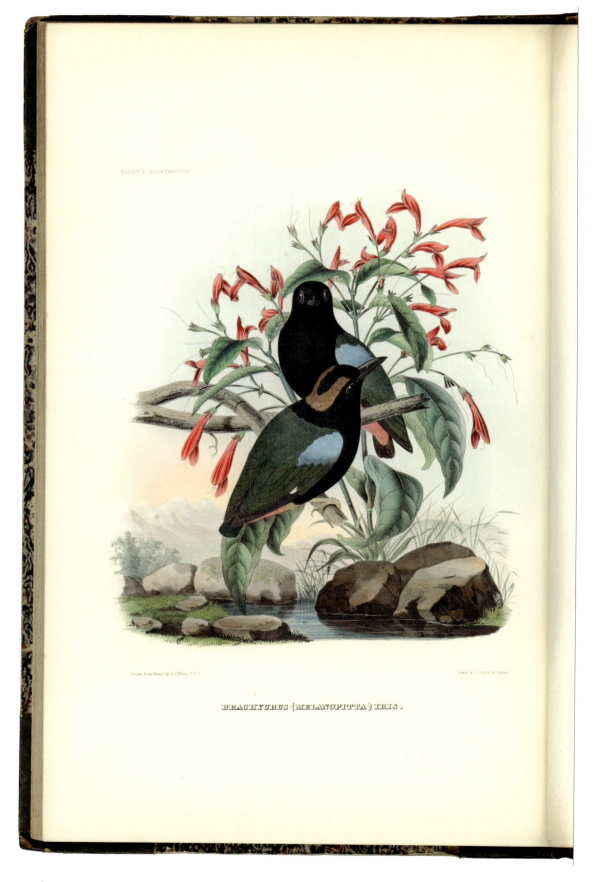

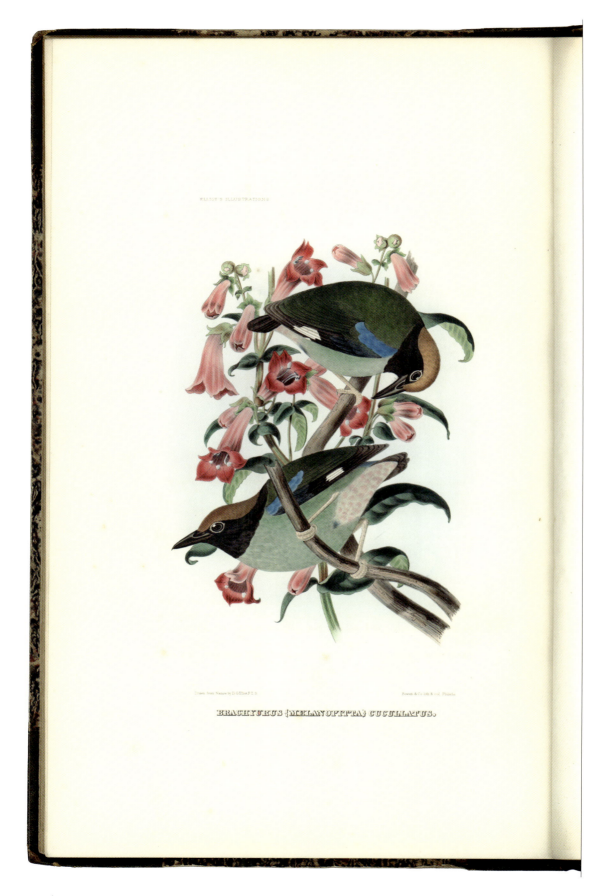

BRACHYURUS (MELANOPITTA) CUCULLATUS.

フウチョウ科・ニワシドリ科鳥類図譜
Monograph of the Paradiseidæ, or Birds of Paradise, and Ptilonorhynchidæ, or Bower Birds

シャープ，リチャード・バウドラー
Sharpe, Richard Bowdler (1847-1909)

シャープは英国の動物学者。ロンドンに生まれ，ブライトン大学に学ぶ。本書はグールドのもとで働いていた画家で腕利きのリトグラフ刷師ハートの協力を得て制作されたフウチョウ（風鳥または極楽鳥）とニワシドリの図譜である。シャープは1864年頃から本格的な鳥類学研究をはじめ，最初の著作"The Monograph of the Kingfishers（カワセミの研究，カワセミ科鳥類図譜）"(1868-71) を出版した。1872年には大英博物館の動物学部門の責任者となり鳥類の収集にあたる。

1892年には「英国鳥類学者クラブ」を設立し機関誌を編集した。また，1874年から98年に大英博物館から刊行された鳥類図譜全27巻のうち13巻相当の執筆を担った。1849年から88年にかけて鳥類図譜の製作における超人であったグールドとシャープの共同で出版した"The Bird of Asia（アジアの鳥類図譜）"は19世紀の手彩色リトで製作された鳥類図譜の最高傑作とされている。また，グールドは1849年から61年にかけて友人のリア（Lear, Edward 1812-1888）の協力を得て，5巻本"A Monograph of the Trochilidae, or Family of Humming birds（ハチドリ科鳥類図譜）"を出版したが，グールドの死後シャープの手によって1880年から87年にその「補遺版」が出版された。

シャープの鳥類図譜に限らず，ビュイック（Bewick, Thomas 1753-1828）の"A History of British Birds（英国鳥類図譜）"を手始めにグールドの不世出の鳥類図譜の傑作など，総体としてイギリスの鳥類図譜の特徴は，剥製のスケッチではなく，描く対象の鳥を森の自然環境の中に置き，周りの風景までを取り入れて描いた点にある。そのため，あたかも鳥が画面から飛び立つ風情のリアリティを感じさせる。さらに鳥本来の習性や食性までを伝える際立った構図で描かれている点にも特徴がある。

2巻目の巻末には元装丁の表紙が1891年1分冊から1898年8分冊まで8点綴じられている。分冊形態で出版されたものを，後にモロッコ革の美麗な表紙デザインで2巻本に装丁し直したもの。序文テキストはロンドンの有名な印刷工房チズヴィックプレス。

図版制作｜Gould, John
　　　　　Hart, William Matthew
出 版 地｜London
出 版 者｜Henry Sotheran
出 版 年｜1891-1898
　　版　｜
巻 号 数｜2v.
印刷技法｜手彩色リトグラフ
印 刷 者｜[Mintern Brothers]

DREPANORNIS ALBERTISI, Sclater.

EPIMACHUS SPECIOSUS, (Bodd.)

EPIMACHUS ELLIOTI, Ward

PARADISEA MINOR, Shaw.

LYCOCORAX PYRRHOPTERUS, Temm.

LOPHORHINA SUPERBA (Penn.)

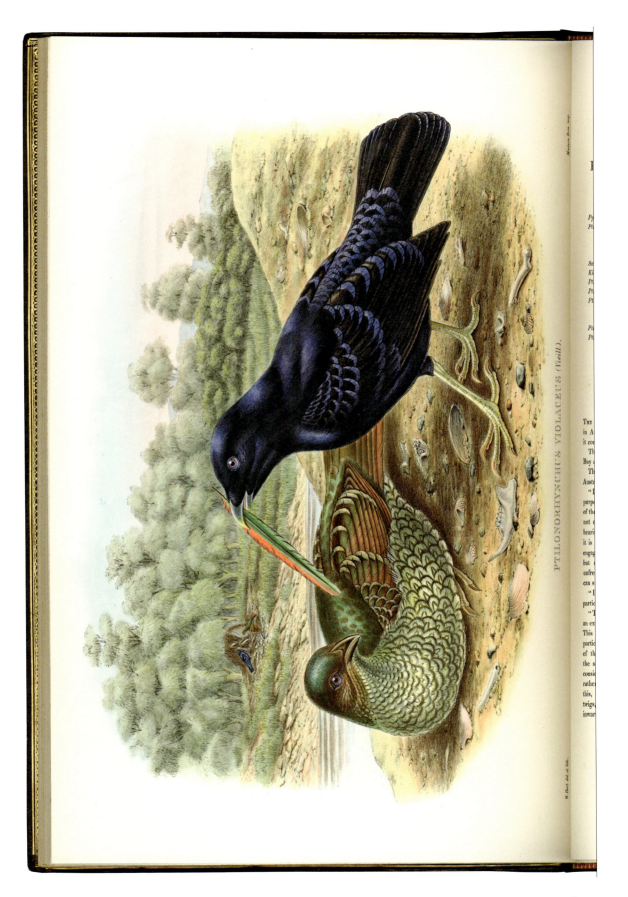

CNEMOPHILUS MACGREGORI, (Goodwin)

CHLAMYDODERA NUCHALIS (Jard. & Selby).

I-22

自然の造形
Kunstformen der Natur

ヘッケル，エルンスト
Haeckel, Ernst (1834-1919)

ヘッケルはドイツのポツダム生まれの博物学者であり科学者でもあった。ベルリン大学，ウィーン大学で学び，イェーナ大学において動物学教授となる。動物の系統樹を描いた最も初期の学者の一人。ダーウィン進化論を強力に支持した。ヘッケルの描いた様々なクラゲなどの放散虫や生物画は視覚的な美しさばかりでなく，形としての造形美や見事な対称性レイアウトのデザインに特徴がある。それらはフランスのデザイナー・ガレ（Gallé, Charles Martin Émile 1846-1904）やドイツの新即物主義写真家で博物学者でもあったブロスフェルト（Blossfeldt, Karl 1865-1932），シュルレアリスムの作家エルンスト（Ernst, Max 1891-1976）など，当時のアーティストたちに多大な影響を与え，アールヌーヴォー芸術の特徴である曲線的な造形美の装飾文様に取り入れられた。特に1900年パリ万博で建設された奇妙な造形の曲線状のゲートは，フランスの建築家ビネ（Binet, René 1866-1911）がヘッケルの放散虫をイメージして製作したことはよく知られている。また，黒を背景に透明な微生物をネガフィルムのように描いた表現はヘッケルが開発したと言われる。本書のタイトルページにはアールヌーヴォー様式の特徴的なボーダーがデザインされている。邦訳は『生物の驚異的な形』や『自然の美的技巧』と訳されたものもある。

図版制作	Haeckel, Ernst
出版地	Leipzig: Wien
出版者	Verlag des Bibliographischen Instituts
出版年	1904
版	
巻号数	1v.
印刷技法	多色リトグラフ，ダーマトグラフ
印刷者	Brodtmann, Karl Joseph

Haeckel, Kunstformen der Natur. Tafel 7 — Epibulia.

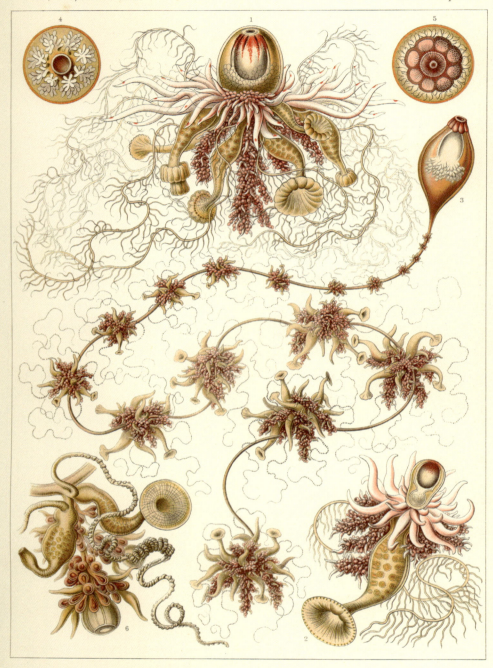

Siphonophorae. — Staatsquallen.

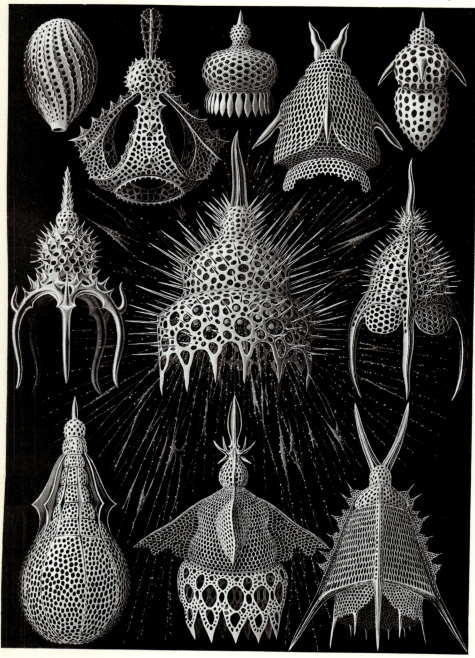

Cyrtoidea. — Flaschenstrahlinge.

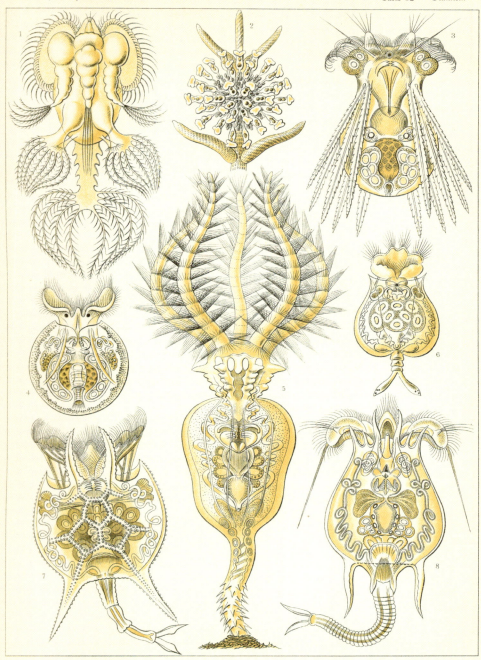

Melethallia. — Gesellige Algetten.

Haeckel, Kunstformen der Natur.   Tafel 37 — Discolabe.

Siphonophorae. — Staatsquallen.

Haeckel, Kunstformen der Natur. Tafel 43 — Aeolis.

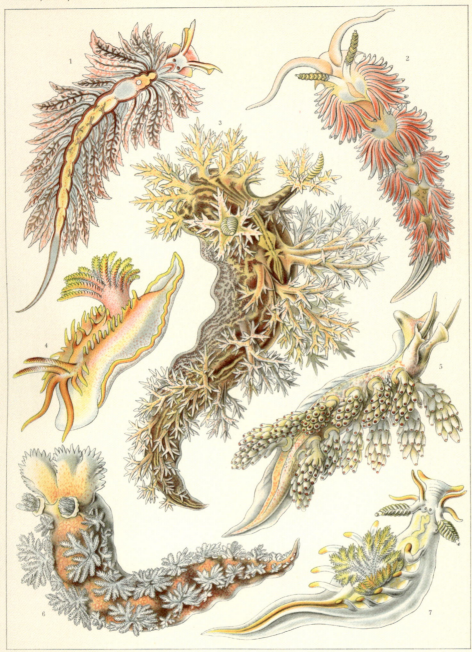

Nudibranchia. — Nacktkiemen-Schnecken.

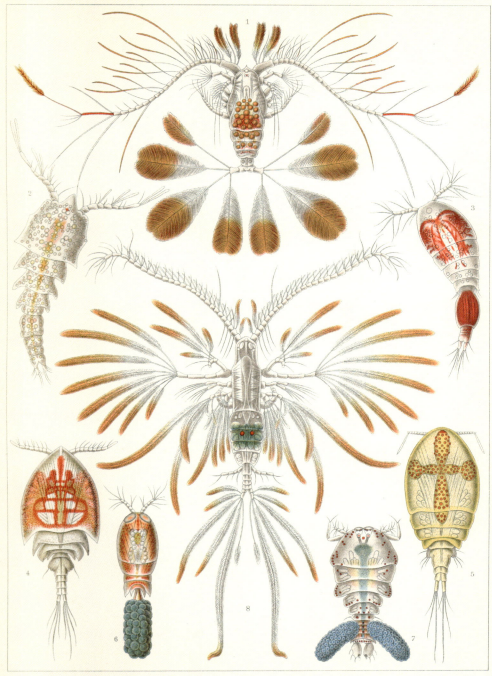

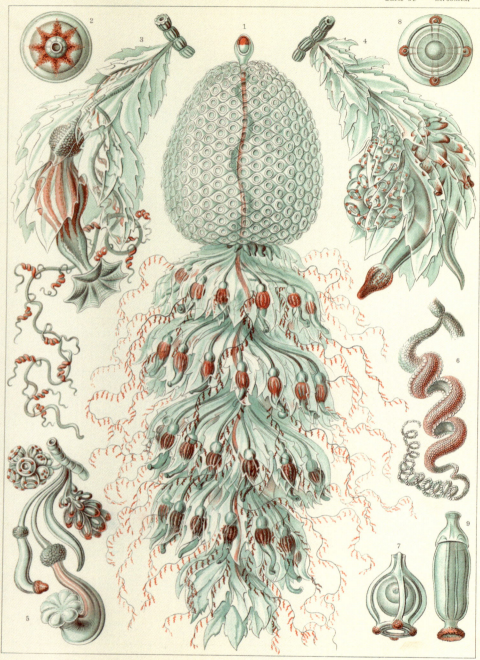

Haeckel, Kunstformen der Natur.   Tafel 68 — Hyla.

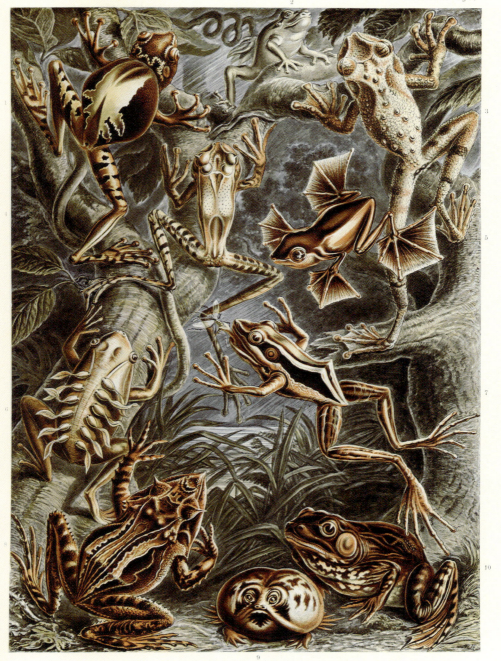

Batrachia. — Frösche.

Haeckel, Kunstformen der Natur. Tafel 71 — *Tympanidium.*

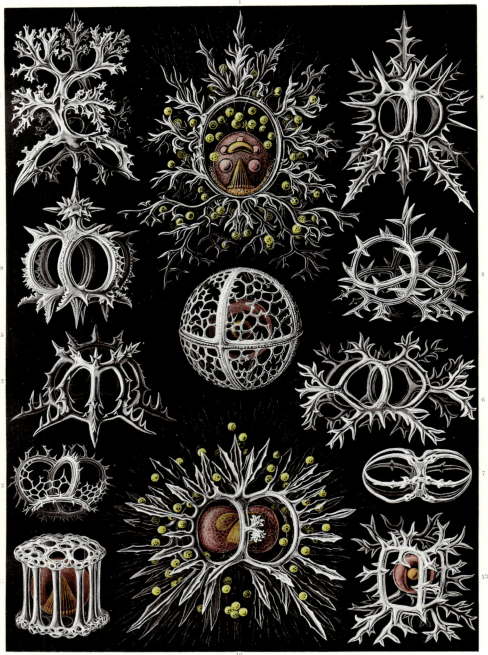

Stephoidea. — Ringelstrahlinge.

Haeckel, Kunstformen der Natur. Tafel 72 — *Polytrichum.*

Muscinae. — Laubmoose.

Haeckel, Kunstformen der Natur. Tafel 76 — Alima.

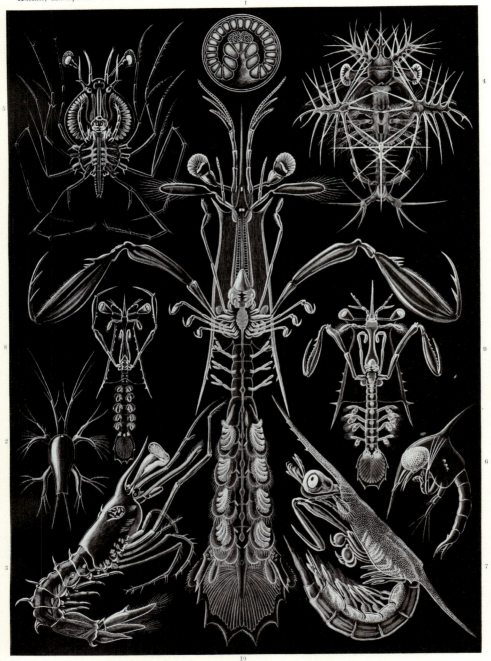

Thoracostraca. — Panzerkrebse.

Haeckel, Kunstformen der Natur. Tafel 96 — Sabella.

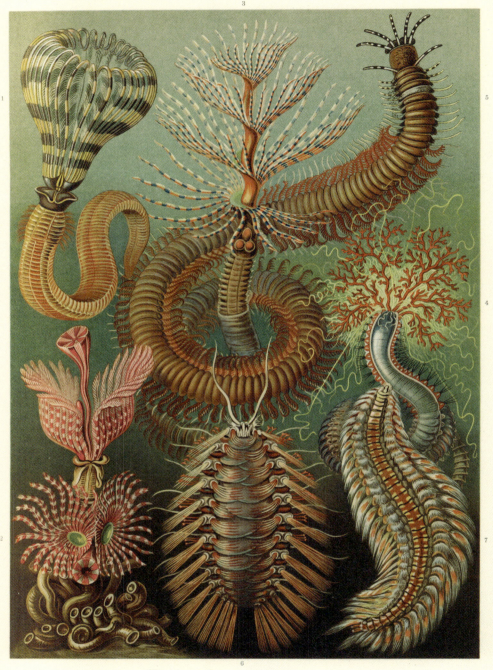

Chaetopoda. — Borstenwürmer.

I-23

エルウィズ氏ユリ属の研究補遺
A supplement to Elwes' Monograph of the Genus Lilium

グローヴ，アーサー
Grove, Arthur (1856-1942)

コットン，アーサー・ディズブロウ
Cotton, Arthur Disbrowe (1879-1962)

本書は，イギリスの植物学者，科学者また旅行家でもあったエルウィズ（Elwes, Henry John 1846-1922）が，天才と言われた植物画家フィッチ（Fitch, Walter Hood 1817-1892）と共同で，48点のリトグラフ図版を掲載し出版した名著『ユリ属の研究』（"Monograph of the Genus Lilium" 1877-1880年頃刊行）を底本としている。

エルウィズとフィッチによる名著が，20世紀に入り，植物学者のグローヴとコットン，それに植物画家スネリング（Snelling, Lilian 1879-1972）が絵師として植物画を担当し，30点の図譜を選び，詳細な研究補遺モノグラフとして出版された。植物学的に，より洗練された正確なユリ属の研究書である。標題紙にはユリの花を絡ませた装飾図の中に博物絵師のサイン「WHF」と「WGS」がある。本書の刊行の背景には，植物画家フィッチが下書きしたリトグラフ図版の大半をスネリングが所蔵していたことがある。スネリングは，カーティス（Curtis, William 1746-1799）により18世紀に刊行された定期刊行物として世界に誇るイギリスの植物学研究の権威"Botanical Magazine（ボタニカル・マガジン）"(1787-現在)に30数年にわたり植物の挿絵を提供していた有能な画家であった。彼女の画風の特徴は不透明の絵の具を好み，花の輝きを表現するために色インク，特に赤色のマゼンダを多用することにあった。植物学的に正確で洗練された線画の描写を得意とし，本書をはじめ現在に至るまで伝統的かつ科学的な視点で描かれた多くの優れた植物画が残されている。

エルウィズ，フィッチ，グローヴ，コットン，スネリングらは，ともに『ボタニカル・マガジン』の出版を中心にしてヴィクトリア朝のボタニカル・アートの発展に貢献した人々である。20世紀に入るとほとんどの植物図譜等の印刷はオフセットにとって代わるようになった。

図版制作	Snelling, Lilian
出 版 地	London
出 版 者	Tayler and Francis
出 版 年	1933
版	
巻 号 数	1v.
印刷技法	手彩色リトグラフ
印 刷 者	

Lilium Bolanderi

Notholirion hyacinthinum.

I-24

［中国肉筆博物図集］
［　　］

［不明］
［　　］

表紙，タイトルページ等，書誌事項の記述はまったくなく，図版キャプションもない。
装幀は布製の背のみを残しタトー仕様になっている。タトーの装幀は下地に油彩らしき幻想的な花の植物画が描かれ，その表面にワニスのような塗装が施してあり，四隅は金で装飾されている。さらに四隅の角に真珠があしらわれているなど珍重されていたことがわかる。
おそらく，残されている背の布装幀がオリジナルであると推定され，19世紀頃，中国で西洋人に向けた土産用の花鳥図譜としてリバインドされたものであろう。
肉筆の美しい13点の博物画は昆虫，チョウなどの羽の緻密な模様までが写実的に描かれ，チョウやクモが小昆虫を捕獲したり，セミを襲うカマキリなど自然界の生態をリアルに伝えている。

図版制作｜［不明］
出 版 地｜［上海あるいは香港？］
出 版 者｜[s.n.]
出 版 年｜[after 1850-]
　　　版｜
巻 号 数｜1v.
印刷技法｜
印 刷 者｜

II 博物学とその美的表現の歴史

荒俣 宏

II-01　博物画の楽しみ

博物誌 Naturalis Historia とは何か

まず，博物学とか博物誌などと呼ばれる学問とは，いったい何であるか。現在は，動物学と植物学，さらに鉱物学を総合した，自然の物産を研究するもので，西洋で定着した Naturalis Historia（英語では natural history）という語をおおもととする。特に19世紀にピークを迎えた総合的自然学の呼び名だとされている。ローマ時代には今風に言うなら，「古い生物学＝自然史」ということになろう。しかし，古代ではこの学の取り扱いが全く違っていた。博物学は当時の先端科学であり，地球どころか宇宙全体（神界までふくめて）総合哲学であったからである。

博物学のもっとも古い作者の一人は，プリニウスというローマ時代の学者である。この時代は，「学」というよりも，「誌（story）」と呼ぶべき学問の形式であったため，「博物誌」あるいは「自然誌」と訳したほうがよい，という人もいる。また，story は歴史（history）と同じ語源であるため，「自然史」と訳す人もいる。プリニウスには，ヴェスヴィオ火山を調査に行ってガスに巻かれて亡くなったという，博物学の元祖にふさわしい逸話が残っている。この人が書いた非常に大きな本が，『博物誌』である。これが最初にイメージされるべき natural history である。ただし，それ以前にもアリストテレスが現代の生物学により近い実験センスをもって書き著した決定的な名著がある。古代の西洋博物学は，極論すればこの二著作によって総合されるのだが，話の都合上，まずはプリニウスに集中して語りたい。

プリニウス『博物誌』には何が書かれていたのか。もちろん，森羅万象あらゆるものについて書き尽くしてしまおうという意味ではない。プリニウスは，自分が書いた本の内容を自身の筆で明快に伝えている。この時代までの博物学とは"事物の起源に関する学問"なのだ，と。どのようにして物事が始まったのか。たとえばキリンという名前をつけられた生物であれば，なぜ人間がキリンという名前をつけたのか。このような人間と自然物に関する最初の出会いと，私たちの知識体系に取り入れたときの事情とを記述した大著であり，そうした「知の出発点」をプリニウスはできうる限り広いジャンルについて記述しようとした。これが博物学の元祖だとするなら，博物学は「起源についての学問」だと考えればわかりやすいのではないか，と思う。たとえばボタンという花のことを知りたいとき，まず私たちが求めるべきは，「なぜ我々人類がこれをボタンと呼んだのか」という命名の理由ではないか。名は体をあらわすのだから。事物を創造するのは神の仕事だったが，命名は人間の仕事だった。したがって，命名は「わかること」のもっとも原始的な形だといえる。

プリニウスは「古い物によって新たな物を知り，真新しい物に権威を与え，日常の物を目覚ましくさせ，地味なものに光を当て，疑いしい物に信をもたらし，あらゆる物に自然を意識させ，すべての物を自然に帰属させる，きわめて困難な仕事である」と書いている。たとえば「人間」については，1.妊娠，2.出産，3.流産，4.親に似ること（遺伝），5.奇形，6.才能，7.幸福，8.幸運，9.賢さ，10.長寿，11.死，12.魂の行方，13.蘇り，

14.突然死，15.自殺，16.死後の世界，17.再生，18.神や幽霊になること，などを語ることで「人間」という項目を構成する。また「人間の文化」については，1.文字の種類と歴史，2.兵器，3.鳥占い，4.筆記法の発明，を主要テーマとしている。実に壮大であり，プリニウス本人すら「きわめて困難な作業であり，いままでに達成できたのは，ローマ市民（である自分）だけである」と自賛する。

　考えてみると，自然物との関係で人間が名前を付けた目的は，見た目が美しいか，あるいは薬や食べ物として役に立つか，あるいは毒か，私たちにどういった利益を与えてくれるのか，というような情報を一目でわかるようにする「索引」のごときものの作成にあった。博物学は，そうした命名行為の学問化であり，今でも，新たに発見される自然物に対し，「学名」という論理的な名前をつけつづけている。ある意味では神の叡智に人間として極限まで迫ろうという努力の結晶だった。しかし，残念なことに，このような神聖な知の探究も，今の分子生物学だとか遺伝子工学の時代には実際的な生産性をもちえない。私に博物学を教授してくださった上野益三博士も，博物学のような非生産的な学問は現代の大学内で研究することを許可できない，と先輩学者から言われたそうである。

　「物事の起源を知り，命名する学問は，役に立たない。大学の研究者は，給料をもらっているプロフェッショナルであるから，常に有用な研究にまい進していなくてはならない。博物学を研究することが職務怠慢とみなされたのです。もしどうしてもやるというのであれば，大学を定年退職してからやるように」，と上野博士は言われたそうだ。そして，上野博士は本当に，退職してから本格的に博物学を研究された。私がお目にかかったときはすでにご高齢だったが，「博物学の歴史研究をいつから始めたのですか」と聞いたとき，「定年になってからです，そういう学問なのですよ」と答えてくださった。

　慶應義塾大学の磯野直秀博士は，上野博士のあとを継いで，現代に博物学研究の意味を示した碩学だが，この磯野博士も日本の博物学史研究に着手したのは晩年であり，この非生産的な古い学問の歴史を調査するのに定年を前倒しにされた。二人の研究者は，成果と認めにくい学問を一生の最後に手掛けたのだった。

　だが，ひまネタとはいえ，事物と人との出会いと起源の問題を扱っているということは，大変に重大な知の基礎研究にほかならない。「ものごとのわかり方」の歴史を辿る学問であるからだ。

　この姿勢は，換言すれば，「未知」を「既知」に移行させることだ。言ってみれば人間の本質的な知識形成法にほかならない。

　他に対応のつかない珍しい物にぶつかったとき，それをいったいどう処理したらいいのか。方法はひとつしかないのであって，名前をつけてしまうことなのだ。ある物に「バケモノ」という名前がつけば，そこでバケモノという概念がうまれる。そうすれば，これで正体がわかったのだから，もはや恐れることはない。実際に，西洋でも東洋でも，正体のわからぬものの名を言いあてることが，呪術師や賢者の能力と考えられた時代がある。あとは，姿形をどのようにイメージ化するか，という問題をかたづければいいだけだ。名とイメージ，この二つで正体不明の物を縛りつければ，未知の事物を既知の事物に取り込める。

　プリニウスが人間についての博物誌を書いたことは前述した。それを読んでみると

全部で18項目に分けて，人間について語ったことがわかる。人間について博物学は何に関心があったかといえば，まず"妊娠"である。どのように妊娠するのかということ。これは人間の始まりだから一番重要なことだ。そこでプリニウスは妊娠のメカニズムを研究した。しかし，最後にどういうテーマを拾ったかといえば，"死後の世界""再生"。そして"神や幽霊"に関することだった。

　これを見たときに，私は驚いた。私が関心ある分野が全部入っていたからだ。普通，幽霊に関心があるというと，お前はバカか，と言われるのが落ちだが，プリニウスは神と幽霊の問題までもちゃんと語っていた。そう，博物学では，科学的に存在しなくても，社会と文化の中で存在するものならば，研究の対象になるのだ。これを見て感動した私は，博物学をやろうと25，6歳のときに決心した。これが博物学の21世紀的な意義と確信したからである。

世界を開示する─博物学画像─
このような世界を取り扱う博物学は，二つのおもしろい方法論を持っていた。プリニウスの時代にはまだ十分に活用されなかったが，印刷術が普及したルネサンス以降に広く活用された方法である。一つは"記述"だ。記述をするというのは詩や論文，文学なども記述の学問だが，博物学の記述は極端な特徴を持っている。その特徴は，今で言えばリアリズム，あるいは写生にあたる。目で見たものはそのまま描け，なるべく脳を使うな，ということだ。18世紀フランス革命の頃，博物学が一番盛んになったときであるが，当時の博物学の方法論は対象に感情や心理的評価を持ち込まない，というものだった。脳ではなくて目玉と手と舌と，それから皮膚感覚とで対応し，情報や刺激を感情的ではなく客観的に描きなさい，というのが博物学の記述法だった。一種の物理的な測定アプローチをとることを，必須としていた。

　ここで登場してくる情報スタイルが，画像なのである。言語情報はしばしば曖昧にすぎるので，いっそのことヴィジュアル情報として蓄積してはどうか。

　画像を知の道具に援用した時期は，日本とヨーロッパでは少し違う。ヨーロッパでは科学や学問に画像を使い始めたのはルネサンス期からだとされている。言葉では説明できないので絵を使い始めた，という事情が，非常に重要な契機になったといわれる。博物学を実践する人は，たいてい絵が上手だ。絵が必要とされるから，うまくなる。博物学を研究していると，文章では表現できない問題，たとえば色の問題や形の問題が，しばしば大きな障壁となる。昆虫の模様や新しく発見された足の形だとか，これらを文章で説明したら大変なことになるのだ。絵心がないと，博物学への関心というのは大きく広がらない。絵が描けて，文章が書けて，その上に科学的関心が高いという，この三つの要素が備わらないと，博物学的研究は進まなくなったのだった。

　そして絵を用いた方法の研究が成立することによって，たいへん大きな知的ジャンプが生まれた。絵はどこの国の人が見てもおおかた理解できる。中国人であろうが，日本人であろうが。たとえば江戸時代にヨーロッパの学問はたくさん入ってきたが，そのときに用いられた大きなメディアのひとつが，絵であった。日本人はヨーロッパの博物学を絵によって受容したともいえる。

　そして二つめの特色が，"分類のしかた"である。単に，同じ物と異なる物を区分する

だけにとどまらなかった。ルネサンス期にもっとも際だったのは，分類された物同士のさらに大きなグルーピングが行なわれ，神など「架空の存在」も含めた大系，すなわちシステムに大きくまとめあげようとしたことである。たとえていえば，相撲の番付表のようなランキング・システムである。西洋ではこれを「一般」と「個別」の博物学と呼んだ。一つの分類はつねに「異なる個」という相対的な視点と，「宇宙の中での個」という絶対的な視点から成立する。ルネサンス期に大きな進展を迎えたドイツでは，地二に存在する個々の事物を観察する「自然の叡智を知る学（全智学Pansophy）」と，それをデザインした神の叡智を知る学「神智学Theosophy」が確立し，ドイツ的な生物学の基となる。

怪物画も重宝な資料だった

ヨンストン Johannes Jonston という人の編纂した絵入り動物誌『鳥獣虫魚図譜』という大作がある。この本は日本にも舶来した。将軍がオランダのカピタンからもらった本の一冊にこれがあり，平賀源内もヨーロッパの本を集めていたときに，家財を売ってこれを買ったそうだ。日本人が西洋画の手本として使ったのも，ヨンストンの本だった。この本にはいろいろな情報が入っており，人魚などの架空動物も多く記述されている。怪物もまた，博物学では重要なテーマだった。というのも，長崎あたりから伝わってくる西洋の新薬物情報を書き留めた『六物新志』と題された本があって，六つの新しい薬種が解説されており，その中に人魚も重要な不老長寿薬として載っているからである。すなわち，人魚の他にユニコーンの角など西洋で捕獲された奇妙な生物もまた，立派な医薬品として探究されていたからなのだ。ヨンストンの本に，人魚が『六物新志』と全く同じ絵柄が載っている。こういう西洋博物画のコピーを日本人も利用していたのは，絵の便宜性を理解していたからに違いない。ラテン語だとかオランダ語だとかで表記されていたら，一目で人々に伝わるような情報としては残されなかったはずだ。すでにルネサンス期の人々が，情報や記録を画像に置き換えるという段階に達していたことが大きかったと思われる。

ところで，ペリーは日本に修好条約を求めてくる際に，様々な「手みやげ」を用意してきた。日本を驚かせるような蒸気機関車の模型であるとか，見たこともないような珍品を船に積んできた。その中でアメリカ文明の威力を誇れる代表作例として持ってきたのが，アメリカの博物図鑑だった。オーデュボン John James Audubon という人が描いた『アメリカの鳥』という有名な本がある。この舶載以後，オーデュボンは日本でも知られるようになる。その良い例として「文部省の教育錦絵」がある。『西国立志伝』を出典として，西洋で名をなした偉人たちの努力と発明品を示すことによって，日本人も自助努力すればそのような偉い人たちになれるという教育錦絵が販売され，小学校などで展示され参考に供された。西洋の偉人がたくさん出てくる錦絵の中になんと，オーデュボンが入っているのだ。博物学者も偉人の中に組み入れられていたことは注目すべきことで，当時の博物学のステータスも想像できる。

教育の手本になった博物画家

オーデュボンはどういう偉人だったかというと，鳥の絵を精密に，しかも実物大で描いた。大きな画面にした最大の理由は実物大で描くためだ。博物学は実物大にこだわるの

オーデュボン肖像画
木版画錦絵一枚絵
武蔵野美術大学美術館・図書館所蔵

で，オーデュボンは，大きな絵を描きためた。それだけで重労働である。その絵を箱にしまっておき，いつか出版しようと思っていた。しかし貧乏だったので，きちんとした備えのある箱には入れられず，ある日，描きためた博物画がねずみに齧られてしまう。自分が描いた絵が全部ねずみに齧られてしまいがっかりしたと思いきや，アメリカの鳥の大図鑑を作ることが自分の使命だと自覚する彼は，もう一度同じ絵を描き直したという。すべてをはじめから描き直して，見事に元の図鑑を復元した。明治の子供たちは博物画家のオーデュボンを「偉人」として学んでいたのだ。

　もう一人エドワード・リアというイギリスのナンセンス詩人がいた。この人はナンセンス詩人としてのみ有名だが，実は絵心と博物学精神の持ち主だった。当時の大英帝国にはZOOと呼ばれる動物園ができていて，動物がたくさん集められていた。彼は非常に貧乏に暮らしていたので，若くしてお金を稼がねばならなかった。そこで，珍しい動物たちについての図鑑を出せば売れるだろうと思いたった。当時は石版術という技術が広まっていたので，独力でこれを習い，オウムやインコの図鑑を独自で作り上げた。やはり大きな区版だった。一躍彼は有名な博物絵師になったのだが，博物絵師というのは細かい部分をまるでカメラのレンズになって描かなければならないため，すぐに目が悪くなってしまう。彼も目を悪くし，そのせいで博物絵師をやめ，ふとしたきっかけでナンセンス詩人として活躍するようになるのだ。

　また進化論者で，チャールズ・ダーウィンCharles Darwinの進化論を世界に広める原動力になった人物に，エルンスト・ヘッケルErnst Haeckelという人がいる。この人も若い頃は博物学ばかりでなく，同時に画家にもなりたいという意欲があった。そして終生，絵を中心に置きながら進化論の研究を進めていた。そのおかげでヘッケルはたくさんのすばらしい博物画を残している。

　ヘッケルは顕微鏡生物や海の中にいる無脊椎生物という新しいジャンルの生物に興味を惹かれた。1900年頃に彼の博物図鑑『自然の美的技巧』が出版され，この図版が大変なブームとなる。どういったブームであったかというと，当時はアール・ヌーヴォーがヨーロッパに広まっていた時代で，装飾に自然のゆるやかな曲線構造を取り入れようとするトレンドであった。最初は植物の蔓とか葉の翻り方，また花の咲き方といった軽やかな曲線がテーマになったが，ヘッケルの図鑑が刊行されると，人々は一斉に，海の中にすんでいる骨格のない無脊椎動物の不可思議な形に関心をもつようになった。そうしたアートが街を飾るようになり，博物画が美術装飾としても活用されていった。

　クラゲ型のシャンデリアがモナコ海洋博物館に行くと残っている。天井に非常に大きなシャンデリアがあるが，これはヘッケルの博物図鑑に描かれているクラゲの絵をそのままガラスで造形してあるのだ。シャンゼリゼを通るコンコルド広場のあたりに1900年パリ万博用に建てられた巨大な門があった。これは万博会場の正門で，ヘッケルの図鑑から影響を受けた建築だ。放散虫といって穴の開いた殻をもつ顕微鏡生物がそのモデルとして用いられた。ヘッケルの奥さんは結婚して，2年に満たない間に急病で亡くなっている。絶望したヘッケルはこの世の中に未練はないということで，生きる望みをダーウィンの進化論を広めることと，亡くなった奥さんが次にどういう生物に転生したのかを調べることに傾注した。彼は憑かれたように進化論を世界に広めたが，その

左：
モナコ水族館のシャンデリア
右：
シャンデリアのモデル
ヘッケル『自然の美的技巧』→I-22
武蔵野美術大学美術館・図書館所蔵

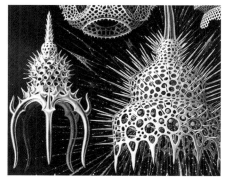

左：
1900年パリ万博の正門
"Le Photorama d l'Exposition de 1900"
武蔵野美術大学美術館・図書館所蔵
右：
正門のモデルになった有孔虫
ヘッケル『自然の美的技巧』→I-22
武蔵野美術大学美術館・図書館所蔵

一方で驚くべき発見も行っている。

　ある日ヘッケルがニースの浜辺で海を見ていたら、きわめて美しいクラゲが浮いていた。長い金髪のような触手を翻す、美しいクラゲだった。それを見た途端、これは妻の転生だと思い、クラゲの研究に没頭し、クラゲの本を一冊書きあげた。そしてその本の中で一番きれいなそのクラゲに、アンナゼーテという奥さんの名前を与えている。普通であれば科学論文に自分の奥さんのことまで書くのはできないことだが、ヘッケルは確信をもって「このクラゲは妻の転生したものだ」と書いた。今でもアンナゼーテと名づけられたクラゲ絵は人気がある。

記述と図像化に関する3つの方法

これから博物画のおもしろさに入っていくが、博物画を見るポイントを3つ紹介しておく。

　第一に、なるべく脳を使わず、感情を入れず、事実に即した完全な絵を描くための描写力である。ただし、当初は、描かれる対象は実物そのものではなく、古くから定番とされた絵であった。つまり、文字どおりの「コピー」である。模写であるから、絵を写すといってもいい。

　しかしこれだけではすぐに問題が出た。古い絵がもしまちがった描写をしていればどうなるか。これでは事実の追究が停止してしまう。そこで新たに、実物を描く必要が生じた。三次元の実物を二次元の絵に置き直す―日本風に言うと「写生」ということだ。なるべくあるがままに描く。だが、絵をコピーするような意味での「模写」ではない。三次元の生き物の構造も見えるものにしなければならない。

　これがもう一歩進化すると、西洋や日本の博物画家が「真写」と呼んだリアリティあ

る絵になる。これが第二のポイントである。今のフォトグラフィーすなわち「写真」と同じく，「真」がどれだけ正しく写されたかという視点が求められるのだ。日本にフォトグラフィーが入る前にすでに写真という言葉は存在した。最初はあるがままをコピーする「写生」だったものが，見た目だけでは本質はわからないので，さらに一歩進んで，真写，写真という新しい方法が導入されたのである。たとえば立体感を出すとか，鱗の数を精密に合わせるなどといったことはまさに，真写にあたる。真写と写生では絵の質が異なる。博物画はこの真写というものを一番大きな達成課題とした。

　しかしそれでもまだ，図像の意味性や情報性というものを完全に満足させたことにはならない。

　そこで，三番目の「念写」の登場である。いま念写というと，頭で念じると写真に写る「心霊写真」のようなものを意味するが，ここでは，見えないものを敢えて描いてしまうという「創造的な描写」という意味に用いる。ここで博物画は事実を離れて観念的な構造をも表せる三次元の写しを超越したハイパーな図になるのである。

　ここで，念写の実例をお話しておこう。これは端的には，今の言葉で言うとイラストレーションの情報の示し方に相当する。特に解剖図が説明しやすい事例となる。たとえば，身体を切り開かれ，多くの内臓が示されながらも，解剖体は目をちゃんと開けており，ポーズまで取って，さながら生きているときと同じような姿をしている。もし，本当に切り刻まれた解剖図を描いたら，見るのがつらくなるだろう。そこで解剖図は，死体ではなく，生体として描かれることが多いのだ。

　その究極はヴェクトリンという人の作成した『解剖の鏡』という解剖画集で，内臓が破裂して外へ出てきてしまったような表現になっている。一見すると爆弾にやられて周りに落ちた風景に似ているので，こういう絵のタイプを爆発図とも呼ぶ。また，地底の世界を断面にして描くということは，現実にはできない相談であるが，地底の図鑑を作ったG・B・アグリコラの有名な『鉱物論』という本には，それが描かれている。これも科学的なイラストレーションとして生み出された非常に興味深い実例だと思われる。

　ダ・ヴィンチはもっとおもしろい描写術を考案している。人体を透明にしたのだ。透明にすることによって人体の外と内をいっぺんに見ることができる。今の解剖模型にも透明になっているものがたくさんあるが，ダ・ヴィンチの時代からこのような描画法が考えられていた。

分類学の基本概念は相同と相似

見たままに描くということは，博物学的発想として重要な意味を持っていたといえる。たとえば分類学の方法にもそれがうかがえる。似たもの同士をどのようにして「同じと認める」かということが大きな問題でもあったからだ。博物学者たちがとった方法は，大雑把に言うと二つだった。一つは相同という概念，もう一つが相似という概念である。相同という概念はフランスで特に好まれた。たとえば，鳥と人間を比べようとしたとき，鳥と人間の前肢は全く構造が違う。どこが違うかというと人間は腕であり鳥は翼である。よって鳥と人間は別々の動物グループにしよう，となる。これはよくわかるのだが，しかし翼も腕も元は同じだという発想に立つキュヴィエGeorges Cuvierという比較解剖学者がフランスに登場すると，今度は腕と羽の構造的同質性に着目し，これらを「前脚

の変化形とみなすようになった。キュヴィエ以前にもブロン Pierre Belon という博物学者が，16世紀にすでにそのことに気づいていた。骨にすると人間も鳥もほとんど同じような骨格になるため，翼と腕というのはもともと同じ器官が形を変えたのだということがわかるようになった。つまり元は同じなのに変化したという発想が出たのだ。ここから進化論だとか，生物の発展を時間軸で追うという発想も出てくるのだ。

しかし，人間がもっと得意なのは，相似という，見た目が似ているという現象に着目することだろう。たとえば鳥の翼と昆虫の翅はどちらも空を飛ぶ器官なので，見た目は同じになる。しかしこれは見た目こそ似ているが，造られている由来が全く違うのだ。鳥の場合にはすでに述べたとおり翼は人間の腕にあたるのだが，昆虫の場合は腕でもなんでもない。全く違う外殻の部分が翅になっている。元は違うけれど見た目が同じであるということになって，これを相似関係と呼ぶ。

余談だが，西洋では相似の思想から「観相学」なる特殊な疑似科学が生まれている。人相学や骨相学はその例であり，大ブームになった。フクロウと同じような顔の人はフクロウ的性格を持っているという，まさに動物占いのような発想だった。その結果人間に一番近いのは猿であるという結果に達した。これは誰でもそう思う。でも猿の中にもいろいろな種類がいるので，これをどのようにランキングしたらいいのか。まず人間に一番近い猿を第一位にしようと，類人猿のタイプがランキングされる。そしてそれ以外の猿は下位のランキングに入って，下の方になるとコウモリだかなんだかわからなくなるような原猿のグループが置かれるようになった。これは近代的遺伝学などが存在しない時代のひとつの序列方法になったのである。18世紀にラファター Johann C. Lavater という博物学とはまるで関係の無い「お坊さん」が，人間の顔には全部どこか動物の面影があり，その面影のある動物の性質はその人自身の性質であると主張して，この関連付けを「姿の相似」という方法で行うようになる。大変使いやすい分類で，あの人は猫に似ているね，きっと気まぐれなのだろう，などといった会話が成立するのだ。その印象重視の方法が学問的に意味付けられて，観相学や骨相学が誕生した。

博物画は事実と想像の混合物である

話が博物学の道具である博物画に偏りすぎたかもしれない。しかし，博物学の根本がこのヴィジュアル思考を礎にしていることは否定できないだろう。その一例をお話ししたい。有名なゲスナー Conrad Gesner の『動物誌』には，あのデューラーが元絵を描いたといわれるインドサイの図が収められている。当時ヨーロッパに初めて渡ってきたインドサイを模写したメモがたくさん残されたといっても，デューラーは実物をたぶん見ていない。メモの一部をそのまま写したためか，あるいは想像による補正を加えたかしたために，本来インドサイにはないような余計な背中の角や，体に見える丸い斑点，まるでかさぶたに侵されたような不気味な甲羅のような姿になってしまった。これは実物とは大きく異なっているのだが，19世紀くらいまでヨーロッパではインドサイはこのようなものだと信じられていた。

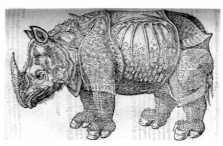

インドサイ
ゲスナー『動物誌』
武蔵野美術大学美術館・図書館所蔵

ただし，このような「想像」は，博物学が元来「相同や相似」という二つの対象を比較し関連づける「結合術」に礎をもっていたことと無縁ではなかった。古代にあっては，

動物の姿や行動は、人間自身のそれの「合わせ鏡」だと考えられていたのだ。そこから発展したのが観相学だったのだが、この方法は「道徳」を教えるときの教材に使われた。

すなわち「真写」をめざした博物画のリアリズムに、すぐさま想像や願望や誇張、あるいは誤りという現象から生じる歪曲が混入するのだ。しかしこれが道徳のテキストに使用される場合は好ましい画像となる。装飾用としてより高い価値も認められる。こうして博物画は時代を経るにしたがって多様化していった。

博物画は模写される過程でエラーを発生させる

ここでふたたび興味ぶかい話をしておく。先ほど述べたように昔の絵を忠実にコピーして保存していくことが、博物学のデータ蓄積システムだった。したがって、いかに新しい知見が加わっても、昔描かれていた絵は改訂されずに残るはずである。今、それら新旧の博物画を見比べると、コピー間違えや解釈の違いによる絵の変化がいくらでも発見できてしまう。ということは、ヴィジュアルデータといえども、文字資料と同じように、常時写し間違いが発生しうるとみなされるのである。

私が発見した一例を紹介しよう。平賀源内が家財を売って手に入れたといわれるヨンストンの本にも、同じようなエラー事例が描かれているからだ。そのエラーは、ヨンストンがコピーした原典、アルドロヴァンディ Ulisse Aldrovandi の博物画集から始まっていた。「インドのウミヘビ」と題された怪物の図で、あきらかにクジラを思われる水柱を吹きあげたウミヘビが、アザラシのような動物の頭に水を吹きかけているという、まことに奇っ怪な博物図なのである。蛇の首に縄がつけられていて、漁師がそれを持っているので、鵜飼と同じようなことをしていたと思われる。この絵の解説があり、それを読むと「インドの漁師が巨大な蛇を飼って漁をしている」となっている。さらに、ヨンストンの本には、このアルドロヴァンディの本から書き写した図が同じように載っている。アザラシの頭に水を吹きかけるインドのウミヘビ。しかし、これはいったい何を示しているのか。この絵は平賀源内も見ていたと思われるが、この蛇でどうやってアザラシを捕るのかは理解できなかったはずだ。それもそのはず、これはコピーミスなのである。

私はこの絵に類似する古い作品例を集めた結果、アルドロヴァンディより前に描かれた図譜の中に全く同じような絵柄がある事実を発見した。それは、またしてもコンラート・ゲスナーの『動物誌』だった。ふつう、ゲスナーの本は一色刷りなのだが、幸いにして私は刊行当時ゲスナーの監督のもとに色づけされた貴重な手彩色版を所有していた。この手彩色版では、茶色く塗られていたアザラシに吹きかかる水柱もまた、水色ではなく茶色だったのだ。つまり、水柱と誤解された部分は、正確には茶色いアザラシの体の一部である。この茶色い部分を見ると、それはアザラシではなく、明らかに巨大なイカの姿であった。ここから言えるのは、この「インドのウミヘビ」は、巨大なイカをとらえる「飼い蛇」だったことになる。

さらによく見ると、アザラシのように見える茶色の怪物には、イカの足みたいなものが他にもたくさん出ている。頭が三角で水を吹き出したようなところが、頭である。すると、蛇に抵抗しているのは巨大なイカではないか、と類推できるのだ。アルドロヴァンディの時代に、この情報をコピーして伝えようとしたときに、絵師たちはこのイカだかなんだかわからない生物をどのように描き直したらよいものか、非常に困ったよ

うなのである。そこで，イカの頭から出ているものを，蛇が頭からクジラのように出している水である，と理解した。いっぽう，下の方の足が出ている部分はアザラシであろうと判断できる。そこで，新たな解釈の下で画像全体を描きなおしてコピーを作った結果，アザラシに水を吹きかけている大蛇という新しい光景が成立することになった。

　博物画というのは模写が出回っているため，こまかな注意も必要なのだ。なぜ人間はこのような誤りを犯すのか。そしてエラーを犯した結果どのような画像が生まれたのか。人間の美術的なエラーもまた，自然において遺伝子がコピーされる際に発生するエラーと同じようにあるのではないかという感じもする。しかも遺伝子エラーはときとして新たな種を生みだす力をもつ。このようなエラーの絵は，探せばいくらでも出てくると思われる。特に日本に伝わってきた絵は，西洋と日本で描き方が全く違うので細部にエラーがある。そのエラーの部分を研究しただけでも東西美術論がまとまるのではないか。

　実際，このような勘違いはしばしば発生し，そのエラーコピーが世間に流布しながら，博物学は進展していったといえる。多くの正体不明な怪物たちは，むしろ，博物学時代にこそ多数出現していたのではないだろうか。

II-02　博物採集，博物館，そして博覧会

世界一周航海の結果，博物館が生まれる

博物学，そしてその具体的な調査活動の形式であった博物探検航海は，基本的に，地球がどうなっているかという問題を物理的・物産的に調査したい，という欲求に基づいた営為である。探す，集める，分類整理する，見せる，という行動が，そのプロセスを形成する。

このようなコレクション活動は，古代にあっては戦争と繋がっていた。戦争で隣国，ないしはどこかの国に遠征すると，その進軍地域にどんな産物や秘蔵品があるかを調査し，これを勝利の証として奪い取った。そのようなコレクションが展示されたのが，ミュージアムの祖形である。ミュージアムは戦利品の展示場だったが，徐々に技術の展示場になり，学問のコレクション場所へと変化した。その起源は，学芸の女神ムーサイの神殿にある。戦利品や特産品をムーサイの神殿に捧げることで，学芸の神に感謝したのだ。なぜなら，異国の文化には，必ずこれまでに知られていなかった事物や技能があり，それが学芸の神を喜ばすものだったからだ。

だが，こうした献納品の蓄積は，近代のミュージアムに直接引き取られたわけではなかった。実は，近代になると経済力のある個人がもっと大規模なコレクションを構築し，私邸に大規模な収集キャビネットを設置しだしたからである。このキャビネットは日本や中国からの製品も含み，やがて部屋全体が博物キャビネットと化し，珍品の館として教養層の集まるサロンを形成する。

こうした私的な珍品部屋あるいは陳列棚を「ブンダーカマー Wunderkammer」と称した。驚きのキャビネット（あるいは部屋）を意味するドイツ語であり，王侯や貴族の館に欠かせぬエンターテインメントの場所となった。

しかし，個人の大コレクションは，しばしば，その所有者が死亡すると，遺族の管理が利かなくなり，競売の対象になった。これを買い集めたのが18世紀頃から成立する大学などの公共博物館だった。また，もうひとつ，コレクションを構築し，展示する仮設の会場というものも存在した。市，つまりマーケットと，祭礼の場である。ここには季節を決めてテントが張られ，見本市が開かれた。これが，exposition, fair, messe, などと呼ばれる公共市場で，のちには博覧会となって大イベントを催すこととなる。珍しい産品を展示する見世物をも含め，世俗の仮設博物館としてにぎわうのだ。

いっぽう，公共の場で，集めてきたものを展示するには，見せ方のプランが必要になる。大きいものから始めて小さいものへ。あるいは高価なものから始めて安価なものへ。古いものから新しいものへ，など。そして，いよいよ人間が決めた経済価値から離れ，自然が決めた構造的な価値を軸に整理する方法が創造される。これが分類学である。ひれのあるもの，翼をもつもの，脚があるもの，などといったように。

北の果て，南の果て，そして真ん中の海

こうして徐々に，世界の成り立ちはコレクションという形で視覚化されていった。そ

れを最初に情報化した画像が，世界図だった。紀元5世紀というから，今から1500年ぐらい前の世界のイメージを示した「世界図」に，「TO図」というものがある。簡単に言うと，大きな丸い海，すなわちOceanとかOceanusという海域があって，世界を縁取っている。円形の外洋で囲まれたその内円を三つの川ないし海が三分割している。外洋を表すOの中がTの字に区切られているので，TとOとでTO図と呼ばれた。TO図が当時の人々の，世界の構造を知るためのヴィジュアル資料であった。中央に聖地イエルサレムがあって，その上のほうが東にあたり，アジアを表した。アジアのかなたであるインディアス，その一番東にはエデンがあると信じられた。それゆえ，エデンを目指して船出したコロンブスが辿り着いた島々は「東の島々」すなわち東のインド諸島と考えられたのだ。

TO図

次に，1570年代にオルテリウスAbraham Orteliusという人が作った，近代最初の世界図がある。横に広げた長円形のような地球のイメージだ。地球は球であるという知識がすでにイメージとしてできていたことになる。ちなみに言うと，TO図も，地球は丸いということを共通のイメージとしていた。

近代になると，航海が盛んに行われ，世界のイメージがつかめ，最大の問題であった南北両アメリカ，つまりニューワールド（新世界）が付け加わった図ができていく。これで世界全部が明らかになった，という決定的な図だ。オルテリウスの図が出回ったことでヨーロッパでは地球のイメージが決定され，どこを探検しようかという進出意欲が湧きだした。今の世界図のスタイルとよく似た世界図だったが，注目すべきポイントは二つある。まず，日本人が見るとちょっと異様な部分があるのだ。どこが異様かというと，地図の真ん中だ。ここには大西洋がある。ところが，現在日本で売られている地図の多くは真ん中が太平洋になっている。しかし，オルテリウスの地図は，真ん中に大西洋を置いた，というところが最初の近代的な世界図のポイントだ。大西洋を真ん中に置いた地図は，驚くべき想像を私たちに吹き込んでくれたといえるが，その経緯は，少しあとでお話ししたい。

その前に，説明すべきことがある。それは地球の北と南の果て（極），これがどうなっているのかという興味だった。当時は何もわからず，北の極には地名もなかった。誰も住んでいない場所ということで，ただ，あちこちにヒビ割れのような地形があった。おそらく北極は，航行が可能な場所，すなわち「行ける場所」と考えられていたはずだ。これが，北の果てと当時推定され描かれたイメージである。だが，もっと問題なのが，下の方だった。ブルーが海を表す色だとすると，黄色がかっているのは全部陸地を意味する。北極はなかなか微妙で，緑色で塗ってあるので海だか陸だかはっきりしない。ただし，下は，明らかに陸だとわかるように黄色く彩色され，地名まで書いてある。「TERRA AVSTRALIS」と。

「TERRA」は「地球」「大地」の意味。「AVSTRALIS」というのは「南」のことだ。「オーストラリア」という名前の，あの「aust」だ。「南の大地」を表す。しかし，「NONDVM COGNITA」とも書いてある。これは，簡単に言うと，「わからん」「まだ誰も行ったことが無い，未知の」という意味だ。「南方に未知の土地がある」。この規模は大きかった。南の極は，全部黄色だ。地図の性質上，このように南北が大きく強調されるのは仕方がないことだけれども，それにしても下の方が全部陸地になっている。大西洋が真ん中に

あり，下が広大な陸地である，というのが最初に出来た近代的な世界図のイメージだった。

ところで，オルテリウスという人は今は評価されていない。しかし，私はこの人物に特大の関心を抱いている。この人が後でとんでもない仮説を言いだしたからだ。「もともと地球にある大陸は繋がっていた」というヴェーゲナーの大陸移動説（1912）のような発想を，彼は唱えた。ここではデザインあるいはレイアウト感覚がものすごく重要になる。真ん中に大西洋を置いたおかげで，誰にもわかるが，大西洋の両端にある陸地の輪郭をジグソーパズルのようにくっつけると，見事に一致する。1570年頃，これを制作したオルテリウスはすでにそのことに気づいていた。アフリカとアメリカは，もともとくっついていた，と彼は言うのだ。

たしかに眺めてみると，でっぱりとひっこみを合わせてみたら繋がる仕掛けの海図である。これはおそらく作図しないとわからなかったことで，同時に大西洋を真ん中に置かないとわからなかったことでもある。もしアジア人が最初に世界地図を作っていたら，おそらく太平洋を真ん中に置いたはずだ。そうすると，右側と左側の陸地は両端になり，このような地形の不思議に気づかなかったろう。ヨーロッパ人が世界図を作ったおかげで，このデコとボコを繋げたら一つづきになる，という事実に気づいた。作図によって，必然的に見えてきてしまった事実なのだ。

もうひとつの発見は，この未知なる南方大陸だろう。ここまで行った人など当時おそらく誰もいなかったはずだが，それにも関わらず，まことしやかな図が載っている，ということが非常に大きな驚きのひとつだ。今で言う南極大陸のようなものを，なぜ1570年代に想定できたのか。南極大陸が本当に発見されたのは，19世紀半ばくらいだ。要するに，300年ぐらい後にならないと確認はできなかった。しかし多くの人々は，南方大陸はあると信じていた。信じた理由があるからだ。それは，中世から言われていたことだが，世界図が作られた当時から多くの人が不思議に思う矛盾性があった。地球は丸いという前提に立つと，北の方に立っている人の頭が上にあるとき，南の方の人は絶対頭が下になる。いったい，南の方の人たちはどのように立っているのか。南の方の人々は「アンティポデス（反対の足）」といって，全く反対側に住んでいるので頭が下を向き，足が頭の上にあるのではないか，と考えた。南と北で姿勢が全く逆転するのであれば，足の向きも違うはず。我々は，歩いているときに顔の正面に足先が向くけれども，南方大陸の方に住んでいる人は逆に付いていて，顔が正面を向けば足先は後ろ側を向く。だから，まっすぐ歩くと，後ろへ進む。いわばムーンウォークみたいなことができると考えていた。

頭が重くてひっくり返りそうな地球

このように，世界地図ができてからの影響であろうが，この地球はあまりにアンバランスで不思議なところだ，というのが多くの人々の見解だった。何がアンバランスかというと，海と陸の比率がアンバランスなのだ。ほとんどの陸地は北半球にあって，南半球は当時，やっと南アメリカが発見されて，あとはアフリカぐらいしかない。まだオーストラリアは見つかっておらず，まして南極大陸も認識の外にしかなかった。南半球にはアフリカと南アメリカしかなく，あとの大陸が全部北半球なのはどういうわけなのか。もしこういうバランスであれば，水の方が軽いから頭でっかちになり，地球が逆転して

いる形となってしまう。重い物が上にあって軽い物が下にあると，物理的にどうしてもおかしいわけだ。それにも関わらず，地球は安定がとれているのだから，そこには理由があるはず。たったひとつ考えられる理由は，こうである。南半球には，未発見の大陸がある。私たちの住んでいる北半球と，比率が合うくらいの巨大な未発見の大陸が隠れている。未発見の場所というのは我々が探検していない場所だから，南の端っこの方にあるに違いない。ということで，あの「テラ・アウストラリス・インコグニタ」すなわち「未知の南方大陸」なるものが発想されていく。実は古代から南の端に南方大陸があって，上下の重さがバランスをとっている，と考えれば，地球のバランスは取れることになる。であるから，南極大陸やオーストラリアが発見される前から，皆が「南方大陸」は存在すると確信をもっていた。まこと不思議な場所といえる。

　だからどんな地図にも，誰も行ったことがないにも関わらず，南方大陸が描かれているのである。それは，論理的に空想をした上でのダミー大陸だった。

　同じように，北の方も大陸があるという想定であったのだが，こちらはあちこちがヒビ割れている。なぜ北極地方は南方大陸とは違っているのか。同じ「わからない」だったら，北の方も小さな規模の大陸でよいのではないか。なぜ，ひび割れがなければならないのか。

　ところが，当時の人々は，北の方は重さの比重のバランスを取らなくてはいけない。あったにしても北の方は大きな陸地があってはいけない，と考えていた。少し行くとグリーンランドや，大きな大陸に似た島があるが，これらは，真ん中の方できっと何もなくなっているに違いない，北極点の方はきっとスカスカに違いない，と思っていた。したがって，たくさんの水路があり，真ん中へ行くと大きな湖のような状態になっているはずだと想定したのである。であるなら，北の方には必ず水路があるに違いない。北回りの水路を使うと，ヨーロッパからアメリカまで，あるいはヨーロッパからアジアまでの，遠いルートが，上を跨いで異常に早く進める。ショートカットになる。交易や，あるいは運搬などのためには，このスカスカの北極地域を航路として利用できるに違いない。北は水路を探そう，南は大陸を探そう。人間の生産や文明に資するような新しいフロンティアに使おうと，15世紀の段階から人々は思っていた。そのことがこの地図に反映されている。当時オルテリウスが作った地図はこのような想像と事実が綯い交ぜになり，さらにおどろくべきことに後世にほとんどが当たりだったことが証明された。

　さらに言うと，人々がいろいろな所へ航海する気になったのは，目印というか，一応想定される「しるべ」があったからであろう。それまでは，地球の端の方へ行くと地中海を抜けた先は崖になっていて，そこから水が滝のように落ちて，その下は何もない，というイメージだった。しかし，この頃になると，地球は球だということで，無限の連続体と考えられだしたから，世界一周も可能となり，探検する甲斐のある世界だ，と思われるようになった。さらに南方大陸では，金がザクザク出る，とのうわさも広がった。古代ユダヤの聖典などに「オフル」という大陸が実在し，大金持ちだったソロモン王の金庫はそこから大量に産する金銀財宝をたくわえていたとの話も流布した。オフルという二地が南方にあるという伝承が，聖書時代からずっと伝わっていたのである。

　当時の科学者は科学的に考えても，南方大陸には必ず金があるに違いない，という自信を有していた。そこで，スペイン人が探し始めて見つけたのが，南半球にあるソロモ

ン諸島だった。そこが南方大陸であり，ここにこそソロモン王の宝窟があるのだろうと思われた。しかし，掘ってみたら何も出ないし，よく探ったらただの島であることも徐々にわかってきた。このように世界地図が人々を探検に駆り立てた物語は，枚挙に暇がない。

博物学者たちも，あのキャプテン・クックから始まる多くの冒険者が，世界図をさらに真実に近づかせる測量を手掛けている。世界図が真実であるかどうかを確認するために，世界一周航海も実行された。20世紀になってからは「陸地は真ん中を合わせたら，くっつくのではないか」という大陸移動説にもとづく地球像の変換にまで辿り着く。そして1570年は，その分水嶺になったのだ。

インコが鳴く幻想の南極大陸

東洋人が地図を作ったら，地球大陸移動説は発想されなかったであろうと書いたが，その東洋人も世界図を作っている。正確には，イタリアから来た東洋人で，マテオ・リッチ Matteo Ricci という人物が，1570年にオルテリウス世界図が成立した30年くらい後，1602年に『坤輿万国全図』というものを制作した。これは中国人が使うために作成された広大な世界図の中国バージョンであり，すべて漢字で書いてある。もうすでに，「太平海」などという名前がついており，現在の太平洋のイメージが示されている。マテオ・リッチはイタリアから来た宣教師であるが，東洋の人として，明の時代に西洋の科学知識と道具を中国に伝えている。

マテオ・リッチは頭の良い人で，中国や日本のような極東世界の人々は野蛮人ではなく，彼等なりの文化・文明を持っているので，それを否定するとキリスト教は浸透しないだろうと理解していた。したがって，西洋文化が一番偉いのだ，という視点からではなく，中国人が持っている今の世界情報は西洋的に見るとこのようになる，というソフトな対応を行った。『坤輿万国全図』は1602年にできてすぐ，日本にも世界図のイメージを伝えた。この人物は，東洋人が使う世界図であることを考えて，太平洋を真ん中に描いた作図を採用している。だから，アジアの端とそれからヨーロッパの端とアメリカとが画面の両端にある。両方が分かれてしまったので，ジグザグで切れ目がわからない地図になったのだが，太平洋を中心に描いた世界像を生みだした。

ひとつおもしろいことに，このマテオ・リッチ世界図にも南方大陸だけはちゃんと描いてあるのだ。かなり北の方まで描かれており，この辺を探検すれば行けるのではないかと思うくらい近くに描かれていた。これが，東洋バージョンの南方大陸であり，漢字が当てられている。この時代に描かれた南方大陸は，「鸚哥地」という名前で呼ばれている点もおもしろい。漢字で鸚哥とされる鳥のインコを表す。南の方に行くに従って，インコやオウムなどの，鮮やかな鳥がいるので，「インコが住んでいる場所」という意味で南方大陸が「鸚哥地」と名付けられたという。未知の南方大陸を意味するラテン語「テラ・インコグニタ」が，インコの住む大陸に変わってしまったのだ。「TERRA AVSTRALIS INCOGNITA」の「インコグニタ」を「インコ」と縮めて漢訳した結果らしいのだが，その「インコ」という名称が，いる色あざやかな鳥類の名と重なった。南の方の島々はもしかしたら新しい熱帯楽園かもしれない，というイメージを湧かせる原因になるのだ。

ロマンスとパラダイスの島タヒチを巡る争い

さて,大航海のターゲットですが,どこから手を付けたらいいか。むやみにあちこち回っても仕方がないので,18世紀に欧州列強がかなり早くからターゲットにした太平洋の多島世界を選びあげて,話をつづけることにしよう。初期の頃は,このたくさんある島々,ミクロネシアとかポリネシアとかは,南方の未知なる大陸に付属する島であると考えられた。その証拠が「ポリネシア」という名前にもうかがえる。「ポリネシア」というのはたくさんの島という意味だが,たくさんの島を全部寄せ集めると,それだけで地球のバランスが取れるような大きな大陸になるに違いない,ひょっとしたらバラバラになっている可能性もあるけれど,太平洋を探せばその島のおおもとが見つかるに違いない,と考えられた。大西洋にほとんど島がないので,重石になっている南方大陸を探すのであれば,太平洋側ないしはインド洋側にしか可能性がないということを,彼等は知っていた。

なので,航海は盛んに太平洋へ集中するようになった。ソロモン諸島のような,それらしき島々を見つけたのだが,調べていくうちにいくつかのことがわかってきた。当時は,帆船の旅であったために,地球を一周するのに風向きが一番良い場所という航路を自然に選択するようになったのだが,たまたまそれはタヒチを通過する太平洋のただなかに位置する航路なのだった。貿易風と偏西風がこの航路には吹いていた。季節によって西風,東風という,実にタイミングの良い風なので,その風に乗れば行って帰ることができる。タヒチの辺りは地球を一周するにはたいへんに都合がよいものとみなされた。

おそらく,コロンブスもそのような風の向きを計算していたのだろうと思われる。ならば風の向きを利用して太平洋を渡ってみよう,というアイデアが出てきたのは当然であった。いろいろ試してみると,こうしてタヒチ島はやがて発見され,ここが世界一周のための基本ルートになった。交易が非常にやりやすい。しかも,タヒチに行った最初のヨーロッパ人が見たのは,もののみごとに豊かでたくましい肉体をもつセクシーな女性たちだった。タヒチはこの世の楽園だ,という噂が宣伝されていく。

それからもうひとつ,タヒチを通る航路が重視された理由に,極東アジアに近かったことも挙げられる。つまり中国の東側,日本,台湾,この辺りがヨーロッパからすると一番遠いので,タヒチが絶好の経由地になるのだ。もしかしたら大変な財宝の島,金・銀の島も日本の周辺にあるかもしれないというスペイン人たちの情報で,盛んに探検船が出たのも日本近海の太平洋だった。最初に太平洋で見つけるべき場所,中心とすべき場所はタヒチの島,ということが理解できる。事実,歴史を見ると最初は列強がこぞってタヒチへと殺到している。

ポリネシアが南方大陸の一部らしいということが宣伝されるようになって,イギリスの艦隊がこれを確かめに行くことになった。18世紀の半ばから一気に,南方大陸への探検ブームになる。最初に行ったのがイギリスのウォーリスという人だった。1766年にこのポリネシア周辺を盛んに探している。その結果,タヒチ(当初はオタヘティと呼称された)という島があって,ここに上陸を果たしているのだ。

その頃タヒチには王国があり,女王が君臨していた。オベレアという女王であり,平和の印であるヤシの葉を持ってヨーロッパの人々と握手している。非常にフレンドリーな出会いが果たされた。それで皆,タヒチは文明的な島である,と喧伝したのである。そこには色の浅黒い,古代のギリシア彫刻のような姿をした人々が居たために,最初の

ヨーロッパ探検者は歓喜したという。しかし実のところは，熱帯特有の風土病も蔓延し，各地方の部族同士が戦いに明け暮れるという面もあった。

また，タヒチ人がヨーロッパ探検者を歓待したということにも裏があった。それは西洋の武器への注目である。スペインがカトリックに馴染まない現地の人々に対して，脅かしのつもりで発砲した。それで，島々の原住民は警戒するようになった。銃を持っているヨーロッパ人が来たら，大歓迎のポーズを示し，向こうが油断したら，相手を殲滅させる策略をめぐらせたのだった。この新しい武器を入手できれば，タヒチの内戦状況に終止符を打つ「タヒチ王国」も樹立できるのである。

ヨーロッパの船が来ると，いきなり海岸から何十人も人魚が泳いで来る光景が現出したという話は，このようにして伝説化する。女性たちがまず船に泳ぎより，警戒を解かせる戦法に出たといわれる。長い黒髪をなびかせて泳いでいるので人魚だと思われた。その人魚たちがみなニコニコ笑いながら船上に上がって来たかと思うと，一糸まとわぬ姿で，大歓迎のポーズを示したものだから，ヨーロッパ人はすっかり骨抜きにされてしまった。ところが，彼女たちが上がった最大の目的は，水夫が酔っぱらっているあいだに，金属のナイフで船中の釘を一本ずつ抜いてそのまま戻っていってしまうことだったのだ。船はすぐに修理を必要とするような状態におちいる。ヨーロッパ人はある意味で偽りの歓迎を真に受けてしまった。

フランスのブーガンヴィルもそのような歓迎を受けた1人といわれている。タヒチに最初に上陸したのはイギリス人ウォーリスだったが，そのすぐ後に，ブーガンヴィルもタヒチに上陸を果たしたのである。1768年のことだ。ブーガンヴィルもイギリス人と同じような大歓迎を受け，この世の楽園を発見したと考えた。もともと楽園発見という目的があったことも手伝い，彼はヨーロッパにそのことを伝えた。1768年といえば，理想社会の実現をめざしたフランス革命が目前に近づいた時期に当たっており，この「パラダイス発見」の情報にみなが関心を集中させた。そんなユートピアが本当にあったのだ，ということで多くのフランス人がこの遭遇を歓迎し，やがてタヒチへ向けて出港するグループも出現した。しかしその一方で，警告を発するフランス人もいた。『百科全書』を編纂したディドロはきわめて興味深い本を1冊書いた。生前には，危険な本と判定されたが，おそらく回覧でひそかに読まれたようだ。日本でも40年ほど前にベストセラーになった『パパラギ』（原書は1920年刊）という本があるが，内容はそれに近い「パラダイスの危うい実情」を伝えるものだった。実はこの本は，急に乗り込んできたヨーロッパ人がタヒチにとって害悪をもたらす疫病神であったことを，タヒチ人の側から告発する体裁が採られていた。たとえばタヒチの伝統的な生活は女性中心の家族で構成されており，たくさんの子供を生んで1人1人の子供のお父さんは違うけれども，幸せな暮らしぶりであった。

タヒチでは今もその伝統が生きている。たくさんの子供達がいて，政府はその1人1人の子供の生活を補助している。「子沢山」ということは豊かさのシンボルでもある。男性がよそから来るというのは彼等にとっては幸せがひとつ増えるものである。

ところが，フランスから押し寄せたミッションはキリスト教の生活倫理をタヒチに持ち込み，そのような家族形態は道徳的でないと考えた。女性たちが自由に男性と交流し，子を成すことは不謹慎であると決めつけた。

キリスト教徒は裸でいることを嫌い，服を着なさいと言うけれど，服なんか着なくてもここは常夏の島であり，快適に暮らすことができるのに。非常に重要なのは，ここが絶海の孤島だったのでヨーロッパ人が持ち込んだ流行病への免疫がなかったことだった。しかしヨーロッパ人が，病気をもたらしてしまった。最大の病は梅毒だった。タヒチのポリネシア人は30年もするとどんどん減ってきたのである。ディドロはその問題を指摘したのだった。

　ヨーロッパ人が入って来たことは，楽園の島々に住んでいる人々にとっては疫病神が押し寄せたに等しく，楽園崩壊が始まってしまう。だが，そのような警告を，当時のフランス人は誰も気にしなかった。

　おまけに，タヒチには，将来熱帯地の植民地計画を実行する際に非常に重要となる物産があることもわかった。パンノキと呼ばれる植物である。ふかすとお餅のような，美味しい主食になる。海に囲まれている絶海の島で，デンプンが摂れる植物はなかなかない。パンの実を手に入れて，様々な植民地に移植させる目的も生まれたのだった。

　そこで，マーロン・ブランドが主演した映画『戦艦バウンティ号』のモデルとなった有名な事件が起きる。パンの実を求めて航海しタヒチまで来た船員の一部が，島の若い男女を引き連れて独立を宣言したのだ。そして，ピトケアン島という島に立てこもって，そこで新しいユートピアを作り始めた。イギリス政府は，彼らを脱走者とみなし，本国から軍艦を派遣して制圧にむかったが，この脱走した人々は，今でもその島に子孫達を残している。

キャプテン・クックが開いた新世界

　キャプテン・クックがおこなった貢献のひとつは，世界地図の完成に寄与したことである。クックはもともと地図作りの専門家だったので，各地で測量をおこなった。それからもうひとつは，島の民俗を研究したこと。死者をどうやって埋葬するか，などのリサーチは，今で言えば民族学研究にあたる。

　また，クックは軍人だけを連れて行ったわけではなく，博物学者や医者，画家などの調査隊も同行させた。科学探究航海でもあったといえよう。加えて，オーマイという現地の若者を乗船させてイギリスへ連れ帰り，英語を教え，文明生活を体験させる代わりに，ポリネシア語をイギリスに伝えるといった役割を果たさせようとした。

　オーマイはロンドンの社交界にも迎えられたが，野生の国に住んでいた人が文明世界に入るとどうなるかは明らかだった。

　クックは博物学的な航海を実現し，たくさんの異国産動植物を故国に持ち帰った。

　有名なのはカンガルーやペンギンだ。キャプテン・クックの船団がオーストラリアで見つけた未知の動物だった。もうひとつ重要なのは，植物戦略だ。キューガーデンという有名な国家規模の植物園が造られており，その植物園で研究されたのが食糧戦略だ。ヨーロッパは飢饉が多く，多大な犠牲を出してきた。イギリスにあってもアイルランドなど北の地域の人々はそういう目に遭っている。それで，政府としても，荒れ地にも生育する食用植物を発見することが急務であった。パンノキは代表的な例であるし，もうひとつの狙いは医薬品にあった。一番有名なのは，南米で入手したキナノキという植物の採取である。

キナノキはマラリアに効いた。そのおかげで，イギリスは熱帯地域に植民地をたくさんつくり，大ライバルのフランスを差し置いてほとんどの地域をイギリス領にすることができた。陰の功労者は薬のキナノキであり，食用のパンノキだったといわれるゆえんである。植物戦略の大きな成果だった。

クックの第1回航海は1768年から71年までおこなわれ，各地で植物を採集するミッションを実行した。そして植物採集の成果の一部が銅版画になり，出版も予定されたが，第2の航海，第3の航海が連続したこともあって実現されなかった。しかしこの膨大な植物図譜はなんと200年かかり，1980年代に大英博物館から出版されている。なんとも気の長い話だが，イギリスのこだわりがうかがえるできごとである。

ナポレオンも応募したラ・ペルーズの探検航海

キャプテン・クックばかりに世界を荒らされてはまずいと思ったのがフランスであった。フランスはいよいよクックと同じように航海術に長けた伯爵ラ・ペルーズという海官士官に命じて太平洋を中心とする，世界航海に出発させた。これが1785年から始まる博物探検航海であって，キャプテン・クックが死んで以後にフランスが実行した最大のプロジェクトになる。しかしここにもドラマがあり，悲劇的に終わってしまう。このラ・ペルーズはキャプテン・クックと同じように，役に立ち，頭が良く，航海の技術を身につけ，しかも人間的にしっかりしている乗員を軍人の中から募った。乗員選びのとき，その応募した中に，ナポレオン・ボナパルトというコルシカ生まれの兵隊がいた。あのナポレオンである。しかし，どういうわけかナポレオン・ボナパルトは落選して，このスタッフには加えてもらえなかった。その後，ナポレオンは一気にフランスのトップにまで駆け上がるが，1785年の段階では，一旗揚げようと思ってラ・ペルーズの探検船に入ろうとする青年にすぎなかったのです。

ナポレオンは数学の大家だった。それから，根はロマンチストでもあった。航海に出るという壮大な使命に心をワクワクさせたはずだ。その証拠に，ナポレオンは権力を握った後，探検をしばしば行うようになる。自分も参加した最大の探検はエジプトの遠征である。エジプト遠征のときナポレオンは『エジプト誌』という，非常に大きな報告書を制作する指令を発した。こういう科学探検をやりたかったのである。戦争の最中に科学探検を実行した『エジプト誌』はその最たる例だった。しかし，ナポレオンは落選したのでラ・ペルーズの船には乗れなかった。だが，ナポレオン以上に優秀な人々を乗せたこの探検は，非常に悲劇的な結末を迎えた。何処に行ったのだかわからなくなり，消滅してしまうのだ。あのキャプテン・クックが殺されたという情報を手にしていたフランス隊はもともと慎重であった。フランス人の性質はおおまかにいうと腰抜けだといえる。フランス人らしく，まずはお土産をたくさん持って行って仲良くしましょう，という方法をとるように，ラ・ペルーズは王から言われていた。「お前たちは戦争に行くのではない。キャプテン・クックの鼻を明かすような科学的成果を上げて来い。領土も獲得してくれば，なおすばらしい」というのが命令だったので，慎重なアプローチをしたはずである。

楽園の島での幻滅

キャプテン・クックのライバルとなり南洋の探査航海を実行したフランスのラ・ペルーズは，しかしタヒチを楽園とは見なかった。

ラ・ペルーズ船団は行く先々で，南方の島々の人達の実状を目撃している。それも，ブーガンヴィルが抱いたパラダイス探しとは異質な，いわば文明的でない野生の世界に対する嫌悪感を隠さない姿勢で，実情を観察し続けた。一例として，ラ・ペルーズが訪れたイースター島の場合がある。フランス人がモアイを調査したとき，地元の民が隙を見て，船団が持ち込んだ荷物を盗んでいく姿を見とがめた。しかし，地元民は盗むことを罪とは考えておらず，むしろとがめだてを受けるような行為ではないとの認識であった。この現場は，ラ・ペルーズが刊行した絵図にも描かれている。

当時は，これが島の現実であった。ブーガンヴィルの時代は，理想の島に来たといって万々歳できたのだが，もうすっかり時代が違っていて，キャプテン・クックが殺されて以降，南の島の人々はそう友好的な相手でなくなったのだ。ラ・ペルーズは現地人のマナーの悪さに悩まされた。よほど腹にすえかねたようだ。

次にサモア諸島では現地民から攻撃を受けた。ここで，十数人もが殺されている。これはいよいよ駄目だ，というので，現地の人々とは慎重に付き合わなければいけないという指令が，あらためてラ・ペルーズから乗員に下されたのだった。

キャプテン・クックまでの時代とは探検の手法，あるいはプロセスが違ってきている。あえて現地での対立や小ぜりあいの様子を図に残したのだろう。

そのようなわけでラ・ペルーズの軍団は，慎重に探検した。これまで列強の手がつかなかった極東アジアの探検にも，ラ・ペルーズ船団は着手し，なんと，日本の周辺にまで来航している。1785，6年のことだ。この探検は日本に大変関係が深い。日本近海を測量し，洋上で日本船とすれ違って，日本の島影も見ている。そして今の宗谷海峡も全部探検し，蝦夷地も見て日本の周辺を回った。そのような探検をした後，今のニューヘブリデス諸島に属するバニコロ島という，オーストラリアの沖にある島を見つけたのだった。その島の周辺でラ・ペルーズの船団は行方不明になってしまった。さぁその後が大変で，国の威信にかけても探検を続行せねばならない。次々にラ・ペルーズの探索航海という航海が送り出される。最初に出されたのが，ダントルカストーという人による探検で，船団は5年間探したのだが，ついに見つからなかった。

フランスとロシアの追随

それから少し後になるが，ロシアもいよいよ世界探検航海の列に参入してくるのだ。ロシア最初の世界航海は1800年頃だった。ナポレオンの脅威がようやくなくなって，なんとか海を渡れるようになったのをさいわい，ロシア最初の世界一周船が登場する。船の名前は「希望」という意味のナジェージダ号と称し，クルーゼンシュテルンの指揮による世界周航が実現した。

しかしこの船中には大変重要な人々が乗っていた。1人はレザノフという，全権対日公使である。日本と交渉する公使が乗っていた理由は，この船に日本の漂流者が数名同乗しており，彼らを帰国させる任務があったからだった。彼らは仙台から漂流してロシアで救われた漁民だった。彼らは最初に世界一周をした日本人といえる。この世界一周

船は，途中で長崎に寄って，漂流民を降ろし，ついでに友好条約を結ぼうというミッションを課せられていた。

この船が回った地域がすごかった。まずはマルケサス諸島。マルケサス諸島はタトゥーの本拠である。マルケサス人の刺青した肌は，世界で最も美しい人間の肌だ，と報告されている。

さらに，一人の刺青男をよく見たら，なんとヨーロッパ人だったというのだ。マルケサスにも何人かの西洋人が漂着しており，船を訪れた刺青男も，聞いてみたらフランス語をしゃべる。自分はカブリというフランス人だが，この島に流れ着いて住み着き，ほかにまだ西洋人がいる，と語った。日本人もそのことを記録に残している。説明には「ここは鬼が島である」と書いてある。それはマルケサスの人のヘアスタイルがちょうど角のように束ねられていたせいだと思われる。

この探検隊は1804年に日本に到着したが，日本の対応はひどく，四人連れて折角来てくれたにもかかわらず，日本人の引き取りを拒否した。六ヶ月間ロシアの船団は交渉で粘ったが，最後には諦めた。しかし連れて来た日本人を何らかの形で受け入れてほしいと内密で話を進め，無事に帰ったという。しかし，中の1人は，船内で交渉が上手くいかないのを苦に自殺を図っている。自分の舌を切ったので，自殺の方法としては異常といえるが，最近の研究によるとこれは日本に帰ることが決定して，自分がロシアの秘密をいろいろしゃべってしまうと恩に報いられない，命を救ってくれたロシアの人々の情報を日本側に伝えるということはスパイと同じになってしまうので嫌だ，ということだったともいわれる。後にジョン万次郎ほか日本開国に働きを示した漂流民がたくさん出たが，多くの漂流民は助けられた国で，西洋の本当の力を知ったことだろう。

次に，ラ・ペルーズ船団を捜索に出たダントルカストーの航海以降実施された世界探検航海についてもふれておく。まず，ラ・ペルーズの捜索に出た調査船で，若きルイ・ド・フレシネという軍人が指揮する船団があった。この船には新婚早々のフレシネ夫人が男に化けて乗船したことでも有名である。この航海では，南洋の動植物が多数収集され，科学的には成功だったが，捜索の目的は果たせなかった。フレシネ船で活躍をした航海員の1人デュペレが，今度は独立してコキーユ号という探検船を指揮することとなった。フレシネの仕事を世界規模に拡大し，ラ・ペルーズ捜索を続行したのだった。行方不明になってすでに40年も経つのに，未だに見つからないのだ。

とうとうフランスもエースを出さなければ，ということで，デュモン・デュルヴィルという有名な航海者が登場することになった。デュルヴィルも，キャプテン・クックと同様に非常に有能だったので二度の世界航海を行っている。彼の一番有名な航海は2回目で，ついに南極大陸を発見している。ただ，発見はしたものの，本人はそのことに気づかなかったらしい。やはりクックと同じように，正体が不明の島を探すより，南極点に達する航路を捜した方が見つかる成功の可能性が高いと考え，南極への航海に出た。デュルヴィルはかなり南極に近づいて，陸地らしいものにぶつかっている。それが今の南極大陸なのだった。

デュモン・デュルヴィルは2回航海をして，2回目は南極大陸，1回目はラ・ペルーズの船を探した。そしてここでも，彼はついに行方を見つけている。ラ・ペルーズ船団は2艘ともバニコロ島の近所で座礁し，生き残りもいたのだったが地元の人々に殺され，

ごくわずかに残った乗組員は残骸を集めて手作りのイカダを作って脱出しようとした。しかし，それも失敗に終わり，全員いなくなっていたという。途中で下船して，資料をパリへ届ける役目をした人々を除いては，乗船していた人々の生き残りがいなくなったという発見を，執念で達成してみせたのが，デュモン・デュルヴィルだった。

　最後にもうひとつ。デュモン・デュルヴィルは，フランスの誇る宝，ミロのヴィーナスを手に入れた人でもある。危うく，よその国に取られそうになったところ，すばやく手つけ金を打ち，ミロのヴィーナスを強引に軍艦に乗せて持ち帰った。デュモン・デュルヴィルはミロのヴィーナスの腕がまだ残存する状態を見た，数少ないフランス人の1人といわれる。デュモン・デュルヴィルが見たミロのヴィーナスは，今，知られている姿とは違い，伸ばした腕の途中までが残っていたという。

III-03　日本博物学と図譜の進展―栗本丹洲『千蟲譜』を中心に―

西洋と日本の博物画は異質である

18世紀以来，西洋と東洋でたくさんの博物画が描かれた。しかし，そこには考察すべき違いが存在している。たとえば，西洋では何種類かの花を一緒に束ねて描こうとすると，必ずブーケスタイルをとる，という現象である。

　数種類の花を描くときには，これが定形である。しかも，剪定してととのった切り花にする。極端な場合には花瓶にさして，ゴッホのヒマワリのような画にするのだ。J・L・プレヴォーPrevostの『花と果実写生図譜』（1805）は，まさにその典型で，さらに細部をみつめると，葉の上に露があったり，枯れた葉があったり，あるいは蝶やハエなどの昆虫まで描きくわえられている。

　ところが，中国や日本の花鳥画にはこういうタイプの絵はすくない。切り花にしてブーケ状にまとめることはない。花瓶にさすにしても，生け花のようなパターンを踏む。また，茎が長すぎて画面に入らない場合も，剪定ばさみで余分な茎を裁断するのでなく，ぼかして徐々に透明になるように描く。1931年に千種掃雲・土屋楽山が刊行した『洋草花譜』の場合でも，20世紀になって西洋の花を写生する場合ですら，余計な茎や葉は画面の外に出て，消えている。この先延々と続いているから描ききれないという事情を暗示し，地面から生えている生きた植物であることも示しているのだ。さらにおもしろいことは，花は二つ真ん中にあるが，茎の配置を見ると左側に寄っている。対象物を画面の真ん中に描かないという不釣行のおもしろみがある。いっぽうプレヴォーの図柄では花をまとめて，茎も真ん中に描かれている。そうした左右をきっちりとバランスさせる洋花のルールが，東洋では好まれなかったのだ。

　この違いはいったい何を意味しているのか。簡単に言うと，西洋では室内に持ち込んだ花を，日本では野外にある花を，それぞれ念頭に置いて描いているのである。それが自然の姿であるとの共通認識がある。これを日本的な「写生」と呼んでいいだろう。日本の花鳥画は必ず自然の中で花を描くところに大きなポイントがある。風と季節の気配を感じさせるためには，植物を外の庭に置く必要があったからだ。

　室町以後に華道が，植物を室内に持ち込んでいる。客を迎える茶亭では花を花瓶に挿すけれども，それでもなお西洋のブーケとは異なり，自然を感じさせる配置をとらせる。たとえ，たった一本の花を室内に持ち込んでも，室外のイメージをそこに伝えようとする。山水画というものが日本にあるが，もとは中国の風景画に由来する。多くの家の床の間に飾ってあるのだが，昔は部屋の三方を山水画で囲む「ふすま絵」を定石とした。その理由は，いわば，ヴァーチャルリアリティを現出させる役割をもっていたためである。山水画を描くことによって，海に囲まれた絶海の断崖だとか，あるいは遠い山の中だとかを室内に移入させる。博物学の絵にもこういう工夫が継承されているのだ。

干物か刺身か？

次に，動物画の例を見よう。端的に形容するならば，東洋は刺身を描き西洋は干物を描

くのである。その代表的なイメージは、オランダのヨハン・アルベルト・シュロッサー Schlosser という人がインド海域から得た魚の標本を図示した作品『爬虫両生類魚類の新種に関する五書簡』という本の中にある。これは18世紀の半ばに出た著名な本である。爬虫類の絵もあるのだが、魚の絵がより一層典型的といえる。一見してわかることだが、西洋の魚図は乾燥した標本、つまり干物状態を描いている。事実、彼が手にしたモデル自体が乾燥した標本だったと思われる。

今度は日本で描かれた魚図に目を転じよう。大野麦風という版画家が描いた『大日本魚類画集』は、1930年代に刊行された魚画の傑作と評される。日本的なセンスを持った、最後の博物図鑑だと思える。第一に、背景が描かれている点である。西洋の博物画でいうなら十八世紀以前の古い時代の方式に準じているといえるのだが、水の中のイメージが描かれた例まである。先ほどの地面に描かれた花もそうだが、生きていないと絵にならない。魚の絵は特に、これは刺身にしたら美味そうだなと思えるな新鮮さを強調する。いっぽう、ヨーロッパの図鑑を見ていると、どれも刺身じゃ食えない、干物にしても無理、という感じがしてしまう。

魚はなぜ跳ね上がって描かれるのか？

それから日本では、魚肉缶詰のラベルに描かれた図、たとえば鮭缶のラベルに描かれたサケは、しばしば尾をまげて跳ね上がろうとするイメージが用いられている。ところが、西洋で見る鮭缶ラベルのサケは、たいてい横に寝かされ、しかもじっとしているだけだ。そして、水中を背景とするものはなく、陸上に置かれた状態に構図されている。

ヨーロッパの魚はほとんど、陸上に置かれており、水中を泳ぐ姿というのは、どういうわけか、ほとんど描かれていない。フランソア・ファレンティン著『新旧東インド誌』という大著に載せられた図は、単に魚を海から揚げたのではなく、まるで元から陸に暮らす生物だったかのように「水っ気」が感じられない。これが海に生きていたという証明にしようとするのか、背景を海のそばという環境で示すことにより、「獲ってすぐの状態」であることをイメージさせている。西洋の魚は陸上で生きている。しかし日本の魚は陸に上がっても水中にいるかのように泳ぎ回っている。

解剖学と形態学の交差

次の問題としておもしろいのが、解剖なのか表層なのかの違いである。

江戸末期に製作された『蟲類画譜』には、ニホンヒキガエルの絵が描かれている。蟾蜍がなぜ『蟲譜』に含まれているかといえば、その漢字にみんな虫偏がついているから虫の扱いになるのである。

いっぽう、有名なローゼンホフ Rösel von Rosenhof という人が18世紀に描いた両生類の本『両生類の自然史』の中のヒキガエルやカエルは、しばしば解剖された図になっている。縛りつけられて、お腹を割られており、ほぼ、キリストの磔刑図に見える。おそらくここには「自分が犠牲になって君たちに生命の真理を教える」というような寓意が入り込んでいると思われるが、これは演出にほかならない。この源は、エジプトにイシスという人々に真理を伝える神にある。イシスが、人々に真理を与えるときに、普段は被っているヴェー

江戸中期頃『衆蟲寫真譜』
武蔵野美術大学美術館・図書館所蔵

ルを脱いで，自分の顔を出して「私って，こういう神なのよ」と，真理を人間に伝えた故事に由来している。したがって，真理を見せるためにお腹を切って開くということが，ヴェールを脱ぐイメージに重なるのだが，それにしてもなぜ解剖図は必要なのか。西洋の人々はおそらく「あ，この絵には真理が内部に隠されているんだ」っていうことを意味しているんだな」と読んだことだろう。同時に，信仰に厚い人々なら真理を与えてくれたイエスのイメージも加わってくるので，一回見たら忘れられなくなる。

　他方，日本では，切り込むことを好まず，表面を愛でている。内部ではなく，上から見たり下から見たりするのを好む。上と下から見ているときでも，生きている個体であることが強調されている。

　もっと明瞭な例も引いておこう。18世紀に描かれたベンジャミン・ウィルクス Benjamin Wilkes の『英国産蝶類12種の新デザイン』では，多くの蝶が幾何学的レイアウトで展示されている。きれいな標本箱に整然とピン押しされた姿のように。

　対して日本の蝶の画はそんな構図をとらず，何かが中心軸にむかって配列されるということもない。明治時代には群蝶の図も描かれているが，整列することはなく，ランダム感を消さずに群翔している。このようにユラユラ，フワフワとした自然界の中のイメージを描いていることが対比できておもしろい。

　なぜ，日本の蝶画はランダムに飛ぶ姿なのか。これは西洋で花をブーケにしたり，あるいは魚の標本を干物のようにする伝統と比較できる現象といえよう。この理由のひとつが，実は16世紀にアンドレア・マッテオリ Pietro Andrea Gregorio Mattioli が著した『ディオスコリデス薬種誌注釈』の図版に現れている。そこに描かれた植物にはすべて根が付いているのだ。これは，図像的な問題だけでなく，実践的な問題を含んでいるためと考えられる。当時の植物図鑑は，観賞用の植物の図鑑ではないのだ。ほとんど薬用が関心の中心だった。薬で一番効能がありそうな部分は根っこなので，根を見せないと，役に立たなかった。

本物は偽物に間違えられる？

ところで，西洋の博物図であっても，生きた個体が得られる場所では，日本と同じような「生ける姿」の静物画が描かれたケースもある。1700年頃の作品で，サムエル・ファロアズ Samuel Fallows という人が描いた『アンボン海域珍魚図譜』はその一例だ。この作品は版画でなく，肉筆画である。南海の色鮮やかな魚類を生きたまま描写した理由は，作者によれば「ヨーロッパ人には信じがたいカラフルな魚の真の姿を表そうとした」ためだという。だが，その結果，まさにシュルレアリスムというべき幻想性を備えたデザイン的な絵となり，西洋人はこの図譜を「空想の産物」と一笑に付したそうなのだ。

　しかしこれは実のところ空想画ではなく，真実の博物画なのだった。つまり事実を求めた絵であり，真面目な科学的図譜なのだった。その重要性がやっと理解され，出版にこぎつけている。刊行本のほうはルイ・ルナール Louis Renard 著，サムエル・ファロアズ画『モルッカ諸島産彩色魚類図譜』1719と題され，初版以後も二度まで再版されている。

『千蟲譜』に見える先見性

上に示したエピソードから読み解けるのは、日本人の生物に接する仕方が、標本ではなく生体を愛した、ということだろう。生きた生物を観察することにより、そこに浮かび上がる自然の眺めはかなり違ってくる。生き物を通して見る自然には、生命の輝きがあった。博物画は、死物を描くのではなく、生物を描く作業でもあったといえるのではないか。

そのような伝統の上に立った日本博物学の成果を、博物図を材料に眺めていきたい。まずは、平賀源内とは同門であり、またその師であった本草学者田村藍水の実子である栗本丹洲の『千蟲譜』を取り上げたい。

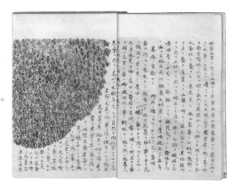

丹洲は有名な『千蟲譜』以外にも、30種にも及ぶ図鑑を残した。身分が将軍の御典医だったので、江戸城の中も自由に歩けて大名方から資料の鑑定を請われる機会も多かった、しかも、田村藍水という大博物学者の息子である。江戸時代の博物学の申し子と呼んでさしつかえない。

彼は、その申し子の立場を充分に自覚して、たくさんの立派な図鑑を出した。まず注目すべきはミツバチの研究だ。養蜂は江戸時代に発達し、巣箱の製造もおこなわれたが、丹洲は巣箱を作る方法と、その構造を熟知し、詳細な図を著した。その博物学精神を端的にあらわした図が、巣に群がる働き蜂の大群を描いた図である。私が所持する写本には、小さな画面に数百の蜂の群れがびっしりと描かれている。オリジナルはもっと多くの蜂が描かれていたであろう。その一匹ずつが細かに描かれているところも驚きである。

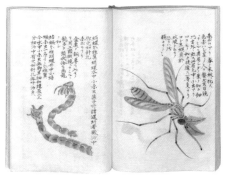

この図譜の中でも驚くべきは、虫眼鏡を使って大きく拡大された図である。ユスリカとその幼虫（赤虫）の図には、成虫の触覚の部分に極小のダニがついている。また、幼虫であるアカボウフラを拡大するとオバケみたいに奇妙な姿をしていることも、描き忘れていないのだ。

擬態の問題を意識した丹洲

さらにおもしろいのは、動物学で言うところの「相同・相似の原理」に気づいた事実であろう。海の中にワレカラという小さな虫がいる。この虫を虫眼鏡で拡大したところ、陸上に住むナナフシによく似ていることを発見した丹洲は、なんと、この両方を一枚の画面に描いて、比較検討している。海の生物と陸の生物の直接比較といえる。今であれば形態学や動物行動学で当然テーマになりそうな着目である。これが大変に奥深いテーマになりそうだということに、江戸時代の学者がもう気づいていた。西洋でも、ワレカラとナナフシとを両方並べて比較した絵はおそらくないだろう。

また丹洲は、タコブネという大変に珍しい生物も研究した。メスだけが薄い貝殻を

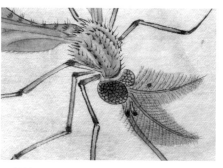

上から：
巣に群がるニホンミツバチ
ニホンミツバチ拡大図
ユスリカと幼虫アカボウフラ
ユスリカ拡大図
すべて栗本丹洲『千蟲譜』
武蔵野美術大学美術館・図書館所蔵

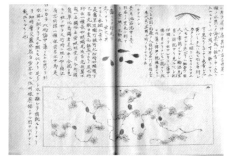
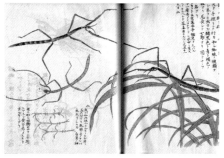
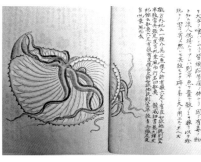
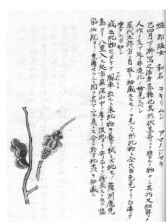

上から：
ワレカラ図
ワレカラとナナフシ比較図
カイダコ（アオイガイ）図
お菊虫
すべて栗本丹洲『千蟲譜』
武蔵野美術大学美術館・図書館所蔵

作って海面をただようタコの仲間だが，研究資料になんと，ファレンティンの『新旧インド誌』まで使用していたとは，驚き以外の何物でもない。

先ほど日本人の絵は表面をとっても大事にすると書いたが，これらの実例がそれをよく表している。また，蚕の模様の研究もおもしろい。蚕の頭部には馬の顔によく似た模様がある。彼はこれを猿面であると判断し，他の芋虫類にも似たような斑紋があることを発見している。たとえば，頭の方に人の顔を思わせる大きな模様があると，今なら目玉の模様が体に付いていて「これは外敵を驚かすためだ」とする擬態例として研究されるだろうが，その元祖だと思える。猿の顔に似ているということに気づいて「みんな猿面に似たり，不思議なものだ」と書いてある。この時代に研究を続ければ擬態の問題まで到達したのではないだろうか。

お菊虫の登場

さらに興味ぶかいのが「お菊虫」の研究である。ジャコウアゲハの仲間の蛹は，鬼によく似た形になり，まるで化け物のようなので，お菊虫と呼ばれるが，これは実在する虫だ。かつては妖怪と信じられたので，そちらからお話しする。

竹原春泉斎という人が描いた『絵本百物語』というお化けの図鑑の中にお菊虫というものが登場する。名の通り，上半身が人間の女，下半身が芋虫のようになっており，縛られて木に吊るされているかのように前屈みにぶら下がっている。これは播州皿屋敷のお菊さんに由来する，お菊の生まれ変わりであるといわれた。皿を割ったために，井戸の上に吊り下げられ，斬られた上に井戸底に落とされたという話である。後に播州，今の姫路にお菊さんの哀れな姿とそっくりな虫がぞろぞろと出てきたので，祟りだということで騒動になった。以来，お菊虫は有名になったのだが，このお菊虫は実在する。数十年前ぐらいまでは播州皿屋敷の事件にかかわりある神社で，お菊虫が売られていたという。

木に縛られている女の人の姿をしたこの蛹に栗本丹洲は非常な関心を持って，クロアゲハなど近似種の蛹とも比較している。この箇所には次のごとく書き込みがある。「人間が縛られている姿をしている非常に不思議な蛹を採ったので，それを早速，調査したところ，ここからはアゲハチョウが出てくることが判明した」と。1800年頃といえば，ヨーロッパでもまだ芋虫から蝶が生まれるという事実すら十分に知れ渡っていなかった時期ではないか。

これには大田南畝も関心を持ったらしく，お菊虫の図を「真写」の技法で描いている。オナガアゲハやクロアゲハなどは，すべてお菊虫類似の蛹になるようだ。さらに彼は河童の目撃例や遺留品を調査しており，報告された河童の多くは実在とはいえないとする論評も行っている。

釣りをする魚の観察

次は，イザリウオと呼ばれた魚のグループの話となる。この不思議な魚は，近年になり差別用語だということで「カエルアンコウ」に変わった。非常に興味深い形態と習性をもち，口先についた疑似餌（エスカ）を動かして小魚を誘い，一気にのみこんでしまう。アンコウの仲間だが　浅瀬でも見つけられる。栗本丹洲はこの不可思議なカエルアンコウにも多大な関心を抱き，たくさんの図や観察記録を残している。彼のメモを読んで，江戸時代にこれを飼っていた人がいることも知らされた。「ある漁師がこれを得て，養う者あり」と書いてある。小魚やドジョウ，ミミズなどを与えて，数ヶ月飼育していた。肥前，唐津のほうの話で，これを水の中で飼っていると，四つのヒレを開いて浮いたり沈んだりする。飼育していると常に小魚を食うと書いてある。と言うことは「漁り」を行う魚だということも，丹洲は承知していたことになる。これを見れば差別語とされた「イザリウオ」は「いざる魚」ではなく，「漁る魚」だった可能性もあるといえる。ただ問題は，その小魚を食う姿を見たとして，「漁り」と言うからには疑似餌を使って魚を釣っている場面を目撃していてほしいと願ってしまう。本当に釣っているのかどうか，この口先にある疑似餌を動かしているのを本当に確認できたかどうかということだが，栗本丹洲の図譜をたくさん所蔵する国立国会図書館のデジタルファイルを検索した結果，驚くべき資料が出てきた。

実際に飼って，疑似餌で小魚を漁っている記録を発見できたのだ。疑似餌を動かすと魚が集まってくる。先端に赤い肉の切れ端みたいな物が付いている「釣り竿」を動かして，魚が近づいて来たらこれを振って，食べる。この文章には「名前のない魚」と書いてあるから，当時は無名の魚だったのだろう。しかし，丹洲は間違いなくカエルアンコウの習性を知っていたのだった。

このように，江戸時代の博物学は生き物の観察に深さがあり，おもしろさ満載なのだが，印刷された刊本もなく，西洋の図鑑のように16世紀段階から印刷物になっている状況とは，あまりに隔たりがある。写本も非常に少ないために，一般の人が見る機会もないわけだが，大きな研究テーマとして今後の動きが待たれる。武蔵野美術大学には代表的な西洋の図譜が揃っているが，同時に国会図書館などにあるデジタル化された江戸時代の図譜も，ぜひご覧いただきたい。生き物が好きな人であれば，名前の由来がどうなっているのかという問題から始めて，絵とともに研究すると非常におもしろい体験があじわえることを，保証する。

カエルアンコウ図
栗本丹洲『千蟲譜』
武蔵野美術大学美術館・図書館所蔵

II-04　視覚の冒険—「水族館の歴史」に寄せて—

繋がっていく関心，開ける展望

私は水族館が大好きで，これまでにも世界各地の水族館を巡礼してきた。しかし，単なる趣味だったものでも，体験や知見が蓄積されれば，それなりにおもしろい魚類史全体の眺望が自然と見えてくるらしい。たとえば，ヨーロッパへ行って多くの水族館を訪ねると，建物にも歴史的な意味が存在することを知った。もっともショックだったのは，やはりヨーロッパの庭園である。ここに，水族館とはいえないまでも人工的な洞窟が作られ，そこに魚類が飼える装飾的な水槽がすでに設置されていたからである。

18〜19世紀あたりに造成された庭園の中には，まことに奇妙な，鍾乳洞もどきの人工洞窟がある。昔はそこに水を張ったり，噴水を仕掛けたりして，洞窟内の水遊び場というべきしつらえがあった。それがやがて「グロッタ」と呼ばれる，庭園の中に作られた人工洞窟に発展していき，大がかりな立体の噴水も仕込まれるようになる。私はフィレンツェやサンクトペテルブルグの庭でこうしたグロッタを見るうち，初期の水族館も洞窟を模した偽岩の装飾が用いられていたことを思い出した。この人工洞窟と水族館が，どうも根のところで繋がっているに違いないという直感が，こうして育ち始めた。そもそも19世紀半ばに生まれた近代的な水族館は，初期にあった多くのたたずまいが，この人

工洞窟を模していたのである。そのきっかけは，パリ万博などでアトラクションの目玉となった公共水族館が，ほとんど洞窟のような穴倉構造で建設されたからだった。つまり，見世物だったからにほかならない。見物客が動く通路を真っ暗にして，そのかわりにガラスを隔てた水槽に太陽光を導いて明るく輝かせる。これで，潜水艦から深海の様子を眺める実感が得られて，心がざわめいたのである。

では，本当にそうであったのか，その検証をグロッタ巡りとともに行ってみたい。

万博会場と大温室の結合

まず，ロンドン近郊に残るクリスタルパレスの廃墟のことをお話しする。第一回ロンドン万国博覧会の主会場となった，壮大なガラス建築の殿堂をクリスタルパレス（水晶宮）と呼んだ。今は火災の後に打ち捨てられ，完全な廃墟となってしまったが，敷地自体はシデナムないしはシデナム Sydenham という街に現存しており，復興計画も曲がりなりに進行している。ただし，ロンドン第一回万博のメインパビリオンとして建てられた当時は，ロンドン市内のハイドパークにあった。しかし万博終了後に郊外のシデナムに移設された。ここで一種のテーマパークに衣替えし，万博時代よりも大規模な施設となってオープンし，1854年に再開業している。

ここはおそらく，現代のテーマパークの元祖のひとつといえるエンターテイメントスペースであった。1870年代までは花形だったが，次第に時代遅れの施設となり，1909年に倒産，その後政府所有となって再度開業したが，1936年に火災で焼失している。

私はこの水晶宮が現在も廃墟として残っているという話を聞いて，ロンドンを訪問したついでに現地探訪をすることにした。

　シデナムという街へは，ロンドン市内から電車で一時間くらいかけて行くことができる。このシデナム水晶宮に，今は見渡す限りの野原で，土台がわずかに残されているだけであった。一応復興プロジェクトも存在するようだが，50年くらい平気でほったらかしの状態である。ただし，再建監理組織は細々と活動しており，現に工事現場のようなところも数か所あった。ただし，水晶宮自体でなく庭園のほうは公園として稼働し，有名な恐竜公園も見物できる。

　昔の写真を見ると，この建造物は誰が考えても巨大な温室だと思える。実際，この建物は元来温室建築に基く造形だった。これを作ったパクストン Joseph Paxton は温室建築を手がける園芸家だった。パクストンがこういう大建築を発想したきっかけは博物学の流行にある。ちょうどその頃イギリスにとんでもない熱帯植物が渡ってきたのだ。それはオオオニバスと呼ばれる非常に大きなオニバスだった。子供や軽い大人なら水面から出ている葉の上に乗って遊ぶことができるほどで，その壮大さを女王にたとえて「ヴィクトリア・レギア」という名がついた。ヴィクトリア女王の蓮という意味だ。ちょうどヴィクトリア女王時代に入っていたので，そこも意識された。

クリスタルパレス
"Album de l'Exposition le Palais de Cristal: Journal Illustre de l'Exposition de 1851."
武蔵野美術大学美術館・図書館所蔵

　この花を咲かせるためには，なるべく巨大な池が入れられるような規模の温室が必要であった。ところでキューガーデンという植物園にも大きな温室があった。その温室はパームハウスと呼ばれ，名前のとおり中にヤシの木が植えられている。ヤシを育てようと思ったら背の高い温室が必要だが，オオオニバスを育てようと思ったら広い池が入る温室が必要になる。高くて，広くて，なおかつ太陽光を取り込まなければいけないのでガラス建築であることも必須要件だった。巨大な建築を建てなければいけないという植物学上の要請が生まれ，温室建築の発展が急務となったのだが，その技術が万博会場に活用されたのである。

　そしてガラスを使った建築の重要な用途に，温室がオランジュリーと呼ばれた時期からすでに顕著だったように，大宴会場としての利用ということがあった。あとで水族館の話にも繋がるのだが，こういう植物栽培施設は従来たしかに研究用で，これを見に行く人もほとんどいなかった。しかし，大温室ができるようになってから温室自体がエンターテイメント会場となる現象が生まれた。

　温室の歴史をずっと見てみると，この建築様式は単に研究用に留まらず，様々な利用が行われてきた経緯がわかる。日本でも江戸時代には温室が囚人たちを収容する場所になり，ある時には今回の大震災のような被災者の臨時の宿舎にされている。

　この温室は最初，オランジュリーと呼ばれた。名前の通りオレンジを植える温室だったからだ。明るく温かい空間にしないとオレンジは実を結ばないため，そういう温湿なガラス部屋を貴族は館の一部に建てた。貴族の館の一部であるから，オレンジを植えた熱帯的な演出が可能な部屋を放っておくわけがない。特にオレンジの場合，きれいで観賞価値が高かったため，宴会場の飾り物になった。そこで誕生日パーティーや楽団が入っ

ての音楽会や，最後にはドッグショーとかキャットショーなども行われるエンターテイメント空間に変化していった。

　もともと貴族の館というのはルネサンス時代に非常に重要な転換を迎えた。それまで建物は居住スペースが重要だったのだが，この時代には居住スペースに付属する開放的なスペースが重要になった。その最たる例が庭だった。そして庭に，温室がそこにできたことによって役割がさらに変化する。たとえばアトリウムという部屋が生まれ，ガラス張りの一角が出現すると，寒い冬にそこに集まって太陽を楽しむ陽だまりの部屋となる。これが元祖温室そのものだったのだ。そのような場所が宴会場になり，植物を見るために客が集まった。

　ちょうど水晶宮ができた前後にキューガーデンというイギリスの最も大きな植物学研究センターが造られ，パームハウスすなわち温室も建造された。長らくここを管理したフッカー Joseph Hooker の話によれば，パームハウスは植物学ガーデンに人を集めるための"客寄せ設備"でもあったというのだ。これほど大きなガラスの建築ができればみんなが集まる。本来の学術とは全く関係のない用途が生まれるのだ。その中心になる最新の施設といえる水族館も，同じだった。学術の大きな実践の場が，これまでには決してなかったエンターテインメント空間になってきたについては，温室からスタートした新たな娯楽の場の影響があると思われる。しかも太陽を入れるためにガラス建築であった。ただし，栽培用の温室は本来，小さな規模でもかまわなかった。のちに大宴会場に転用できるような巨大な空間を最初から必要とはしなかった。では，なぜこのような大型になったかというと，理由は簡単だ。ヤシの木を植えるためである。オランジェリーだけだったらこんな高い建物はいらない。この高さが必要なのにヤシのように非常に高く伸びる植物を中に植えるためである。そして巨大温室をつくる技術が発展した結果，ロンドン万博の会場への転用という発想につながったのである。特に万博時にはハイドパークに樹齢何百年もの楡の木がたくさんあって，これを切ってさら地にし，万博用地にあてることに市民が大反対した。呪術師が呪いまで施して反対したという話さえある。万博の初日が大雨になったので反対者たちが万々歳をしたというエピソードが残っているくらいなのだ。反対の理由には，外国からいろいろな人が入ってくることに対するアレルギーもあったのだが，最も大きな理由は折角市民が愛しているハイドパークの自然，特に古い木を切り倒してしまうようなことは許せないという想いであったというのだ。それを説得するのにどうすればいいか。高いヤシの木を入れるような，どんどん高くなる建築方法を進化させてきた大温室を利用することだ。それに木造建築と違い，材料はガラスと鉄という工業製品であるから，調達が簡単で，しかも工期が短くて済む。プレハブ形式のすばやい建造も可能だった。このアイデアは万博の成功の源になった。そういう建物の跡がこのシデナムに残されているのである。水晶宮は結果的に「博物学の館」でもあったゆえに，やがては当時世界最大と呼ばれた水族館の建設も行なわれたといえる。

　ついでに言うと，これがテーマパークになった後に造られたこの水族館は，右側の塔の下あたりにあって，クリスタルパレス水族館と呼ばれた。クリスタルパレスに作られた水族館の写真資料は，私も探しに行ったが，ほとんど発見できなかった。

ラーケン温室も巨大なレセプション施設だった

また具体的な例をあげる。ベルギーにラーケン宮殿というものがある。現在コンゴ民主共和国と呼ばれるアフリカの国がかつてベルギー領コンゴと呼ばれる前，そのベルギー領を持っていたのはラーケン宮殿に住んでいるレオポルドⅡ世という王だった。コンゴの土地は一時この王の私有物だったのだ。コンゴという植民地を得ることによってベルギーがヨーロッパでの地位を高めようとした当時，ラーケン宮殿の中に大温室が造られた。1873年頃の話である。この王は植物に関心があったことも事実だったが，宴会のための建物を造りたかったようなのだ。背の高い大温室を建築し，これが現在も残っている。なぜ，このようなものを作らなければいけなかったかというと，ベルギーの国威発揚のための迎賓館，すなわち宴会を開くための空間が望まれたからだった。年に1回，5月の数日間にに一般公開される。当時大温室が大エンターテイメント空間であったかを物語る，小道や数多い植物や，花壇などがたくさんある。

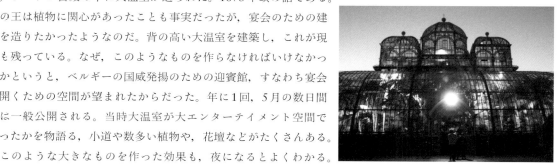

このような大きなものを作った効果も，夜になるとよくわかる。中をライティングすると，どんな植物があるのかよく見え，実に美しいからだ。宴会は夜がメインであるから，このようなライティングができる大温室がよいのである。オランジェリー以来の学術的なエンターテインメント空間の先駆けは温室だった。この後，動物園や水族館が出てくる。万博が産業のエンターテインメント化だとすると，学問のエンターテインメント化，一般市民に学問のおもしろさを伝える空間があって不思議はないはずだ。

もちろん，西洋式のガラス温室は日本にも伝わった。そして，自邸に温室を建築して植物栽培と大宴会の両方を楽しむ名士が続出した。代表的な人物が早稲田の大隈重信だ。大隈は西洋の温室を正確に模倣した温室を設置した。ガラス張りであることはもちろん，背の高くなるヤシ類を育て，ここにプールを置けば，オオオニバスも育てることができるという大空間だった。そして温室内部にはサロンのテーブルが置いてあるところを注目したい。いうまでもなく，ここで宴会を開く目的があったのである。見に来ている人達の中にはかわいいお嬢さんや子供たちがいる。大隈の大温室は文字通り，西洋の風習を日本に移入させたものだった。大隈は自分の誕生日であるとか，新聞社の取材を受ける時などに好んでここを使ったといわれる。大隈の記念日に大温室の中で撮られた写真が当時の新聞や雑誌に載った。迎賓館として使い，自分の意見を発表したりメッセージを出す時の背景に使ったことは，レオポルドⅡ世と全く同じである。ちなみにここで大隈が生産した作物に，メロンがある。当時日本ではメロンは高嶺の花であり，こういう温室がなければ育たない珍品であったが，大隈の温室では新しい品種の作出も行われたといわれる。その名も"早稲田"というのがご愛嬌といえよう。まさに鹿鳴館の温室版のような建物が，西洋文化受容の流れのはざまに介在していたのである。

ウォーディアン・ケースによる啓示

さて，植物園にしても動物園，水族館にしても，これらはナチュラルヒストリー，すな

わち博物学の範疇に属する施設である。博物学が19世紀に大ブームを巻き起こした最大の理由は"WONDER＝すばらしい"という一語を用いて説明できる。すばらしいというのは，知的好奇心に訴える魅力すなわち不思議を意味する。コンラート・ローレンツ Konrad Z. Lorenz という有名な行動生物学者がいるが，人はなぜ動物を研究することにそれほどの関心をもつのか，という問いに対し，年齢に関係なく「3歳から100歳まで楽しめるから」と答えた。WONDERの魅力は万人に共有するのだ。そして，そのような博物趣味をさらに普及させたのが，温室で栽培する熱帯植物の魅力であった。けれども，ヤシ類は高価である上に，大型の温室が必要となる。経済力のある家でしか用意ができない「飼育装置」であった。しかし，博物ブームは低所得の家庭を蚊帳の外に置かなかった。やがて，きわめて小さなガラスケースと，そのサイズにふさわしい魅力的な小型植物がイギリスで愛好されるからである。つまり，今度の小型温室は，博物学を楽しむのに「貧富の差をなくした」のだった。その装置が「ウォーディアン・ケース」であり，その中で栽培されたのが「シダ類」であった。

　ウォーディアン・ケースとは，ウォード Nathaniel Bagshow Ward という人物が発明したガラスケース（函）の呼び名だ。ガラス製であることも，またその形も，まるでクリスタルパレスを小型に縮めたように見える。しかしその機能はクリスタルパレスをしのぐものがあった。というのも，この小ケースに土とシダと水分を封じておくと，やがて昆虫などの小動物が孵化し，ケースの中に生態系が確立するからだ。つまり温室を小型にし密封することで，一種のビオトープが成立したのである。これにより，ウォーディアンケースはビオトープの容器として活用され，やがて水槽としての利用が始まった。藻類と日光，そして光合成，さらに魚類の生存環境が誕生すると，いよいよ水生生物の飼育観察という新たな博物趣味が成立していった。その源に「小さな温室」の発明がある。

ウォードの次なる発見

すでに述べたように，このケースは最初，デリケートで栽培しにくいシダを育てる容器として開発された。最初ウォードは，水分がなくなってしまうと枯れる非常にデリケートな植物を輸送するためのケースとして開発したといわれる。シダはこの条件に一致する植物である。

　しかし，あるときウォードはそのデリケートなシダをケースに入れたまま，つい手入れを怠って何十日も放置してしまった。ところが，中のシダは全く枯れず，むしろ青々と育ったのだった。同時に土の中に含まれていた蝶か蛾の蛹が成虫になっていた。これにはウォードも驚いた。ガラス容器はぴっちり閉めればエアータイトになり，ガス交換も途絶した密閉型の小宇宙になる。その中で外気とは全く違う生物の営みが可能になるのだ。これは飼育装置として使えるのではないかと直感したウォードは，早速ケースの研究に着手した。

　本来，温室の重要な意味というのは，人工気象あるいは人工環境というべき密封・安定な環境を作り出す装置であることだった。人間が最初に創りだした「人工環境を維持できる飼育栽培装置」というべきものだった。ウォードはたまたま数十日間，ケースを密閉したまま放置することにより，その「人工気象」がケース内部に実現でき，蛹までが成虫になれた。中の空気や水分を一定に保つという新しいタイプの容器なのだ。

もうひとつのメリットは、材質がガラスなので水を貯めることができたことだった。水分の蒸発と乾燥が防げるのである。ウォードは植物と一緒に動物も飼えるのではないかと考え、この容器をひっくり返して水を張ったところ、透明な水槽になった。この水槽にも同じようにガラス蓋を置いて密閉状態を実現し、植物を植え、魚を飼ってみると、どちらも長生きしたばかりでなく、魚が藻の中に産卵して子供も生まれた。この簡単なガラス装置の中で魚が育ち産卵までしたことを見て、ウォードは驚いた。それまでは野生の魚を飼って産卵させるための方法も確立していなかったのに、水を張り藻類を入れたガラス容器を密閉しておけば、環境を一定に保つことが可能となることが、初めて明らかになったからだ。ウォードは喜び、この容器をシダ専用の「ウォーディアン・ケース」として売り出し、またそれを水槽にした容器を発売した。

　ここでとても重要なのは、植物と動物を一緒に飼育するとお互いが足りないところを補いあう、つまりひとつの生物サイクルが出来上がり、理想的な小さな地球、小さな自然がそこに成立するということの発見であった。もちろん千年くらい前から、中国では金魚などを壺の中に水草と入れておけば産卵するということはわかっていたが、その理屈がまだ不明だった。それがヨーロッパでは、エアータイトの状態で環境を維持できるガラスの登場によって初めて、そのリサイクル・システムが眼に見える形で示された。ポイントは植物と動物を一緒に飼う装置を作れば、水回りの生物は飼育できるということ。そして、ウォード自身はこれに「ヴィヴァリウム＝生き物飼育容器」という名前を与えた。元来は動物も飼えるシダ栽培装置であったウォーディアン・ケースに動物も飼えるよう改造したのがヴィヴァリウムといえる。水が半分くらい入っていて、下の方では魚を飼い、上の方ではシダのような植物が伸びている一挙両得、あるいは水陸両用の装置なのだ。そのあとに、水生生物に特化させた容器が開発された。上の方の生物はいいから、水の中の生物に特化したものを作りたいという要望から出来上がったのが、アクアリウムと呼ばれる容器なのである。

ヴィヴァリウム

　アクアリウムとは、水の入れ物、水槽という意味だ。植物の栽培からやがて水界の環境に興味がひろがり、同時に植物と動物を一緒に飼育することでバランスのとれた密封型飼育装置の開発に結びついた。今までの研究は干物のような標本を並べたり、植物も動物も特別な大きい庭などで育てていたが、このような小さい入れ物の中にまるで宇宙を縮めたような自然の営みが見られるとしたら、これは知的ワンダーを得られる水槽ということになる。特に魚類という動物は、魚屋に行けば食品としては見ることができるが、西洋で暮らす一般の人々は生きている魚類を水中で見るということはできなかった。日本のように海女が水の中で泳いでいる姿を見ることができなかった。しかし、水槽が開発されることによって魚を生きたまま見ることができるようになった。これは視覚の大冒険ともいえるスリルの開発だった。

ロンドン動物園に「フィッシュハウス」出現

1854年前後、ちょうど万博が終わってシデナムにクリスタルパレスの常設版となるテーマパークが開業した頃、ロンドン市内のリージェントパーク動物園内に新しいアトラクションがうまれた。これが公共水族館の元祖「フィッシュハウス」である。1853年にゴッ

ス Philip Henry Gosse という人が企画し実現した装置だった。ウォーディアン・ケースに水を入れた水槽（アクアリウム）が並んでいた。ゴッスは最初，個人が自宅で水生生物を飼育観察するための容器としてそれを開発したが，じつは公共施設で公開するという形でアクアリウムが評判となったのである。実際には，水槽一つ一つの管理が大変な上，中の生物もすぐ死んでしまうという現象も起こるため，大量に浄水を用いることができる大規模な公共建造物として人気をかち得たのである。やがて，私たちが想像するような巨大な公立の水族館が誕生した。

　パリには，都会でも暮らせるように野生の生き物や家畜を慣らそうという目的による，それまでの見せるだけではない，人間の役に立つような動物の飼育を目指した「馴化園（ジャルダン・ダクリマタシオン）」という動物園がブローニュの森に完成した。岩倉使節団がパリを訪れた際に見たのはここだ。ここにロンドンのフィッシュハウスとは比較にならない新システムの巨大水族館が建てられた。今度は，水道の浄化システムを活用した濾過装置が付いていた。フィッシュハウスから数年経って完成したものであるが，おもしろいことに両方を作った人物は同一で，ゴッスの友人であったウィリアム・アルフォード・ロイド William Alford Lloyd という人だった。ロイドは1853年にフィッシュハウスを立ち上げる力となった人物で，同時に初めて魚類や海の生物を商う水生動物専門のペットショップを開業した。リージェントパークにあるロンドン動物園の目の前に店をオープンし，まずは海水を腐敗させずに維持できる水槽を生産し，これを販売するようになった。このペットショップは大人気になったが，同時にもっと大仕掛な仕事は出来ないかと思いついたのが，巨大な公共水族館の建設だった。どこが異なるかといえば，濾過装置の規模が違っていた。水を単にガラス箱に入れていた段階では，毎日水を換えなければならなかったのだ。貴族の場合であれば，この重労働を奉公人にやらせることが可能だった。しかしロイドは，人力に依存していては満足な器具にはなりえないと考えた。そこで考案したのが，人力でなくポンプなどの機械を使用して水を循環させ，オートマチックに水を浄化する濾過装置だった。これを水槽とは独立させ，建物の一部に組み入れた。

　ついでに，もうひとつの水族館ブームを支えた背景についても，少し書いておく。当時イギリスでは博物学者の多くが聖職者であった点だ。キリスト教の牧師や神父が自然の研究を志したのは，神の叡智が地上のあらゆる被造物に内在しているという「汎知論 pansophy」が行きわたっていたからだった。彼らが行なったのは科学的研究であると同時に，いかに神の摂理と英知が偉大かということを地上の自然物を介して知らしめることでもあった。しかも彼らの選ぶ対象は，人間のような陸生の脊椎動物ではなく，むしろ無脊椎動物の方に集中した。ちぎればどんどん増えてしまう生物であるとか，世代交番を行う生物，チョウのように変態する生物などのほうが，神の叡智を直接示しているように思えたからだった。こうして陸上にはいないタイプの生物に関心が向き，海へ目が向いたといえる。そこに登場したゴッスが選んだ生物も，海に囲まれたイギリスならではの海生生物であった。淡水では得られない生命の不思議を確認させる「生きている証拠」でもあった。

ドイツの水族館の「環境展示」

現在，海の生物飼育をとても得意にしているヨーロッパ最大の国は，イギリスというよりもドイツである。水族館で使われている濾過方式にベルリン方式と呼ばれるシステムがある。名前がすでにベルリンであり，ドイツはそれくらい一生懸命に，水の浄化問題に取り組んだといえる。ドイツではイギリスと違い海がキール湾くらいしかなく，あとは陸水だったため，水族館に展示すべきメインターゲットを淡水水槽に切り替えていた。しかし，陸水に生きる生物の研究からドラマティックな現象，すなわち今でいうエコロジーの問題が抽出され，その関心が海にも大きく広がった。ガラスケースの重要なポイントは植物と動物を一緒に育てるということだったが，ここに生物共生という発想の第一歩が印したといえる。

ドイツがそのような環境研究を行うようになった源は，エコロジーという言葉を創ったエルンスト・ヘッケルという生物学者だった。ビオトープや地球生命圏 biosphere など，さまざまな用語を作ったのもほとんどドイツ人であったが，エコロジーはとりわけ人口に膾炙した。そんなわけで，ベルリンとハンブルグでいち早く建設された水族館は，生物展示の方法として，そこに示した生物が実際に暮らしている自然環境もセットにして展示する方法を創始した。ベルリン動物園の昔の写真を見ると，たとえばインドゾウの飼育舎には，インドを思わせる建築様式が採用され，エジプト産の生物の場合にはピラミッドなどの装飾が付けられていた。まず装飾からして環境との一致がもとめられたわけで，次第に，単なる装飾ではなく，実際の自然環境が導入されていった。サル類を見せるのに，「サル山」が用いられたのは，その一例といえる。これは，ハンブルグやフランクフルトの動物園に関係した有名な動物商ハーゲンベック Carl Hagenbeck, 1844-1913 の展示アイデアにも影響を与えたといわれる。

1900年万博は「海産生物様式」の万博でもあった

動物園で実践された環境展示は，ヘッケルがダーウィンの発想にもとづいて発展させた「環境と生物の密接な相互依存関係」にも，負うところがあった。しかし生物の形態へも関心を示したヘッケルが，さらに世界に影響を与えた発想がある。それは「形態学」である。それも水中に浮遊する水生無脊椎動物の形態に着目した「形」の美学が，もともと美術家をめざしていたヘッケルの描きあげた「生物形態画集」によって，西洋世紀末アートに新たなインスピレーションを与えたのである。

1900年，パリがアールヌーヴォー様式の最盛期にあったときに，史上最大の万博が開催された。そこでは，ヘッケルの「生物の形は美である」という認識を受け入れた建築家や美術家がたくさん活躍している。その中の一人にルネ・ビネという建築家がおり，パリ万博のメインゲートのデザインを担当した。ビネ門と呼ばれており，まことに奇抜な形をしたきらびやかなゲートだった。一見するとミナレットのような塔に見えるが，インドやイスラムの寺院に発想を得たのではない。これはヘッケルの生物形態画集『自然の美的技巧』からアイデアを得ている。顕微鏡生物の放散虫を描いた図こそ，生物が持っている幾何学的な美のシンボルであるとして，ビネは門のデザインに取り入れたのだった。1900年パリ万博は先例に従いいろいろな美術モニュメントを後世に残したが，これこそはヘッケル的な発想を現実に実験した美術作品の代表例である。

このような美術トレンドの背景には，水界の美という新しい視点が出てきた結果による人間の意識，眼の変化が存在する。たとえば，1870年にジュール・ヴェルヌが『海底二万里』を書いたとき，ガラス窓から見た水中世界を再現した水族館がナンシー美術館の庭に残されているが，その4年ほど前，1867年のパリ万博で初めて総ガラス張りの水族館が建造された。天井まで魚がいたというのは本当かなぁ，といつも思っているのだが，館内は鍾乳洞を模したおもしろい建築だった。ジュール・ヴェルヌ，またそのライバルであったアルベール・ロビダのSF小説に描かれる水族館のような水中建造物実現といえた。

自然と人工の美の統合

ここで始めて，水中に浮かぶクラゲ類やプランクトンのイメージが建築やデザインのモデルに使われた。同時代のガラス美術家ガレは，ガラスの質感を巧みに利用して透明なクラゲの形をガラス器に活用し，また水槽を彷彿させるショーウィンドーもパリのデパートに飾られることになる。透明で「骨格」にあたる支えをもたず，ひらひらに浮遊するプランクトンの形態は，世紀末建築にぴたりと符合する美しさをたたえていた。

　また「骨格」をもたぬ微小生物の外殻がつくる幾何学的構造，細胞の並び方といった形態も，建築の構造に変革をもたらした。エッフェルはアーチの美しさを「構造美」と呼び，外面を画像や文様で飾る古いデザインに対抗した。ダーシー・トムソンも生物の形態にそのような構造美や幾何学的特性を発見したが，これらを統合するかのようにヘッケルが唱えたのが「美術の一元論」だった。すなわち自然が生む生物の形も人間が創る美的デザインも，まったく同じ形態学的属性に集約できるという発想だった。この結果，アールヌーヴォー期のアートは，プランクトンや微生物など幾何学的な形態がつくる外殻に学ぶことになるのである。

II-05　博物画の現在と過去

　私がこのジャンルのコレクションを始めた30年前，博物画は美術の範疇に入っていなかった。もちろん科学的なヴィジュアル資料であるから科学の記録用だとは言えるわけだが，あらゆる点から検討してみても，美術と同等のクオリティーが存在する作品群であるという考え方は，ヘッケルらの世紀末アート観が忘れ去られたのち，長く，博物画への関心も消滅していたといえる。

　ところが，西洋で1970年代から博物学への関心が復活する。その直接のきっかけは，博物画というジャンルの発掘にあった。18〜19世紀に制作された無数の博物画（主として版画）が美術界でふたたび注目を集めたのである。最初はルドゥーテらによる繊細な銅版画が室内装飾として見直され，ホテルのベッドルームなどに多用されだしたのだが，1970年代後半になると，主にフランスが残した世界周遊博物探検航海の報告書用に刷られた鳥類や魚類の美しい版画が見直された。そして1980年代に至って，自然環境と美術のかかわりが興味の対象に移るとともに，博物学は美術の一ジャンルとして再興されだしたのである。

　博物画は美術であると同時に科学的画像であり，さらに二つの役割を越える「超美術」と考えることも提案されるようになった。

　実際，1980年頃から欧米で開始された博物学ならびに博物画に対する再評価運動は，美術の観念を大きく広げる役割を果たした。現在では，博物画への関心が日本でも高まりを示している。

　そしてもうひとつの変化は，私たち先行の世代が苦心しなければ観ることもできなかった貴重な画像資料が，有益な形で公開されるようになったことであり，博物画を新たな研究テーマにしようとする若い人たちを支援できる仕組みが生まれた。

　この二つの目的を果たすためにこのようなヴィジュアル資料が，武蔵野美術大学にも整ったことは，まことによろこばしい。書籍の旧所蔵者であった私から，博物画の研究についていくつかの糸口を示すべく，本章第5節として最後の論述をおこないたく思う。

博物図は困難な絵である

　まず博物画とは何か，ということである。この点については，本章第1節でふれたが，やはり物足りなさを感じてしまう。そう感じる理由のひとつは，いま博物画を描く人がほとんど見当たらないことにある。なぜ，博物画が描かれないのか。

　現在，昔ながらの博物画を描いているアーティスト，あるいは絵師は，日本でも世界でも，ほとんど見かけることがない。イギリスのキュー・ガーデンにはまだ専門の画家が雇用されており，中国でも，自然史系博物館で博物画を描いている画家が何人か認められている。しかし，こうしたケースはむしろ例外であり，画家が雇用されている場合はごくまれなのである。

　だが，博物画が不要になったというわけでもない。現に，博物研究にかかわる論文のためには細密図が必要であり，写真やCGでは達成できない細密あるいは概念的な表

現も求められている。しかし，専門画家がいないため，分類学を専門とする研究者たちが自身で絵を描いているのが実情といえる。必要だけれども，描ける人がいない，雇えない。すなわち，博物画を描くことがあまりにも大変で，時間を割かれるということに尽きているように，私には思えるのだ。

　たしかに，写真などの新しい描画技術が発展し，手で描く必要が減じたことは事実である。この種の絵が「科学的記録」でなければならない以上は，描画の機械化が欠かせないのも確かであろう。科学が「厳密性」「客観性」を重んじるがゆえに，そこで記録として使用される絵も，同じクオリティーが要求されるからだ。極端な話，はなびらの数，鱗の数と並び方，あるいは細いヒゲ一本一本が実物の忠実なコピーでなければならないのである。

　このような博物画の絵師として脚光を浴び始めた日本人画家がいる。杉浦千里さんという方で，ようやく博物館や美術館などで作品が展示されるようになったのだが，ご本人は惜しくも30代で亡くなっている。ご遺族の方に話を伺うと，家から一歩も出ず，食事もご家族の方が工房の前に運んでいたというくらい大変な仕事ぶりだったそうである。厳密で正確な絵を求められるので，研究者からも厳しい注文が付く。これでは息詰まるのも避けられない。この世界の画家は，まず描こうとする生物の標本，あるいは生体を入手しなければならず，標本作成だけでも何か月かを要するのだ。しかも，博物画は美術として扱われていない傾向がまだ残るため，いくらすばらしい仕事をしても，利益を得る方法もほとんど見あたらない。よしんば出版社が博物図鑑の一部に使ってくれたとしても，使用料はおそらく雀の涙ほどであると思われる。

　にもかかわらず，一枚の絵を書くのに大変なストレスや時間がかかるジャンルなのである。実際の作品をちょっと拡大して見ると，その細かさがよくわかるはずだ。たとえば甲殻類の殻というのは，非常に細かな粒起，つまり点々がたくさんついている。博物画はそのままを描かないといけないため，その点々をひとつずつ描き写さねばならない。手抜きが許されない。魚類学者や生物学者が自分で研究用に絵を描いている現状だが，その方たちからも，ペンで点々を打っているうちに嫌気がさしてくるという話を，よく聞かされる。まして色彩をつけるとなると，作業は困難を極めるものになってしまう。

デューラーも博物図を制作した

このような作業に関し，博物画の実作が記録に残っている画家の元祖が，あのデューラーである。デューラーは偉大な美術家であるのだが，博物画の発展にも大変尽力した人でもあった。

　デューラーに『ネーデルラント旅日記』という日記風な記録があって，岩波文庫の中に翻訳も入っている。非常に興味深い内容だが，画家としての本音がいたるところに出ている。デューラーが描いた作品にお金を払ってくれない顧客が結構いたらしく，デューラーはそうした債務者の館を次々にまわりながら，絵を売った代金回収の旅をしている。デューラーですら描いた絵の代金を回収するのは大変だったようなのだ。

　ちなみに，あのダ・ヴィンチも同じ苦労をしている。ただ，デューラーの場合はそういう顧客回りの旅行の最中にも，珍しい事物に出会うとスケッチに残し，さらにそれ

を版画にして広く販売することもできた。いわば一石二鳥の旅をしていたというのだ。まさしく珍品の情報や記録を販売していた画家といえる。

　彼が動物や植物を非常にリアルに描こうと努力した一例は，「ウサギ」図である。これは，一見するとかわいいウサギで終わってしまうようなウサギの写生図であるが，普通の絵と違うのは，毛の細密写生だ。まず精密な輪郭を描き，それを浄書用の紙に転写し，少しずつ体の色に似合う色，この場合はブラウン系統を薄い色から濃い色へと順々にのせていき，一本一本の毛の質感を表現した作品である。濃い色でにじまないようにして毛を付け加え，光が当たる部分はハイライトを使う。これには科学的知識，特に色彩の科学が必要になる。CGの細密性に似ている気がする。色彩と形態の分析をまずおこない，CGのプログラムを作るようにして絵を描いていたかもしれない。

　このような厳格さがベースとなって，デューラーが描いた博物画は自然さ，生命感，動き，などを表現できたといえるだろう。博物画の非常に重要なポイントは，アートであるのと同時に情報源でもあるという要件を満たす絵という点であるが，ダ・ヴィンチらが登場するルネサンス期からのである。日本の江戸時代でも，大名が領地で見つかった珍しい鳥を絵師に描かせ，それを江戸城で他国の大名たちに自慢することが盛んだった。（これまでに未見の）事物の写生画に対しては，諸藩の博物好きな藩主から，絵を写させてくれという要望も多数寄せられたという。なので，江戸時代の博物画には，同じような絵柄の複写図版が何枚も残っている。コピーの数が多くて，どれがオリジナルの絵か探しあてるのが大変な作業になっているという。

　デューラーも画家として自分の絵が複製にされたり無断でコピーされるのに一番困惑した人だった。なぜ困ったかといえば，木版画のような複製アートも手がけた事情もあるからだと思うが，彼の描いた絵に参考記録性が高かったため，無断コピーが横行したらしいのだ。リアルに描かれている作品は，事物や技術の参考などあらゆる点で資料になったと思う。当然ながら，模写がたくさん出回り，オリジナルである自身の絵と混同され，高値で購入されたりしてしまう。すると，作者の権利は著しく減じることになってしまう。そこでデューラーは自分の絵がオリジナルであることを主張するため，絵に名前を入れることを思いついた。絵の下の方にちょっと描いてあるのだが，自分専用のマークをよく入れているのだ。

体を壊すほどの仕事だった？

職業としての博物画家は，あまり恵まれぬものであったようだ。あまりにハードワークのために，多くの絵師たちが体を壊し，目も悪くしたという。有名なのは初期の博物絵師だったエドワード・リア Edward Lear だろう。ナンセンス詩人として有名なあのリアだが，幼い頃から絵がうまかったので博物画を自分の職業にしようと博物画を習得した。そして，ロンドン動物園に来ていた多種のインコ類をスケッチし，実物大の石版画を起こした『オウム・インコ類』を自主制作・独自販売している。苦しい家計を助ける起業だったそうだが，途中で挫折した。しかし，リアが思いついた手彩色石版，実物大の図でつくる科単位の図鑑という形式は，のちにジョン・グールド John Gould が市民に親しまれるドラマティックな鳥類図譜を制作し大成功を収めることになった。いっぽう，リアのほうは，彩色などあまりに細かい作業に没頭したせいで目を傷め，若くして博物画を

描けなくなってしまうのだ。次の仕事に転身するしかなくなって，風景画家となり，またナンセンス詩人として後半生に名をなした。パトロンだった第13代ダービー伯エドワード・スタンレーEdward Stanleyの別荘に居候していたとき，そこにいた子供たちと遊んでいるなかで，ナンセンス詩を作ったところ，これが評判を取ったのである。しかし，そういう転職もめったに成功しなかったのである。

それでもアート化する不思議

しかし，命まで削って「厳密さ」というストレスに耐えた絵師たちも，人間でありアーティストであることにかわりはない。今見てみると100％科学の絵とは言い切れない人間味もあるという部分に，おもしろみが潜んでいる。つまり，描く側から見ればそこに「解釈させる」という行為が入り，見る側からするとその絵を「鑑賞する」という行為が重なるからである。目玉で見るということは，そもそもコピーの機能を超えている。近年よく言われるのは，人間の視覚は，遠近法を組み込んでいるだけでなく，時間経過をも予測する機能を持っている，ということである。そうでないと，投手が投げるスピードボールを捕手は受け取ることができない。人間の視覚は，ある運動の瞬間を処理するのに0.1秒を要するからであり，このズレのために，ボールを受け取る反応的動作がつねにおくれてしまうからである。逆に言えば創作の部分が付け加わってくるからである。

たとえば，見る側の立場から考えてみよう。ある博物学者が精密な魚の正面図を画家に要求したと仮定しよう。しかしふつうは鳥や魚は横から見て描くもので，正面からは描かない。理由はその動物の「種としての特徴」が表現されないからだ。正面ポーズでは，美しい羽の色も顔の模様も，陰に隠れてしまう。正面から見た魚の顔の絵は，どんなに精密に描いても，資料としては効率が悪い。でも見る側からすれば，「え，魚の正面顔ってこうなの」という新しい発見があるかもしれない。実際，正面顔には種の特徴が出ない代わりに，その鳥の「個としての表情」が出る。つまり個性や性格が現れる。正面顔は，コミュニケーションの機能を持つ。とりわけ，他人の表情をいつも気にして暮らす霊長類ゆえに，表情の読み取りは正面顔を見ることで実行される。たとえば，アニメの人気作『ファインディング・ニモ』は，魚達を擬人化した映画であるけれど，博物画らしく横から描くことはほとんどなく，たいてい正面顔が描かれる。それは，正面顔が気持ちを伝えあうときにもっとも必要な情報，すなわち表情を探るのに最良の箇所だからである。

したがって，科学の絵として魚の正面顔の製作を依頼された画家は，困惑するだろう。科学の絵では御法度になっている表情が，どうしても出てしまうからだ。表情がある。ただの科学図とは言えない，魚の顔というテーマが浮かんで，つい頭の中でいろんな想像を巡らせてしまうこととなる。見る方も勝手に科学の絵から逸脱し，アートを楽しむように見てしまうはずである。

人類3万年の博物画展を開催できる

ここで，私がやってみたい美術展企画が一つ生まれてくる。ふつうの美術展はルネサンスとかアール・ヌーヴォーとかという100年とか200年ぐらい，せいぜい1000年くらいの限定されたスパンで人間の美術的行為を眺めようとする。しかし，できれば一番長

いスパンで人間が描いた美術をトータルで比較できればおもしろいはず。そこで最長を考えると，アルタミラ洞窟などで発見された動物画が思い浮かぶ。これだと，1万年前後の人間アート展が出来上がる。ネアンデルタールを含めた人類が残した絵で，いちばん古いのは2万数千年前のものといわれている。そこで人間とアートの歴史を3万年と見積もればいい。

　さいわいにも，古代人はほとんど動物の画しか描かなかったようにみえるほどなので，マンモスの絵だけでも1万年といったようなスパンの美術展を開くことも可能である。古代人の絵は，まだ絶滅前のマンモスを生きた状態で写生した絵，また現代人には発掘された化石などから復元図としてのマンモスを出品してもらう。いっぽうは，写生のリアリズム，他方は，科学的復元のリアリズムと，切迫した対決になりそうだ。という企画をずっと昔から抱いている。このマンモス対決では，古代人が描いたマンモス写生図の方がはるかにリアルで美しい作品を描いているので，断然の勝利となるだろうけれど。

　この展覧会は，時間をさらに3万年ほどさかのぼらせれば，ネアンデルタール人のアートとの対決も可能になる。こういう博物画対決なら，人類の美術はもっとおもしろくなるにちがいない。若い方にぜひやっていただきたいのは，そのような規模の人類美術史なのだ。このとき動物画はまさに中心画題になるだろう。

死物を活物に変える努力

博物画の話に戻ろう。19世紀の前半ぐらいまでの絵は，まるで生きているように標本を復元して見せるのだけれど，実はほとんどのモデルは死んでいる，という事実だ。死んでいないと運べないし，保存もできない。動物園がロンドンにできたのは19世紀だから，そのころやっと動物画は写生が利くようになった。それまでは，ほぼすべて死骸か標本のにずなのだが，生きている姿も結構多く残されている。これはどういうことなのか。

　生きている動物というのは本当に誰かがプライベートで飼っている以外はほとんど見られなかった。それなら，この絵はどうやって生きている状態を示せたかと言うと，剥製にするか死骸を持ってきて保存するかのどちらかだった。図版を作る時はなるべく生きた状態のように表現することに苦労したようだ。

　こうした「死物」を描く洋画の技法が，明治になって日本人を驚かせるシステムになる。高橋由一が油絵の一ジャンルである「静物画」を日本にもたらした。その一例が，「鮭図」，あの有名な鮭の干物の図である。

　みなさん，不思議に思わなかったろうか。なぜ鮭の干物を描かなきゃいけないのだと。もっと花とか，美人画とか描きようがあるだろうと。西洋の絵には聖人が描かれているものや，ドレスを着た貴婦人の絵がたくさんあるのに，なんでこんな干物を描かなきゃいけないのか。リアリズムとは「見たまま」を描くことなのか。

　いや，そうではなかったらしい。現に，博物画では，死んだ標本が生きているかの如く描かれていることから見て，むしろ死骸を生前の姿に復元した方が「リアルな絵」と感じられたに違いない。また，高橋由一の中で私が一番好きな絵に四国の金刀比羅宮に奉納したという豆腐図がある。油揚げと焼き豆腐と，ちょっとひからびた豆腐が描かれている。豆腐の「死物画」といえる作品である。日本人だったら，冗談で描く場合の

み，このように描くかもしれない。たとえば北斎などは変わった人だったら，そういう予想外の絵を描きそうな予感がする。だが，それは俳句のような「諧謔」の作法ではなく，これこそが真面目なリアリズムだった。じつは，これこそ西洋のアートの基本だった。死んでいるものを生きているものように見せる。つまり死物をどう描くか。リアリズムの源は死物にあったといえるかもしれない。

　先ほど見た博物画の流れから言うと，鮭の絵や豆腐の絵は，まさに西洋の人々の考えていた精密で正確な絵，つまり標本画だったといえる。

植物図譜と実践的な描写

また古代に話題が戻るが，植物学，とくに医薬に特化した本草学では，古くから「絵」と言う情報の有益性が認識されていた。医薬学の祖といえるディオスコリデス Pedanius Dioscorides が絵を重要視したのは，その一例といえる。ポントスという地方に君臨したミトリダテスという王が制作させた毒物図鑑の影響だといわれている。ミトリダテスはローマ人と年中戦っていた。ヨーロッパとアラブ地域のちょうど中間，ボスフォラス海峡あたりに住んでいたこの王は，ローマ人を相当数殺した凶暴な人物であったが，当時毒殺が大変流行していたことにたいへん敏感であった。そこで王は毒物の参考書を作成する必要を感じたのである。イタリア人は，ルネサンスに至っても相当毒殺を実行しており，その毒殺が流行った理由のひとつがディオスコリデスによる有毒＝薬物植物の参考書にあったともいわれる。じつはその本に絵を付けさせたのがミトリダテスであった。自分も毒殺を実行しており，周囲の敵にはスパイを送って，毒殺することがこの時期の常道であったから，彼は若い頃から本草学，植物学に大変関心を持った。ミトリダテスも手作りで「薬草誌に絵を付けた本」を作成したといわれる。これは毒に使える，これは食べ物になるとチェックするためにそうした資料が欠かせなかったのであろう。とりわけ毒と薬に使われている植物について，ミトリダテスは自分で生体実験をおこなっている。少しずつ食べては「あ，ちょっとしびれた，これは効くな。二日目に食べるとどうなるのか」というテストを重ねるうちに毒に慣れて，毒をしかけられても死なない体質にするという実験を，実際におこなった。そのために作成された基本的な資料が，ルネサンスに至るまで図譜として使われたのである。ちなみに，ミトリダテスは逸話の多い人物であり，ずっと毒味を続けた結果とうとうかなりの毒にも耐えられる肉体になったといわれる。戦争に敗れた王は，捕虜になりたくないから部下を呼び「余はこれから自決するから毒をもってまいれ」と命じたそうなのだ。しかし，部下が一番効きそうな毒を何種類か持っていったにもかかわらず，どれを飲んでも死ななかったとされる。

　ちなみにディオスコリデスという人は他分野でも重要な役割を果たした。それは染料を開発したことだった。中国風に言えばエンジ色，つまりカイガラムシという虫から取る色彩，真っ赤な色を見つけ出したのも，この人だった。カイガラムシはアブラムシみたいな形をしているのだが，葉っぱや木にしがみついてじっと動かず木から樹液を吸うタイプの虫である。あまり動く必要もないのでだんだん脚が退化してコブのようにくっついてしまう。色彩の中でカーミンという色を出す虫がヨーロッパで見つかってこれが染料として大ブームになった。これを見つけたのもディオスコリデスだという。

ヨーロッパではディオスコリデスが出てくるまで赤い染料が入手できなかったと思われる。真っ赤な色彩がカイガラムシから得られたということで絵も進歩したであろうし，また薬にも使えたはずであるから大変な役割を果たしたといってよい。

じつのところ14世紀半ばぐらいまではこういう本が古代ローマから生き延びていたにもかかわらず，ほとんどの医者はどれが毒でどれが毒でないかを知らなかった。ゆえに，多くの過ちが発生したらしい。だから職業医者は信用されず，修道院やキリスト教会でも薬を売り歩く人間に頼ることもできず，自分たちで薬草園を作って自分たちの手で間違いないと思った薬草を栽培するようになっていた。これがきっかけで，イタリアの温かい地方では薬草園の壮大なものを作り，いい薬草を作って病気になった人を救うという宗教的にとても重要な役割が成立することとなるのだ。このあとルネサンス期からが，リアリズムを重んじる博物画の真の歴史となるのである。

科学革命と図鑑革命の原理―自分の眼で見よ―

さて，薬物と植物の科学がどうやって革新を果たしたか。西洋の場合は，わずか半世紀のあいだに薬学に大改革が起きてしまう。それはルネサンス期のドイツだった。自分たちの目で実際に見るものだけを信用しようという動きが，本草誌や植物図鑑に出てきたのである。

たとえば，チコリーという青い花が咲く植物の図がある。特徴は，根を必ず描いているというところ。薬効成分をとる場合，花とか葉っぱとかいろんなところを使うけれども，根が一番重要だった。そこで，根がちゃんと描かれていなければならないということになった。

昔のインキュナビュラ（初期活字印刷本）とそれ以後の新しい図鑑とを眺め較べるとき，わずか50年くらいで世の中の風潮が一気に変わるものだということをつくづく実感させられる。この時代，1400年頃から以降，図鑑の絵は変化し，デューラーや，ゲスナーらが出てくる。ちょうどこういう風潮が出てきた後にリアリズムの巨匠たちがヨーロッパには登場してくるのだ。

当時出版はドイツが勢いを得ていた。フランクフルトで本の市が開かれていたので，その市を目当てにして印刷物を持ち寄って売りさばくという本屋の流通システムが成立し，印刷所もドイツ周辺に多数生まれたのだった。そういう人々が薬草の図鑑を改めて作りなおすことになる。それまでは写本だったのが，いよいよ活字印刷本を作る技術がドイツで発達していく。デューラーが木版画を作ったという前提が，活きてくる。その先兵として，1542年にレオンハルト・フックスLeonhart Fuchsの有名な植物誌『本草譜』が出る。

これまでのような中世の模写本ではない，実物を重視した絵，中世とは全く異なった絵であった。人間の顔も全部表情が出てきた。しかも，上の植物図鑑の冒頭には，本来だったらこれを出版した学者フックスの肖像が出てきても不思議ではないのだが，この本では実際の植物を見て描いた図であるという信頼が売りになったがゆえに，そのシンボルとして最初に掲げられた絵が，精密な原図を描いた絵師と，その絵を版に起こした製版師と，その板を削る彫り師の三人の肖像画になっている。驚くなかれ，本の著者を差し置いて図の制作者たちが掲載されているのだ。これだけリアリズムの絵が本草図

譜の信用を売るために重要になったといえる。

豊かで幸福な博物画も生まれた
ドイツでこのように初期のリアリズム図鑑が発達した理由についてだが，デューラーが出てきてウサギのような精密な絵を描いた背景のひとつとして，この頃ドイツ周辺でフランドル派という画風が生まれ，オランダに栄えた事実がある。オランダは新教国であるということも大きな影響を及ぼし，古めかしい聖人の絵を崇拝するのでなく直接聖書を読み精神的な寓意を重んじるという近代的な精神が現れたのである。それがやがてスティルライフ，すなわち「静物画」として発展した。自然物の写生を重んじ，リアリズムを大変貴重な武器として使う絵となった。理由は，フランドル地方やオランダ地方の人々，とくに商人が，自分たちの生き方が豊かで満足で素晴らしくリッチだと証明するための中産階級絵画を必要とした点にあった。どれくらいリッチかと言うと，食卓に食べきれないほどのフルーツやデザート，コース料理やお菓子が並んでいるのが一番リッチな証拠だ。そして，このようなリッチアートとでも言えるような，不思議な絵が生まれてくる。家を飾るきれいな観葉植物や食べ物や美しいお皿や，背景の中に明るい光やスポットライトが出て，全体がリッチな絵になっている。この場合いかに美味そうに，あるいはこれは珍しいと思わせるためにリアリズムが必要だった。

　でも，別の問題があった。美術では，すぐにぶつかる問題だが，新教国ではマリアとか聖人のような絵を描いて崇拝するようなことを野蛮な信仰とする風潮が生じ，もっと自然で世俗的でシンボリックな絵を代わりに使おうという新しい要請が生まれたのである。そこでこの要請に対応したのが，この時に力を発揮していたリアリズム・アートである。いろいろリッチなものを並べていくうちに，宗教的な意味が寓意として盛り込めるようになった。これが段々に静物画の方向に動植物を活用させる原動力となるのだ。果物だけだったら感覚的に美味しいということを演出するだけだが，同時に宗教的な意味合いもあるということを知らせる新しいタイプの情報を加える方向に進んだ。そこで都合がよかったのが，すでにアリストテレス時代から発生していた「動植物の道徳学」であった。動植物の姿や生態を学ぶことで人間の倫理を知る方法である。代表例はイソップ寓話であった。植物では「花ことば」が有名になる。「純潔」をあらわすシンボルが「白ユリ」とされるように。また宗教図像学の方面でも聖人の性格を示すシンボルが決められていった。キリストが魚にたとえられたように。死を想え，と言う名文句をはじめ，寸言，警告のような絵を自分たちの家に掲げる，おもしろい風習も出てきた。その頃に使われたのは大体「この世は儚い」という警句だった。どんなにリッチでも死んでしまえば，あっという間に終わってしまうぞ，と，ヴァニタス，虚しさ，が大きなテーマになった。リッチな絵であったものが，行き着いたのは「死」という哲学に変化してしまうのだ。

　たとえば蝶は精神や魂・プシュケという言葉でそのまま通じ，魂のシンボルが花に近づく蝶として描かれる。バッタもいろいろな意味合いがある。害虫の意味もあるが，イソップ物語的に言えばキリギリスは歓楽的な生き方のお手本にもなる。貝殻は生物の死骸ということで死のシンボルである。死んだあとに残されたものである。だから貝殻が転がっているという絵はあなたもいずれは貝殻のように死んで物に戻るよということ

を示している。センシティブな人はすっとわかるのだ。今日はお相伴に預かって宴会で楽しいけど、明日は私も死ぬかもしれない。途端にその貝が哲学的な意味を生み出すという役割を果たす。

奇跡の昆虫図もドイツから

ここらで植物画を離れ、動物画のほうにも目を向けてみる。この流れにあるのがまたドイツなのだ。それも、女性博物画家を紹介したい。この人も今非常に関心が盛り上がってきた重要人物で、ドイツでは彼女の肖像が切手にもなっている。マリア・シビラ・メーリアンA.M.S.Merianという昆虫図鑑の一大傑作『スリナム産昆虫の変態』を制作した人である。

　彼女は、デューラーが始めた版画出版業を拡大させ、絵入り本のための図版制作で一家業を興したメーリアン家の娘だった。生家は、いわば版画ビジネス、複写アートの大店だった。その関係で、幼いころから昆虫の観察にも興味をもった。特筆すべきは、彼女が昆虫を研究し、昆虫が変態する過程を明らかにし、それを図鑑化したことである。これは偉業といえる。デューラーのリアリティと、その裏に含まれる寓意のような装飾性とを、共に関心の中心に置くことができたアートの尖端女性画家だった。昆虫が変態するというのは一種の神の奇跡であり生命の不思議さのシンボルだという認識を持った女性でもある。

　彼女は、毛虫の状態から蛹になり蝶もしくは蛾になるという一連のプロセスを一枚の絵の中に描く手法を磨き上げた。つまり、時間を可視化した。今までにない発想といえる。

　メーリアンはこういう絵をたくさん描き残した。彼女は近代的な女性でもあって、51、2歳の段階で南アメリカのスリナムにまで行き、動植物を研究した。その彼女が今なぜ注目されるかというと、博物絵師と同時に、女性として、家のしがらみを断ち切り、ダメな夫と離婚し、自分の意志だけでアメリカに渡り、そこで昆虫研究をするという自由で強固な意志の女性だったからである。もうひとつ、当時アメリカで行われていた奴隷の酷使や非人道的な処遇を批判し、奴隷制度は人類が行うべきことではないと告発した女性でもあった。

　その頃スリナムを始めとする南米の奴隷社会では、女性たちが「ある植物」から避妊薬をとって密かに服用することが流行していたという。博物学者である彼女はどういう薬を使っているのかというのを研究し、その裏に隠された非人道的な秘密をあばいた。奴隷の女性たちが避妊薬を使わなければいけない理由。それは雇い主の白人男性が彼女たちを無理やり性欲の捌け口にしたことだった。しかも、妊娠すれば、生まれてくる子の運命は過酷なものになったと思われる。そこで現地女性は子を産まぬことで白人たちに抵抗したのだという。彼女たちを私物化し不幸の底にたたき込んでいる奴隷制度に問題があると、メーリアンは勇気をもって告発した。

博物画を国の美術にしようとした大帝

サンクト・ペテルブルクという美しい都を築いたロシアのピョートル大帝は、技術屋であり、歯医者の資格を有し、博物学に興味を持ち、また歯医者の技術をもって片っ端か

ら臣下の歯を抜きまくったという，じつに興味深い啓蒙君主であった。今でもピョートルというと，サンクト・ペテルブルクでは歯医者の王様だとささやかれるほどなのだ。よくよく博物館で聞いてみて，歯医者になったという着想は賢い方法だったとわかった。家臣はややもすると汚職に走りがちになるため，「今日はお前の歯を診察してやろうぞ」と誘いかけるだけで，家臣はすごいプレッシャーになったらしい。なぜなら，汚職をした家臣はピョートルにいいも悪いもなくいきなり口を開けさせられ，歯を抜かれるからだった。そうやって抜かれた歯も残っている。博物館で，抜かれた歯を確認すると，虫歯ではないのに抜かれている。だから多分，歯を抜くことは処罰だったと思われる。そのぐらいの不思議な人物だったのだが，サンクト・ペテルブルクを新しい都として，しかも啓蒙的な，科学的で合理的な精神を培おうとした時に，ピョートルはこの都を飾るアートディレクターを探した。

　国を飾る絵は装飾的なものではなく，科学的な博物画が最適だと考えてのことだったらしい。ピョートルはヨーロッパを旅行して，候補者を探しまわった。たまたまオランダで博物画の製作に励んでいたメーリアンのうわさを聞きつけ，彼女の博物画をすっかり気に入ったという。わざわざオランダまで出向き，彼女が出版した昆虫図鑑の原画をはじめ，多くの作品やオリジナルの原稿類を買いあげた上に，サンクト・ペテルブルクに来て首都のアートディレクターになってくれまいか，とピョートルが依頼した。しかし当時彼女はマラリアにかかっていたために，この誘いは不調に終わった。けれども，かわりに娘さんがサンクト・ペテルブルクに招かれている。今でもサンクト・ペテルブルクに行くと彼女の原画がたくさん残っている。版画は日本にも出まわっているが，このオリジナル絵はもう驚くくらい美しい。

　みごとな彼女の絵で，とくに興味を惹かれたのがヤシガニの図だった。平賀源内が入手したルンフィウス Georg Eberhard Rumphius という人の『アンボイナ島珍品集成』という本に，彼女の博物画が入っている。私も平賀源内が買った本を全部見ようと思い，この図鑑を入手した。それは彩色画でなく墨一色の銅版画だった。すばらしい絵だが，ただ，このヤシガニが二匹も並んでいることの意味が気になった。同じような動物を二つ描くということは珍しいことなのだ。というのは当時の版画は高価になりがちだったからで，同じような図を二回彫ればコストが倍に跳ね上がる。そんなことは，よほどの理由がないとやらないはず。余計なことはやらず，なるべくコンパクトに一枚の絵に多様な情報を入れることが重要だったからである。それにもかかわらず，同じようなヤシガニを二匹，足を伸ばしているのと畳んでいるのと変化はあるけれど，わざわざ並べていることが，私の20年来の疑問であった。しかし，サンクト・ペテルブルクへ行って大量に残っているメーリアンの原画を見せてもらった時に，この謎は解けた。じつは，この絵の意味は彩色図でないとわからないのだ。赤いのと黒いのが描き分けられていたからである。赤い方は茹でた図（食用にされたものらしい）。いっぽう，ヤシガニの実物は普段は黒っぽい色をしている。つまり，この絵は，茹でた状態と，茹でる前の生時の絵だったということが，原画でわかったのである。原画段階まで見ないと謎が解けないという博物画が，かなり存在するという見本だ。

　以上，断片的ながら博物画と，その作者たちの歴史を垣間見た。メーリアンほどは

華やかでなくとも，博物画の絵師たちにまつわる物語には，メーリアンに比肩できる興味深い例はたくさん存在する。

　それらに対して新たな理解や関心を向けることが，これからの人々の役目である。そうした建設的な発掘は美術と科学の隙間を接近させる。若い方々の新鮮な問題意識が，博物図譜のようなクラシックな出版物をも現代に蘇らせることを信じたい。

(以上，2010〜2012年にかけて武蔵野美術大学でおこなわれた「博物図譜とデジタルアーカイブ」展における特別講演を要約したものである。)

III 書物からアーカイブへ

Ⅲ-01　美術大学におけるデジタルアーカイブの試みとは

寺山祐策

　武蔵野美術大学が荒俣宏先生の旧蔵図書収蔵を検討していた折，教員としてその教育的意義を尋ねられた私が，単に収蔵するにとどまらずデジタルアーカイブ化までを射程にしたい旨の構想を最初に抱いたのは2004年前後であったと記憶している。それから現在までこの分野における変化は劇的なものがあり，今日では文化資料のデジタル化とその活用は国際的にも必須の推進事業となり，日本でも様々なプロジェクトに巨額の予算が投じられて現在進行形で展開している。それらの意味するところは医学・工学系のみならず人文科学や芸術なども含んだビッグデータと人工知能などを組み合わせた，新たな知の組み換え，創発が現在目指されているということなのだろう。本書の序文で私たち少人数スタッフによる本学のデジタルアーカイブの試みが「無謀とも思われる」と述べたのはそのような文脈においてである。

　さらにまた図書館の中枢である書物保存に関してもその波は押し寄せており，紙媒体からデジタルへという風潮も動かしがたい事実のようである。しかしながら私たちのようなデザインと美術を専門とする者の今回の試みにも幾許かの意義があるのではないかと考える。私たちのプロジェクトの特色を挙げるならば，ひとつは私たちの志向がデジタル情報と物質的な書物双方の新たな共存と可能性の模索にあり，デジタル化によって物質的な書物の重要性が減るのではなく，むしろ高まっていくのではないかと考えていることだ。例えば物質的な書物のリアリティはその背後に存在したであろう多くの人間の実在を強烈に提示することができるが，視覚のみのデジタル情報ではそれが決定的に失われるのだ。

　またアーカイブの設計において私たちはあえて一般常識とは異なり，そのエンドユーザーに抽象的な「普通の人々」を設定しなかった。私たちが設定したのは旧蔵者である荒俣先生であり，インターフェイスの設計において，例えば彼が自宅で書物を前にして自由に研究ができる状況を想定し，そのために必要な具体的操作性をデザインの単純なミッションとしたのだった。具体的には図像，テキスト，見返し，表紙など，すべてが均等に見られること，画像の質を最高レベルにすること，普段ルーペで見ている細部をそれ以上の拡大率でストレスなしに見られる動作性を確保することなどである。それ以外に実現した資料を時系列やカテゴリー別に検索できる機能，航海航路などのダイヤグラムや地図の補足，荒俣先生の講義ヴィデオの閲覧機能などは言わば副次的なものである。このようなアプローチは当時としてはかなりユニークなものだったと思う。

　結果として公開されたアプリは現在でも学内外を問わず好評のようで，携わってきた私たちとしては大変嬉しく思っている。本書の読者の方にもぜひ経験していただきたい。この章ではそれらを協働したスタッフによるドキュメントを掲載させていただくこととした。

III-02　特装本『博物図譜とデジタルアーカイブ』の発刊について
(『博物図譜とデジタルアーカイブ』特装本 2014 年刊行より一部修正のうえ再録)

寺山祐策

　本書は 2010 年から 12 年にかけて行われた「博物図譜とデジタルアーカイブ」展の 5 回にわたって刊行された図録を一冊にまとめ，加えて展覧会を実行した「造形資料に関する統合データベースの開発と資料公開」プロジェクトの具体的な活動を記録，保存することを目的に編集されたものである。これはこのプロジェクトの当初から構想されたものであった。つまり私たちは展覧会などを含めた造形資料の公開活動と（デジタル）アーカイブ化活動自体をどのように記録するかということも課題の一つと考えていたのである。

　これまでの展覧会ごとに刊行された個別の図録もその意図に沿って編集とデザインが行われてきた。例えばこれまで図録で紹介した多様な貴重書群は解剖図譜や旅行記，植物誌は，内容と時代も含めてランダムに配置されている。諸々の理由によりあらかじめ系統立てた編集を意図的に行っていないそれらを，購入者が自らの方針で多様に再編すること，つまり読者が編集や造本に参加することが可能な書物が目指されたのである。具体的な仕組みは，各図録の各貴重書の紹介頁やテキスト頁は原則 8 頁（一丁）単位で作られ，いわゆる簡易装（フランス装）で造本されている。ノンブルがあえて付されていないのは最終的に（全巻が揃った時点などで）所有者が一旦，折をばらして（糸をはずして折ごとに分解し）自由に再編集，リ・バインディング（再製本）できることを意図したものであった。展覧会の期間中にはそういった図録の性格を理解してもらうべく再製本の試みが藤澤彩里氏，谷田幸氏によって行われ展示された。

　また各巻には毎回，荒俣宏氏による（その巻の前に行われた）講義の記録が付されてきた。いわば図録自体に内容も構造も自己完結することのない「開かれた記録」としての性質を持たせることを意図してきたのである。

　今回私たちが編集した特装本では各書物を基本的に出版順に並べることとした。それに加えて展覧会ごとに制作したチラシ，グッズ，地図などの配布資料等も可能な限り収めている。また今回の出版にあたり新たに追加されたテキストがあるので簡単に紹介しておこうと思う。まず上記の経緯により収録できなかった荒俣宏先生の 2012 年に行われた総集編的展覧会における講義「博物画入門―科学と芸術を行き来するアート―」を本書に収録することができた。

　次に本学美術館・図書館において貴重書をコレクションしてきた歴史的な経緯を含めて，造形研究センターにおける「造形資料に関する統合データベースの開発と資料公開」プロジェクトの 5 年間にわたる研究活動の概要〈博物図譜コレクションのはじまりから研究活用まで：「荒俣宏旧蔵博物図譜コレクション」をめぐって〉を本庄美千代氏に執筆していただいた。また本プロジェクトの中心のひとつであるデジタルアーカイブの計画から完成までの経緯について，これを粘り強い努力によって成し遂げた二人の開発担当者である大田暁雄氏と河野通義氏に〈タッチパネル閲覧システムから「MAU M&L

博物図譜」開発まで〉を執筆していただいた。また全巻に共通する「人名録」と「参考文献」「博物図譜年表」を新たに加えることができた（年表に関しては後述）。人名録，参考文献，年表はサポートスタッフである本庄美千代氏，河野通義氏，田中知美氏と私によって編集され，デザインは図録やポスターと同様，谷田幸氏によってなされた。

　本書の成立のために数年にわたり印刷物を保管していただいた株式会社山田写真製版所の献身的なご協力があったことを記しておきたい。また特装本は上記のような私たちの意図を汲み取ってもらい開かれたドキュメンテーションとしての造本が毛利彩乃氏によって設計され有限会社美篶堂で製本された。

博物図譜史年表について
2008年からスタートした武蔵野美術大学造形研究センター第一プロジェクトは，造形資料に関する本学独自のデジタルアーカイブの構築というミッションとともに，もうひとつの大きな目的をもっていた。それは近世（主として17世紀後半から18世紀）から20世紀初頭までの博物学の世界的な興隆とそれに伴ってヴィジュアルコミュニケーションがどのように発展してきたか，またそれらが今日の私たちが日常的に用いている視覚言語にどのような影響を及ぼしたかを探ることにあった。2006年以降体系的に本学に収蔵されはじめた博物学の第一次資料にあたる貴重書に触れる機会を得たことは，美術・デザインを学ぶ私たちにとって大きな刺激と示唆を与えてくれるものであった。しかしながら，資料公開のためのこの展覧会企画作業の中で私たちが最初に痛感したことは，当初の目的を達成するための道標となるべき，博物図譜通史というものが未だに作られていないということであった。本書の参考文献を見てもらえればわかるのだが，博物学史に関する研究はあるものの，まとまった博物図譜史というものはほとんどないと言ってよいように思われる。また例えば博物学史上のある貴重書籍，ある博物学者に関する詳細な研究文献はあったとしても，それが全体の歴史の中でどのような位置を占めているかが，なかなか見えにくいのである。またヴィジュアルコミュニケーション史的な視点から言えば，それらが印刷技術史や造本・デザイン史，美術史の文脈でどのような意味，関連性をもつかも見え難い状況であるとも感じたのである。

　そこで私たち自身が博物学，あるいは博物学史における専門家ではないことは承知の上であったが，自分たちの理解と研究のための基礎資料として手に入る限りの文献資料を参照しつつ，博物学史的な資料を軸とし，可能な限り実物（少なくとも複製物などの書影）を見ながら博物図譜的な観点から重要であると判断したものによって年表を制作することとした経緯がある。その中には本学に収蔵されている書物も当然含まれている。内容（博物学）と形（図像）は両輪であり切り離すことはできないという観点からも，自らの知識の不足が原因とはいえ行ってきた作業は大変困難なものであり，現時点でのひとまずの経過報告に留まらざるを得なかった。当然のことではあるが「博物学史」の含んでいる専門領域は余りにも広大であり，私たちの試みはある意味では無謀なものであるかもしれない。この年表は2012年の「博物図譜とデジタルアーカイブ」展Ⅴにおいて来場者への参考として供すべく会場に掲示されたものをさらに修正したものである。またこの時点では本学コレクションの中心は西欧の博物図譜が中心であったが，当然今後は日本の特に江戸期における博物図譜の多様な展開に関する研究の必要性も痛感され

たので，年表は日本と西欧諸国とが比較参照できるように制作された。以上の経緯からこの年表には不十分な点が多々あるかと思われるが，これを起点として修正を加えながら私たちは更なる探求を進めたいと念じている。またこの年表が今後博物図譜史研究を志す方々の一助になれば幸いである。

ヴィジュアルコミュニケーション史における5つの観点

最後に私たちが博物図譜史年表を制作し展覧会を企画する過程で着目したいくつかの観点について簡単に触れておきたい。博物図譜史は言うまでもなくヴィジュアルコミュニケーション史に内包される。ヴィジュアルコミュニケーション史は言い換えれば視覚記号の歴史でもある。私たちの研究が幾許かの価値を有するとすればそれは視覚記号として博物学史を捉え直そうとしたところにあると言い得るかもしれない。博物図譜史をそのような視点で捉え直したとき，いくつかの軸が必要になってくると思われる。以下はそのための仮説でもある。

　私たちが見い出した第一の観点は「実在性（リアリズム）」の描写をめぐるものである。特に人類が写真装置という機械を手にする以前の，目の前にあるものをありのまま（実在的）に記述するとはどのようなことであったか。物，事，風景に対する当時の人々の認識していた正確さ，科学性，客観的な記述とは具体的にはどのような形式と手法で表象されたか。

　第二は「空間の捉え方」をめぐる観点である。私たちは博物図譜史の中にミクロ，マクロ両レベルへと視覚が拡張していく過程を多様な図像を通して見ることができる。解剖図や細胞など身体や種などの細部への視線（意識）の拡張を私たちは読み取ることができる。また地図の記述法の変遷，フンボルトの図像が示すような生態学的な地勢図など環境的な視線の図化の始まり（あるいは図像化を通して影響を及ぼされた環境という概念の変化）などもこれに含まれるだろう。

　第三は「時間の記述」である。ここには植物や昆虫などの生態の変化をどのように記述したかということを始めとして，静止した図の中に動的な時間をどのように描くかといった様々な記述の試みを見ることができる。そこには生きている状態をどのように捉えて描くべきかといった視点を読みとることができる。

　第四は「関係図」である。特に19世紀以降に顕著になるそれらは，今日「ダイヤグラム」と私たちが呼ぶものの原初的なものである。植物学における種の交配図など「目には見えないが存在」する生態的な関係の記述を私たちは見ることができる。また複数からなる図の構成による意味の統辞論的生成の複雑なプロセスもここから始まる。今日私たちが使用している多様なダイヤグラムが博物学的な探求の必然の中から産み出されてきたのではないかという可能性を私たちは仮説することができるだろう。

　第五は言わば「複製技術的」な観点である。描画技術の質，印刷技術，タイポグラフィ，レイアウト，文字と図像の相互作用，造本形式などである。今日のグラフィック表現の基本構造のひとつに博物学的な「物の収集」から「展示」へ，そして複製された紙面上へのアーカイブとして展開する歴史的な経緯のなかで，徐々に一般的な「見せる」ための手法が生成されたのではないかといった仮説もそこに見出すことが可能である。

　否応なく今日的な意識や視線に捕われている私たちが，かつて描かれたもの（人々）

の真意を読み取る作業は実は簡単なことではない。そのような意味で本書に収録されたテキストが示しているように荒俣宏氏が連続して行われた講義において（あるいは打ち合わせなどの折に触れて）、様々な角度からの示唆的な「読み方」「楽しみ方」を教示して下さったことは大変貴重な経験であった。またデジタルアーカイブの構想、タッチパネルからモバイルメディアへの展開の中で、常に適切なアドバイスと激励を下さり、現時点においては出来る限りの成果を得ることができたと思う。記して感謝するものである。

展示会場風景（上2点，左下：第Ⅳ期／右下：第Ⅴ期）

III-03　博物図譜コレクションのはじまりから研究活用まで：
「荒俣宏旧蔵博物図譜コレクション」をめぐって
（『博物図譜とデジタルアーカイブ』特装本 2014 年刊行より一部修正のうえ再録）

本庄美千代

はじめに

武蔵野美術大学美術館・図書館にはさまざまな貴重書や特殊コレクションがあるが，なかでも「荒俣宏旧蔵博物図譜コレクション」は一定の社会的認知を得た当館の貴重書コレクションの柱のひとつとなっている。ここでは，当館の開館以来，創設者コレクション（金原・服部文庫）を除いては，はじめてとも言えるまとまった形での荒俣宏氏（現武蔵野美術大学客員教授）の旧蔵稀覯書コレクションが当館に収まった経緯，そして学内外における研究活用に資するために，我々スタッフが担った 5 年にわたる博物図譜のデジタル化とデータベース化等に関する研究サポート，および 2 年半にわたる博物図譜関連年表作成の活動記録を残しておくことにする。言い換えるならば，膨大な貴重資料の購入を契機として，それが先端研究の対象となり，専門研究者によってデジタルアーカイブ化の手法研究が進展する一方で，高解像度スキャンを成し終えたデジタル資源の公開手法を世界博物航海記の年表化と結びつけた研究サポートチームの活動記録でもある。こうした活動は，単に稀覯書の購入にとどまらず，今後当館が所蔵するあらゆる貴重書の研究活用の広がりに向けたひとつの参考事例にもなるだろう。

　まず，本学におけるあらゆる研究資源の統合データベース化に主眼においた本格的な研究体制のスタートは，2008 年に全学的な研究拠点として創設された造形研究センターの設置と，同年文部科学省「私立大学戦略的研究基盤形成支援事業」に採択を得たことにはじまる。具体的には，造形研究センターが掲げた研究目的「造形資料に関する統合データベースの開発と資料公開」に沿って発足した「近代デザイン資料及び美術資料の統合データベースの開発と資料公開」の 5 か年計画研究活動である。そのプロジェクト長である視覚伝達デザイン学科寺山祐策教授を筆頭に内外の研究者 12 名が，研究プロジェクトの一環として，2013 年 3 月まで博物図譜コレクションのデジタルアーカイブ化を目指した手法研究ならびに図像研究，視覚言語分析，印刷技法の比較研究，視覚表現史研究，造本の比較研究などを狙いとした多面的なアプローチを重ねてきた。そこに客員研究員として荒俣宏客員教授が加わってくださったことは，プロジェクトの推進において大きな励みでもあった。

　5 か年におよぶ研究プロジェクトが完了した今，「荒俣宏旧蔵博物図譜コレクション」に関する研究成果を公開した 5 回にわたる展覧会図録の特装版制作に合わせて，博物図譜コレクションを所蔵するに至った背景と，これまで関わってきた研究サポートチームの活動の概要を報告する。

博物図譜コレクションがなぜ必要であったか

当館は発足以来，貴重書購入にあたっては，教育研究に資する美術・デザイン領域における研究資料としての価値判断について慎重な選定のプロセスを有している。それは

1997年に制定された美術館・図書館規則に資料の収集分野として「絵画」「版画」「グラフィックデザイン」等の諸資料が掲げられた館のコレクション構築における一定の方向性に依っている。

　当館では，既に貴重書コレクションの一部として博物学関連資料や解剖学関連資料約40点が所蔵されていた。それらを購入した時期は1980年代後半から90年代初頭の頃であるが，当時，それらの購入にあたっては，博物図譜コレクションとしての位置づけをもった収集観点ではなかった。ちょうど1970年代の頃，わが国では従来の商業デザインという枠を超えて視覚表現を含む新たなデザイン分野として，「ヴィジュアルコミュニケーション」が注目され始めていた。本学におけるグラフィックデザイン分野においてもそうした方向性を含んだ新たなカリキュラムや教育研究のあり方が研究者の間で議論されていた時期でもあった。当館においても，そうした学内研究者の声を背景に，資料収集の観点として「ヴィジュアル」資料に関する捉え方が徐々に広まっていったことを記憶している。また，博物図譜等の稀覯書に限らず，当館の資料選定のひとつのポイントに「挿絵の歴史」「印刷の歴史」「印刷技法」「版画や版の技法」に関する資料収集の観点があった。例を挙げると，ジョルジュ・ビュフォン（Georges-Louis Leclerc de Buffon, 1707-1788）の『博物誌』，トーマス・ビューイック（Thomas Bewick, 1753-1828）の『ビューイック作品集』，ジョージ・V・エリス（George Viner Ellis, 1812-1900）の『人体解剖図譜』，ジョン・リザーズ（John Lizars, 1787-1860）の『人体解剖図譜』等の銅版や石版印刷の美しい博物学資料や美術解剖学資料が当館に収まったのも，先に述べたようなヴィジュアルコミュニケーション研究に資する資料という位置づけのもと，美術・デザイン研究の基礎資料の一環であるとした購入であって，博物図譜コレクションの体系的な構築を目指したものではなかったのである。

　また，別の観点から見ると，1980年代頃当時の美術資料図書館（旧館名称）の貴重書コレクションは，絵本・挿絵本コレクションや世紀末雑誌，美術デザイン関連雑誌を除くと，特定主題をもって打ち出せる体系的なコレクションの充実を目指すも，予算的な側面や収蔵スペースの問題からまだ道半ばであり，とりわけデザイン関連の研究資料は体系的構築の充実が求められていた。こうした館のコレクション構築の方向性，館の使命である研究に資する資料の収集という観点から「荒俣宏旧蔵博物図譜コレクション」を整備する妥当性について最終的に法人の判断をいただいたのである。

博物図譜コレクション所蔵に向けたスタート
当館が，「荒俣宏旧蔵博物図譜コレクション」の存在を知ることになったのは，2001年に老舗古書店雄松堂書店から内々の打診を受けたことにはじまる。そして，2002年10月「貴重書を語る会：荒俣宏先生を囲んで書物談義：書物・活字文化・文字と絵の視覚表現」と題して芸術文化学科今井良朗教授の協力を得て講演会を開催した。これが本学美術館・図書館と荒俣先生との交流のはじまりであった。

　当時の館の運営体制は前館長神野善治教授を筆頭に，大塚直文氏，金子正明氏，加えて本庄が事務的な運営を担っていた。2003年になると，株式会社雄松堂を通して，同コレクションに対する詳細が伝えられた。以下に「荒俣宏旧蔵博物図譜コレクション」のはじまりから，購入に至るプロセスまでを記録しておきたい。

博物図譜入手に至るプロセス

1. 購入のための学内コンセンサス，美術資料図書館運営委員会での協議

　2003年10月に株式会社雄松堂書店から当該コレクション（荒俣宏旧蔵博物学コレクション58タイトル，パルプマガジン・コレクション222タイトル）の一括販売の打診を受けた。以降，2006年まで3か年にわたる年月と時間をかけて学内コンセンサスを得るための調整を行った。

2. 美術資料図書館における購入実現のためのコンセンサスの形成
   ① 当コレクションが本学教育理念を象徴するものとして社会的にアピールするメディア力を有すること
   ② 一流の美術・デザイン図書館には一流のコレクションが必要であること
   ③ 5か年の分割購入が可能であることと私学助成特別補助に申請することにより3分の2の補助が得られること

3. 新図書館建築と連動した貴重書コレクションの核として
   ① 創立80周年記念事業の一環として建築大綱が決定されたことも購入に向けた後押しとなった
   ② 私立大学戦略的研究基盤形成支援事業の研究設備として申請するという全学的なコンセンサスと取組みにも理解が得られた

4. 文部科学省特別補助申請への採択

　5回分割購入により申請を行った

　第1回申請：2006年度（H18）
　　荒俣宏旧蔵「西洋図像史学および新ミュゼオロジー研究」コレクション
　第2回申請：2006年度（H18）
　　荒俣宏旧蔵「博物学関係貴重書」コレクション
　第3回申請：2007年度（H19）
　　荒俣宏旧蔵「博物学研究および西洋図像史学研究」コレクション
　第4回申請：2007年度（H19）
　　荒俣宏旧蔵「博物探検史コレクション」
　第5回申請：2008年度（H20）
　　荒俣宏旧蔵「19世紀博物探検史」「パルプマガジン・コレクション」

　合計58タイトル 150冊，パルプマガジン222タイトル 1500冊

研究サポートチームの体制

研究サポートチームでは，自由な発想の具体化，アイデアの議論から具体的方法論への議論，全体統括の研究プロジェクト長のもとで役割を分担しそれぞれが独自の研究方法で成果を出し合う活動を推進してきた。

　研究サポートチームには以下のメンバーが関わった。
　　本庄美千代：研究サポート活動の統括，資料調査
　　河野通義：資料のデジタルアーカイブ化，展覧会企画，図録編集
　　大田暁雄：デジタルアーカイブシステムおよびプログラムの設計開発

谷田幸：展覧会企画，図録編集デザイン，年表編集デザイン，グッズの制作
田中知美：展覧会企画，年表作成，資料調査
藤澤彩里：展覧会企画，図録編集，図録のリ・バインディング

ムサビ流の博物図譜の研究計画
1. 荒俣先生を交えての共同研究のはじまり
   2009年8月：第1回研究会芸術文化学科研究室と共同で開催
2. 最先端の技術の活用：株式会社大入による最先端技術のスキャニング
   ① 誰のための，何を目的としたデジタル化なのか
   ② 見えないものを見ることが可能なデジタル化
   ③ 直接手を触れることが制限される貴重書を公開するための方法論
   ④ 荒俣先生の「自宅からでも，手元でも見られるように開発できたらよい」との希望に沿って，iPad（デジタルデバイス）搭載の可能性を探る
   ⑤ アプリケーションの開発構想
3. 博物図譜に描かれた絵の技法，版式，紙質，歴史と社会背景の分析
   2009年：展覧会に向けた博物図譜コレクション研究チームの発足
   デザイン系教員専門研究者，館員，デザイナー，大学院生などの参加
4. 博物図譜の記述のプロセスの解明
   航海記を辿り，再現するための地図化：マップ化したタッチパネルによる，航海地点と出版された航海記のリンクづけの研究開発計画
5. 博物図譜が既にパブリック・ドメインである点を最大限に活用する手段としてのデジタル化構想
   タッチパネル式全ページ閲覧システムの開発と先端のデジタルデバイスを活用したアプリケーションの開発計画

博物図譜の研究成果の公表
1. 展覧会を目指して：「博物図譜とデジタルアーカイブ」展の第1回〜5回を開催
   ・博物図譜の実物展示とデジタル化による全ページ閲覧に向けたシステムの開発
   ・博物図譜展覧会のためのグッズの制作
     クリアファイル10種，博物図譜のミニブック（一部スリップケース付），
     メモ帳，動物クッション，ポストイット，図書カード
2. 2010年美術館・図書館新棟竣工記念展の開催
   ・第1回展覧会：2010年6月21日〜8月7日
     第Ⅰ期特別講演：「博物画の楽しみ」
     タッチパネル式大型モニターに組込んだ独自のシステム開発
   ・第2回展覧会：2010年8月23日〜10月25日
     第Ⅱ期特別講演：「博物航海略史」
   ・第3回展覧会：2011年4月11日〜6月19日
     第Ⅲ期特別講演：「日本博物学と図譜の進展─栗本丹洲『千蟲譜』を中心に─」
   ・第4回展覧会：2011年10月17日〜12月24日

第Ⅳ期特別講演：「視覚の冒険　美術的水族館史の試み―19世紀末における博物学と美術の融合例としての水族館建設―」
・第5回目の総集編として大展覧会：2012年9月3日から10月6日
　　第Ⅴ期特別講演：「博物学入門―科学と芸術を行き来するアート―」
3. 年表の制作に向けた研究調査
　　コレクションの全貌と西洋と日本の博物図譜の歩みを探る
4. 展覧会図録造本デザイン展における受賞
　　第53回，54回全国カタログ・ポスター展での複数受賞

博物図譜アプリケーションの開発と公開

1. iPad用アプリケーションの開発制作
　・Apple社との協力を得ることを積極的に展開した
　・iPhone/iPad対応アプリケーション「MAU M&L 博物図譜」の完成
　・Apple社によるiPadアプリケーションの審査と採択
　・2012年8月23日iPad対応版公開，9月17日iPhone対応版リリース
　・2012年9月：Apple社iPad国内教育部門第1位，iPad国内総合部門第1位
　・2012年12月：iPhone/iPadアプリの年間ランキング「App Store Best of 2012」に選出される
　・2013年4月：Apple Store銀座での荒俣先生トークイベント「博物図譜をアプリケーションで楽しもう」開催
　・2014年1月：「進化するミュージアム2014」での対談（荒俣先生×寺山プロジェクト長）
　・2014年6月現在：ダウンロード件数240,000件

博物図譜デジタルアーカイブの総集編

1. 展覧会カタログの完全な合本特装版の制作発行
　・5回シリーズ展覧会図録を1冊の造本デザインとして合本
　・東西の博物史関連書物の年表
　・解題書誌の充実

※ 本研究は文部科学省私立大学戦略的研究基盤形成支援事業（平成20～24年度）の助成を受けた。
※「平成20年度文部科学省私立大学戦略的研究基盤形成支援事業」のうち「近代デザイン資料及び美術資料の統合データベースの開発と資料公開」（研究プロジェクト長視覚伝達デザイン学科寺山祐策教授）の5か年計画研究活動および研究成果の詳細は『武蔵野美術大学造形研究センター　研究成果中間報告書2008-2010』（2012年1月発行）および『武蔵野美術大学造形研究センター　研究成果報告書2008-2012』（2013年5月発行）を参照されたい。
※ App e, iPad, iPhoneはApple.Incの商標です。
※ App StoreはApple Inc.のサービスマークです。

III-04 タッチパネル閲覧システムから「MAU M&L 博物図譜」開発まで
(『博物図譜とデジタルアーカイブ』特装本 2014年刊行より一部修正のうえ再録)

大田暁雄・河野通義

はじめに

武蔵野美術大学美術館・図書館と造形研究センターは、2010年6月に武蔵野美術大学図書館新棟落成記念として「博物図譜とデジタルアーカイブ」展Ⅰを開催し、その中で博物図譜の画像をタッチパネルを介して閲覧できるシステムを開発、公開した。その後3年間かけて収録枚数を増やし、同大学が所蔵する博物図譜150冊の閲覧が可能となった。また、2011年半ばより、モバイル端末への公開を視野に入れた開発を進め、2012年7月にiPadアプリ「MAU M&L 博物図譜」としてリリースされるに至る。ここに本学が所蔵する博物図譜を対象とするデジタルアーカイブの開発と公開について、概要と経過を報告する。

1. 発端

荒俣宏旧蔵博物図譜コレクションは、平成20年度文部科学省より文部科学省「私立大学戦略的研究基盤形成支援事業」の選定を受け、58タイトル150冊すべてのページがスキャンされた。スキャニングには京都の経師屋で文化財修復なども請け負う株式会社大入の所有する非接触型スキャナーが用いられ、作業は5期にわたるものとなった。画像のマスターデータはバックアップ・システムを備えたストレージに保存されている。紙の形状もデータとして残すため、本の周囲に余裕を持った形でのスキャン・データとなっている。

先立つ2009年、「近代デザイン資料及び美術資料の統合データベースの開発と資料公開」研究者により、スキャンされた画像を閲覧する研究会が行われた。これはPC上のデータをプロジェクターでスクリーンに投影するというだけの方式であったが、画像を拡大して見ることにより肉眼ではわかりにくい部分を容易に観察することができ、印刷時の版のズレや刷り重ねた順番がわかることの面白さに研究者一同が感嘆する結果となった。荒俣宏客員教授をはじめとするプロジェクト研究者により、このデジタル画像を閲覧できるシステムを開発する可能性が検討され始め、これが後のタッチパネル閲覧システムやモバイル端末向けアプリ開発へつながる第一歩となった。

2. タッチパネル閲覧システムの目的とデバイスの構成

こうしてスキャン画像のタッチパネル閲覧システムを制作することとなったが、何よりも至上の目的は先の高精細画像をスクリーンに大写ししたときの感動を再現し、研究チーム以外の人々にも体験してもらうことにあった。今回のスキャンの解像度は350dpi程度と実はそれほど高くないのだが、図譜の図版そのものが大判かつ非常に緻密であるのでそれでも十分に刮目に値することと、実際問題として書籍がかなりの重量物であり閲覧に神経質にならざるを得ない貴重品でもあるので、スキャンしてそれを手

軽に見られること自体が驚くべきことなのである。

　システムの仕様を検討していく中で，表示ディスプレイのサイズの検討がまず行われた。展示空間に対する相対的な大きさを考慮し，細部を大きく見せるためには最低でも40インチ以上のタッチパネルを導入することが求められた。当時タッチパネルにはディスプレイとセンサーが一体型となったタッチモニターと，センサーが組み込まれたフレームをディスプレイに装着するフレーム装着型の2タイプがあった。一体型は20インチ程度であれば市販されていたが，それ以上のサイズになると特注品になったり，海外から取り寄せたりすることになる。一方，フレーム装着型は大型ディスプレイに貼り付けるだけで対応できる。測距方式は赤外線方式となり，一体型に用いられている抵抗膜方式や静電容量方式よりもポインティングの精度は落ちるが，今回の「大きく見せる」という目的を第一に考えた結果，フレーム装着型を選択することとした。実際，一体型のタッチモニターは色彩の再現性が低いものが多く，一方でフレーム装着型はディスプレイを一般のテレビ用のものから選ぶことができ，画面の上に被せられる素材による輝度の低下も最小限に抑えられるなど，利点が大きかったことが挙げられる。

　次にそのディスプレイを選別しなければならないが，当時，このサイズにはプラズマと液晶の2タイプがあり，市場としては価格の低さや輝度の高さから液晶がプラズマを駆逐しつつあった。しかし，色彩の再現性の高さ，特に黒の再現性や階調表現のなめらかさは圧倒的にプラズマのほうが優れていて，展示室を暗くできれば輝度の低さは問題にならなくなるため，当時市販されていたパナソニック株式会社のビエラ V2（46インチ）をタッチパネルのディスプレイとして選択することとした（後に述べるタッチフレームとのサイズの互換性も採用の理由である）。

　タッチフレームには株式会社 NDS（エヌ・ディ・エス）が開発しているものを採用した。テレビの画面に傷がつかないようアクリル板による保護を行った上で，テレビの外枠にフレームを貼りあわせてタッチパネル化した。2010年5月に最初のタッチパネルを制作，2012年に行われた「博物図譜とデジタルアーカイブ」展Vでは会場の広さに合わせてもう1台のタッチパネルを作ることとなり，同じ方式による50インチのタッチパネルを制作した。

　それとは別に，デジタルアーカイブの核となるコンピューターも検討した。最終的に扱う画像のデータ量がテラバイト近い膨大なものになることがスキャン・データから予想されたため，HDDをある程度搭載でき，あらかじめ行う画像処理や実際の閲覧システムの速度向上のためにグラフィック・ボードやメモリをカスタマイズできる Apple 社の Mac Pro を購入した。

3. 閲覧システムのデザインと開発

一般的に公開される閲覧システムには直感的なインターフェース，高速でストレスのない操作性，シームレスな画面展開，親しみのあるダイナミックな動きなどが目指されることは言うまでもないが，ある種の電子書籍であるこのシステムにおいて，紙の書籍を模倣したGUI（グラフィカル・ユーザー・インターフェース）を採用するべきかというメディア論に関わる問題があった。所謂「ページめくり（ページ・カール・アニメーション）」に代表されるような紙の書籍の物質性を再現した見た目を用いるべきかという問

インターフェースの検討案

サイズで比較して見る　　　時系列で見る　　　場所別に見る

題である。紙の書籍を模倣したGUIは一時的なウケはいいが、コンピューター上で書籍を再構築する場合、メディアによって記述の方式が異なるのは当然であるためそれを模倣する必要は全くないし、それに固執することでページ展開の線形性を超克できず、コンピューターであることの利点を活かすことができない。実際いくつかのGUI案を検討した結果、ここではデジタルの記述空間ならではの見せ方を追求するべきだという決断が下された。「紙でできない見せ方」というのがデザインの基本路線となる。

開発にはメディア・アートやクリエイティブ・コーディングのためのライブラリとしてオープンソースで開発されていたopenFrameworksを用いることにした。これはプログラミングの訓練を受けていないデザイナーやアーティストにプログラミングによる作品制作の機会を与えるというジョン・マエダ (John Maeda) の「DBN (Design By Numbers)」や、その後継となる「Processing」の哲学を継承し、それらよりも高速な処理を可能にするためC++言語で開発されたものである。

また、開発中、画像サイズが大きいがゆえの問題が浮上した。データがグラフィック・メモリの限界を超えてしまうので、スキャンしたデータをそのまま表示することができないのである。そのため、一旦RAMに読み込んでおいて、閲覧している領域だけ描画する、等の工夫が必要であった。

4. 展覧会での展示とユーザー・インタフェースの検討

2010年6月に、本学図書館落成記念として行った「博物図譜とデジタルアーカイブ」展Iにおいて、展示される7冊分のデジタル画像を収録したタッチパネル閲覧システムを初めて展示・公開した。これは展覧会で公開した実物の本とタッチパネル閲覧システム

を並べて展示する方法を採っている。実物においては展示用に開かれたページしか見ることができないが，タッチパネル閲覧システムでは全ページを見ることができる。ただ，タッチパネルは1台しかないため，混雑する可能性を考えて会場内のスクリーン上にプロジェクターでタッチパネルと同じ操作中の画面を投影し，他の人も擬似的に体験できるように配慮した。これは会場の前を通りかかった人へのアイキャッチとしての性格も含んでいる。以後，会期を重ねるごとに展示される図譜を追加収録し第Ⅴ期（2012年9～10月）まで公開を続けることとなった。

またアンケートなどを通じて来場者が使用中に感じた質問，疑問点などを汲み取り，わかりやすい動きや機能を追求し，場合によっては会期中の変更も行った。このブラッシュアップは，第Ⅴ期まで続くこととなる。

高解像度タッチパネル閲覧システムと第Ⅰ期展示

4-1. 会期別の特殊機能の実験1：
デュモン・デュルヴィルとジェームズ・クックの航海記デジタル化：

第Ⅰ期と同じ年に開催した「博物図譜とデジタルアーカイブ」展Ⅱでは，デュモン・デュルヴィルの航海記7冊を展示することが決まった。この段階で，航海記の中の風景画や地図がどの場所について描かれたものか，またどの場所で採集された動植物の標本について描いているのか，判別できるものがないか調査を行ったところ，ある程度の精度で航海図上の地点と対応づけられることが判明した。そこで，第Ⅱ期のための特別コンテンツとして，航海図上にプロットされた各地点から図譜を閲覧することができる機能を開発した。地図という空間的インデックスからそれに紐づけられたページを閲覧することは，紙の書籍ではできないアプローチであり，コンピューターを使った電子的な記述空間ならではの見せ方を実現したと言うことができるだろう。この機能は第Ⅲ期のジェームズ・クックの航海記にも同じ方式で組み込まれた。

4-2. 会期別の特殊機能の実験2：iPadアプリ（学内限定版）開発：

タッチパネル閲覧システムは前述のとおり，第Ⅳ期までは1台のみの運用であった。

「航海記を地図で見る」機能（iPad版「MAU M&L博物図譜」より）

　会場がそれほど広くないこともあったが，誰かが一度見はじめると長時間使用するという状況が会期中珍しいことではなかった。また，回を重ねるごとに公開する冊数が蓄積され，閲覧可能な図譜が増えていったため，利用度はますます増えていった。そんな中，今ではタブレット型PCの代表格として一般的となったApple社の第1世代「iPad」が発売された。タッチパネルの直感的操作性を最大限に活用し，小型で日常生活に馴染みやすいように総合的なデザインが施されたこの新しいカテゴリの実験的デバイスに世間の注目が集まっていた。展示担当者と開発者の間でこの端末を使用した閲覧システムの開発ができないか，はじめは冗談まじりに検討していたが，徐々に話が本格化し，実験的に開発してみることになった。特に，東京国立博物館が既に配布していたiPhoneアプリ『e国宝』が前例としてあったため，これに触発されたところは大きい。その他にも大英図書館やロンドン・デザイン・ミュージアムのコレクションが閲覧できるiPadアプリなど様々な前例に我々開発チームが魅かれたことは確かである。

　ただ，Mac Proとは違い，iPadの内蔵ストレージは博物図譜のデータ収容には到底足りないため外部サーバが必要になることと，そこから無線LANで画像をダウンロードしてくることになるため閲覧速度が低下することが懸念された。また，1枚あたり数百MBを超えることもある画像データをそのまま表示することはできないし，それをダウンロードする時間を待つことなど考えられない。これが一番の懸念事項となった。

　これを解決するために，1枚のオリジナル画像をズームレベルごとに縮小し，さらにそれぞれを小さなタイル状（縦横128 px）に分割し，ズームレベルとそのタイルが縦横何番目にあたるかでフォルダ分けして保存する，というプロセスを自動化して行うことにした。ズームレベルとは，iPadの画面サイズの長編である1024 px四方に収まる画像サイズをズームレベル0として，その倍はズームレベル1，その倍は2，といった具合

に段階分けされたものである。保存の際，ダウンロードにかかる時間を少しでも低減するため，眼で判別できない程度のJPEG圧縮をかけた。例えばズームレベル2の横4番目，縦3番目の画像は「図版番号/4/3/2.jpg」のような階層に保存される。この構造は我々が考案したわけではなく，Googleマップを代表とする様々なアプリケーションで活用されている考え方だ。ただ，自動化したとは言え，何万枚とある図版を全ページ分割するのだから相当な時間がかかるし，エラーも多い。その上，データを外付けHDDやサーバに移すたびに膨大な時間がかかる。結局，展覧会間際では，スタッフが帰宅した後の図書館事務室のPCをフル稼働して画像分割を行う羽目になった。この苦労は少し声を普通にして言いたいところである。

　こうして開発された学内限定版のiPadアプリは2011年10月に行われた「博物図譜とデジタルアーカイブ」展IVで実験的に公開された。これは学内の無線LANスポットにiPadを接続，学内サーバにある画像を読み込むという形で，展覧会場限定のものであった。

学内限定版iPadアプリ（第IV期）

5. 公開版iPadアプリ『MAU M&L 博物図譜』の開発：

第IV期でのiPadアプリの実験的開発版を荒俣宏客員教授にお見せしたところ，「これなら読む気がする」「これはいつ自宅で見られるんですか」と嬉しそうに感想を述べられた。これが原動力となって一般公開版のアプリ開発を進めることとなった。しかしApple社のApp Storeを通じて配布する上での諸問題や，データベースを外部に公開することに伴う学内の公開ポリシーの問題をクリアしなければならなかった。実は学内限定版はopenFrameworksのiOS版（C++言語）を使用していたため，Objective-Cが推奨開言語のiOSアプリでは何か不具合が起きた時に対応しづらいことが懸念されたので，一般公開版はObjective-Cを使用して一から開発し直すこととなった。また，App Storeを通じて公開するためにはApple社の策定するユーザー・インターフェース・ガイドラインに則る必要があり，これに適合しないものはApple社の行う審査で落とされることとなるため，これには慎重な注意を払った。

一方，一般に公開するためには公開サーバの設置が必要となる。本学ネットワーク管理担当と協働してサーバ機の選定，サーバ構成を検討し，公開サーバを設置した。これは基本的な技術であるが，アプリでの閲覧サービスが安定して行えるよう，2台の公開サーバを用意し，片方に不具合が起きた場合にもう一方に自動で切り替わるようになっている。

　さらに，全世界的に公開するアプリのサービスとして非常に多くのトラフィックがあることも可能性としては考えられる。本学の回線を利用することも検討したが，切り分けて独自の回線を使用することとした。

　最後に，学外にデータベースを公開することに伴う学内の公開ポリシーの問題である。実はこれが一番繊細な問題で，画像データを丸ごと盗まれる危険性や，知的財産権の考え方など学外に公開するにあたり様々なレベルの議論があった。しかし前例のアプリをいくつか見る中で，ユーザーとしてはやはりサムネイル程度の解像度でしか見られないものはがっかりするし，高解像度のものを提供している場合は今まで見られなかったものが見られることへの感動があると同時に，広く大衆に知を共有することこそが図書館の使命であると言わんばかりの啓蒙的思想を読み取ることができる。デジタルアーカイブの根本的な思想には，所蔵品の保存のためというよりも，こうした知の公開の思想があるだろう。最終的にはそうした考えが理解されて大学側からの許可が下り，高解像度での公開が可能となった。

　iPad版の一般公開にはもうひとつ大きな問題点があった。開発を開始した頃，Apple社からRetinaディスプレイを搭載したモデル「iPad 2」が発売された。Retinaとは「網膜」の意味で，同じサイズのモニターで解像度が2倍になったため，縦横それぞれ2倍となると画像の大きさとしては4倍のデータ量となる。ローカルでデータを読み込む場合は良いのだが，無線LAN等のネットワーク経由でデータをダウンロードするとなると単純計算で4倍の時間が必要となる。これはユーザー体験にかなり大きなインパクトを与える。Retinaディスプレイの登場はアプリ開発途中の出来事であったため，急遽それに対応した画像の準備が必要となった。

6.「MAU M&L 博物図譜」の審査と公開

App Store経由で配布されるiOSアプリは，全てApple社の審査を受けなければならない。完成された「MAU M&L 博物図譜」は2012年7月に最初の審査を受けたのだが，残念ながら却下された。理由として閲覧速度が遅いということであった。手前の環境ではかなり快適に閲覧できていたため不思議であったが，考えうる様々な対策を施した。海外からのアクセスにおいては1回あたりのリクエストの取得に時間がかかることが判明し，Retinaディスプレイ端末には4倍の枚数のタイル画像が必要となるため，相当な所要時間がかかっていることが却下の原因であると推測された。これに対処するため，まず取得する1枚のタイル画像のサイズを2倍（縦横256 px）に上げ，サーバにアクセスする回数を減らす。次に既にギリギリだと考えられていたJPEGの圧縮率をさらに限界まで上げて，画像を書き出し直した。その後何度かの審査提出と却下の末，ようやく審査を通過することに成功した。実に1ヶ月近い審査の繰り返しだった。

　「博物図譜とデジタルアーカイブ」展V開催の直前，ようやく審査を通過し，アプリ

がApp Storeで2012年8月23日に公開となった。当初のダウンロード数は日に100程度だったが，Twitterでいくつかの口コミが拡散され話題になったり，App Storeの「スタッフのおすすめ」に選ばれたりしたことでダウンロード数を伸ばし，iPad用教育アプリとして1位を記録したのち，iPad用総合1位にまで登り詰めた。その後も，アプリはダウンロード数を伸ばし，9月17日公開のiPhone対応版のリリース等もあって2012年にはApple社の選ぶ「App Store Best of 2012」を受賞したり，第17回文化庁メディア芸術祭審査委員会推薦作品に選ばれるなど，社会的な評価もいただくことができた。現在37万（2018年7月現在）を超えるダウンロード数を記録している（アップデートは含まない）。

　現在まで大きなバグによるアップデートは行っていないが，iOSのバージョンアップに合わせたアップデートを行ってきた。主な機能の変更としては，総収録時間90分にわたって荒俣宏客員教授が博物図譜の概要，歴史，見かた等を講義する特別動画コンテンツ「博物図譜の楽しみ方」を閲覧できる機能を搭載した。これは本アプリのために特別に撮影を行い，制作した独自のコンテンツである。画像アーカイブ自体はほぼ生の情報にすぎないが，動画コンテンツによってユーザーに様々な読み方の道筋を与え，より豊かな閲覧体験を提供することができる。また最近では，検索や索引機能の搭載や，タッチパネル閲覧システムに取り入れていた「航海記を地図から見る」機能を搭載した。

7. タッチパネル閲覧システムの学外での紹介

タッチパネル閲覧システムはこれまでに2回，学外で紹介する機会を得た。最初は2012年に町田市立国際版画美術館で行われた「版画でつくる—驚異の部屋へようこ

iPhone/iPad対応アプリ「MAU M&L 博物図譜」

そ！」展（2011年10月8日（土））〜11月23日（水・祝））の会期中の一週間、「コンピューターがひらく新たな展示の可能性『武蔵野美術大学　造形研究センター　デジタルアーカイブ体験』」として紹介された。これは，展覧会に本学の資料を貸し出すとともに，タッチパネル閲覧システムを広く紹介しようという試みで行われたものである。町田市立国際版画美術館にある高輝度プロジェクターと本システムを接続し，本学とは違う形での閲覧形態で紹介した。

　2回目は2014年1月21日にJPタワー ホール＆カンファレンスで行われたシンポジウム「進化するミュージアム2014」（一般財団法人　デジタル文化財創出機構）の関連イベントとして，本学の資料とともに，タッチパネル閲覧システムを紹介した。本シンポジウムには荒俣宏先生と本学の寺山祐策教授による対談も行われ，タッチパネル閲覧システムから，iOSアプリ開発までの経緯が紹介された。

おわりに

デジタルアーカイブの開発は，スキャン画像を見た時の感動に始まって大型タッチパネルでの閲覧システムやiPad版の試作品の開発を経て，iPhone/iPad対応アプリ「MAU M&L 博物図譜」の配布へと至った。しかしこれらは最初から計画されたものではなく，イメージング技術の進歩，ストレージ等の機器の価格の低下，そしてタッチパネルやiPadという新しいデバイスの登場など，状況が変わったことの恩恵が大きい。またこれらは大学の「資料公開」への理解，展覧会を通して得たユーザーからの意見など様々な「人」の協力があって公開することが可能となっている。ダウンロード数を伸ばしたのも多くはTwitterなどのソーシャルメディアにおける口コミであった。開発段階において，担当者としては，これがどれだけ社会で求められているのか，具体的にはどれほどダウンロードされるのか未知数であったが，現在の結果を見る限り，このような資料をデジタル化し公開することには少なからず社会的意義があったと考えている。日本のデジタルアーカイブを巡る議論では，原資料保存という内向きの目的が先行してしまっていることや，データの公開に対する抵抗感，コンピューター・リテラシーのあるスタッフの少なさや予算の少なさなど「問題」が「問題」のまま解消されない事態が続いてきたように思われる。しかし，たとえ二次的なデジタル資料であっても，今まで見られなかったものが公開されることで，原資料にアクセスできる特権的な一部の人達以外にもそれを「知る」権利を与えることができる。それは「原資料保存」という目的に付随した副次的な産物，という旧来のデジタルアーカイブの扱いを超えて，アーカイブを公開していく積極的な目的になりうるのではないだろうか。

　現在の技術を活用して近世・近代の書物を公開することは，これから様々な機関から行われるようになると思うが，本学の取り組みはその一つの前例となると考えている。

※「ビエラ」はパナソニック株式会社の商標です。
※ Apple, Mac, Mac OS, iPad, iPhone, RetinaはApple Inc.の商標です。
※ App StoreはApple Inc.のサービスマークです。
※ Google，GoogleマップはGoogle Inc.の商標または登録商標です。
※ TwitterはTwitter, Inc.の商標または登録商標です。

人名リスト

- 採録した人名は年表に収録した博物図譜に関する人名である。
- 同一人名における異なる表記は参照マーク（→）で示した。参照先は年表に収録した人名を優先した。
- 記号［ ］内は推定，（ ）内は補記である。
- 西洋人名の読みは年表と同一性を持たせるために姓のみを記載し，同姓の人名については名前のイニシャルを付した。
- 西洋人名の綴は姓，名の順で記載した。
- 西洋人名の綴，姓名に関する典拠は参考文献にあげた。

ア行

アガシ　Agassiz, Jean Louis Rodolphe
アッカーマン　Ackermann, Rudolph
アルドロヴァンディ　Aldrovandi, Ulisse
アルビヌス　Albinus, Bernhard S.
アルビン　Albin, Eleazar
アルベール1世
　　Albert I. Honoré Charles Grimaldi, Prince de Monaco
アンドレス　Andres, Angelo
ヴァイヤン　Vaillant, Auguste Nicolas
ヴァインマン　Weinmann, Johann Wilhelm
ヴァランシエンヌ　Valenciennes, Achille
ウイート　Wied-Neuwied, Maximilian Alex. Phil. Prinz zu
ウイート＝ノイウイート　→ウイート
ヴィエイヨ　Vieillot, Louis Jean Pierre
ウィラビー　Willughby, Francis
ウィルソン　Wilson, Erasmus
ウエインマン　→ヴァインマン
ヴェロー　Verreaux, Jean Bapt. Édouard
ヴォルフ　Wolf, Joseph
ウォレス　Wallace, Alfred Russel
ウスタレ　Oustalet, Emile
エーレト　Ehret, Georg Dionysius
エーレンベルク　Ehrenberg, Christian Gottfried
エドヴァール　→ミルヌ＝エドヴァール
エドワーズ, G　Edwards, George
エドワーズ, S　Edwards, Sydenham Teast
エリオット　Elliot, Daniel Giraud
エリス, G　Ellis, George Viner
エリス, J　Ellis, John
エルウィズ　Elwes, Henry John
オーデュボン　Audubon, John James
オードベール　Audebert, Jean Baptiste
オルターリ　Ortalli, Franz

カ行

カーティス　Curtis, William
カウパー　Cowper, William
ガリレイ　Galilei, Galileo
カンドル　Candolle, Augustin Pyramus de
キーネ　Kiener, Louis Charles
ギャレット　Garrett, Andrew
キュヴィエ, F　Cuvier, Georges Frédéric
キュヴィエ, G
　　Cuvier, Georges Léop. Chrét. Fréd. Dagobert, Baron de
ギュンター　Günther, Albert Carl Ludw. Gotthilf
キルヒャー　Kircher, Athanasius
キング　King, James
クーア　Kurr, Johann Gottlob von
クーザン（子）　Cousin, Jean, the Younger
グールド　Gould, John
クエイン　Quain, Richard
クック　Cook, James
クニップ夫人　Madame Knip, née Pauline de Courcells
クノール　Knorr, Georg Wolfgang
クラマー　Cramer, Pierre
グランヴィル　Granville, A. B.
グリーン　Green, Thomas
クルヴェイラー　Cruveilhier, J.
クルーゼンシュテルン　Krusenstern, Adam. Joh. Von
クルムス　Kulmus, J. A.
グレイ　Gray, John Edward
グローヴ　Grove, Arthur

ゲイ　　Gay, Claudio
ケーツビー　　Catesby, Mark
ゲートシェ　　Goedsche
ゴーティエ=ダゴティ　　Gautier D'Agoty, Jacques-Fabien
ゴールドスミス　　Goldsmith, Oliver
ゴッス　　Gosse, Philip Henry
コットン　　Cotton, Arthur Disbrowe
コメニウス　　Comenius, Johann
コルトナ　　Cortona, Pietro da
コント　　Comte, Achille

サ行

サグラ　　Sagra, Ramon de la
サルト　　→モロー・ド・ラ・サルト
サワビー　　Sowerby, James
サン=ティレール　　→ジェーム・サン=ティレール
　　　　　　　　→ジョフロワ・サン=ティレール
シーボルト　　Siebold, Philipp Franz von
ジェーム・サン=ティレール
　　　　Jaume Saint-Hilaire, Jean Henri
シップリー　　Shipley, Conway
シブソープ　　Sibthorp, John
ジャーディン　　Jardine, Sir William
シャープ　　Sharpe, Richard Bowdler
シャイトヴァイラー　　Schieidweiler
シュレーバー　　Schreber, Johann Christian Dan.
ショー　　Shaw, George
ショイヒツァー　　[Scheuchzer, Johann Jakob]
ショーモトン　　Chaumeton, Francois Pierre
ジョフロワ・サン=ティレール
　　　　Geoffroy Saint-Hilaire, Etienne
ショメール　　Chomel, Noel
シンツ　　Schinz, Heinrich Rudolf
スウィンソン　　Swainson, William
スウェールト　　Sweerts, Emanuel
スカルパ　　Scarpa, Antoine
スチュワート　　Stuart, Martinus
ステッドマン　　Stedman, J. G.
スパエンドンク　　Spaendonck, Gerard van
スミス, A　　Smith, Andrew
スミス, W　　Smith, William
スミット　　Smit, Joseph
スメリー　　Smellie, William

スワムメルダム　　Swammerdam, Jan
セップ　　Sepp, Jan Christiaan
セバ　　Seba, Albertus
ソーントン　　Thornton, Robert John

タ行

ダーウィン, C　　Darwin, Charles Robert
ダーウィン, E　　Darwin, Erasmus
ダヴィド　　David, Armand
ダゴティ　　→ゴーティエ・ダゴティ
ダナ　　Dana, James D.
ダラス　　Dallas, William S.
ダランベール　　D'Alembert, Jean le Rond
ダルトン　　D'Alton, J. W. E.
チェンバーズ　　Chambers, Ephraim
ツッカリーニ　　Zuccarini, Joseph Gerhard
ツュンベリー　　Thunberg, Carl Peter
デ・ミュール　　Desmurs, Marc Athanase Parfait Oeïllet
ディドロ　　Diderot, Denis
ティレール　　→ジェーム・サン=ティレール
　　　　　　　→ジョフロワ・サン=ティレール
テミンク　　Temminck, Coenraad Jacob
デュ・プティ=トゥアル　　Du Petit-Thouars, Abel Aubert
デュ・モンソー　　→デュアメル・デュ・モンソー
デュアメル・デュ・モンソー
　　　　Duhamel du Monceau, Henri-Louis
デュプレ　　Duperrey, Louis-Isidore
デュモン・デュルヴィル
　　　　Dumont d'Urville, Jules-Sébastien-César
デュルヴィル　　→デュモン・デュルヴィル
ド・カンドル　　→カンドル
ド・ラ・サグラ　　→サグラ
ド・ラ・サルト　　→モロー・ド・ラ・サルト
ド・ラヴォアジエ　　→ラヴォアジエ
トゥアル　　→デュ・プティ=トゥアル
ドノヴァン　　Donovan, Edward
トムソン　　Thomson, Wyville
トルー　　→トレウ
ドルビニ
　　　　D'Orbigny, Alcide Charles Victor Marie Dessalines
トレウ　　Trew, Christoph Jacob

ナ行

ナポレオン　Napoléon I, Bonaparte
ノッダー　Nodder, Frederick P.

ハ行

バートラム　Bartram, William
ハミルトン　Hamilton, William
ハラー　Haller, [Albrecht von]
ハリス, J　Harris, John
ハリス, M　Harris, Moses
バルブート　Barbut, Jacques
ハンフリー　Humphreys, Henry Noel
ビューイック　Bewick, Thomas
ビュショー　Buc'hoz, Pierre Joseph
ビュフォン　Buffon, George Louis Leclerc, Comte de
ビュヤール　Bulliard, Pierre
ビュルマイスター　Burmeister, Hermann
ファーバー　Furber, Robert
ファーブル　Fabre, Jean Henri
ファレンティン　Valentijn, Frans
ファロアズ　Fallours, Samuel
ファン・ホーテ　van Houtte
ブーガンヴィル　Bougainville, Louis Antoine de
フェルサック　Férussac, André Étienne Justin Pascal Joseph François d'Audebert de
フォート　Voet, Johann Eusebius
フォード　Ford, George Henry
フォン・クーア　→クーア
フォン・ハラー　→ハラー
フォン・ライト　→ライト
フォン・ローゼンホフ　→レーゼル・フォン・ローゼンホフ
フッカー　Hooker, William Jackson
フック　Hooke, Robert
プティ=トゥアル　→デュ・プティ=トゥアル
ブラックウェル　Blackwell, Elizabeth
ブラッドベリ　Bradbury, Henry
ブルーメ　Blume, Karl Ludwig
ブレイク　Blake, William
プレヴォー, F　Prévost, Florent
プレヴォー, J　Prévost, Jean Louis
フレシネ　Freycinet, Louis Claude Desaulses de
フレドール　Frédol, Alfred
プレンク　Plenck, Joseph Jakob
ブロットマン　Brodtmann, Karl Joseph
ブロッホ　Bloch, Marcus Elieser
ブロン　→ル・ブロン
フンボルト　Humboldt, Friedrich Wilhelm Heinrich Alexander Freiherr von
ヘイズ　Hayes, William
ベイトマン　Bateman, James
ヘッケル　Haeckel, Ernst
ペナント　Pennant, Thomas
ペリー　Perry, Matthew Calbraith
ペルーズ　→ラ・ペルーズ
ベルトゥーフ　Bertuch, F. J.
ヘルブスト　Herbst, Johann Fredrich Wilhelm
ペロン　Péron, M. François
ヘンダーソン　Henderson, Peter Charles
ホーテ　→ファン・ホーテ
ボードリモン　Baudrimont, Alexandre Edouard
ホートン　Houghton, William
ホガース　Hogarth, William
ホフマン　Hoffmann, C.
ホフマンセグ　Hoffmannsegg, Johann Centurius Graf von
ボルクハウゼン　Borkhausen, Moritz Balthasar
ポレン　Pollen, François P. L.
ホワイト, G　White, Gilbert
ホワイト, J　White, John
ポワトー　Poiteau, Pierre Antoine
ボンプラン　Bonpland, Aimé Jacques Alexandre

マ行

マーチン, T　Martyn, Thomas
マーチン, W　Martyn, William Frederic
マイヤー, J・D　Meyer, Johann Daniel
マイヤー, J　Meyer, Joseph
マクシミリアン　→ウイート
マスカーニ　Mascagni, Paolo
マルティウス　Martius, Carl Friedrich Philipp von
マレー　Murray, John
マンテル　Mantell, Gideon Algernon
ミショー　Michaux, François André

人名リスト | 479

ミューラー　Müller, Salomon
ミュール　→デ・ミュール
ミルヌ＝エドヴァール　Milne Edwards, Henri
ミュルザン　→ムルサン
ムーア　Moore, Thomas
ムルサン　Mulsant, Martial Etienne
ムンティンク　Munting, Abraham
メーリアン　Merian, Maria Sibylla
モロー・ド・ラ・サルト　Moreau de la Sarthe
モンソー　→デュアメル＝デュ・モンソー
モンタヌス　Montanus, Arnoldus

―――――
ヤ行

ヨンストン　Jonston, Johannes

―――――
ラ行

ラ・ペルーズ　La Pérouse, Jean François de Galaup de
ライエル　Lyell, Sir Charles
ライデッカー　Lydekker, Richard
ライト　Wright, Wilhelm von
ライヒェンバッハ
　　Reichenbach, Heinrich Gottlieb Ludwig
ラヴォアジエ　Lavoisier, Antoine Laurent
ラセペード
　　Lacépède, Bern. Germ. Etienne de La Ville, comte de
ラビラルディエール
　　La Billardière, Jacques Julien Houtou de
ラマルク
　　Lamarck, Jean Bapt. Pierre Ant. de Monet de
ランバート　Lambert, Aylmer Bourke
リア　Lear, Edward
リーチ　Leach, William Elford
リザーズ　Lizars, John
リチャードソン　Richardson, John
リッシェ　Richer, Paul
リッソ　Risso, J. Antoine
リヒター　Richter, Th.
リヒテル　→リヒター
リマー　Rimmer, William
リンドレー　Lindley, John
リンネ　Linné, Karl von
ル・ブロン　Le Blon, Jacob C.
ルヴァイアン　Levaillant, François

ルソー　Rousseau, Jean-Jacques
ルドーテ　Redouté, Pierre Joseph
ルナール　Renard, Louis
ルニョー　[Regnault, Nicolas François]
ルフェーブル　Lefebvre, Charlemagne Théophile
ルメール，C・A　Lemaire, Charles Antoine
ルメール，C・L　Lemaire, C. L.
ルンフィウス　Rumphius　→ルンプフ
ルンプフ　Rumpf, Georg Eberhard
レイ　Ray, John
レーゼル・フォン・ローゼンホフ
　　Rösel von Rosenhof, Augustin Johann
レッソン　Lesson, René Primevère
レニエ　Renier, Stefano Andrea
ロイス　Ruysch, Frederick
ロウ　Low, David
ローゼンホフ　→レーゼル・フォン・ローゼンホフ
ロクスバラ　Roxburghe, William
ロシュ　Loche, Victor
ロック　Roques, Joseph
ロディゲス　Loddiges, Conrad
ロベール　Robert, Nicolas

―――――
ワ行

ワーナー　Warner, Robert

―――――
あ行

飯沼慾斎　いいぬまよくさい
飯室庄左衛門　いいむろしょうざえもん　→飯室楽圃
飯室楽圃　いいむろらくほ
伊藤伊兵衛三之丞　いとういへえ［さんのじょう］
伊藤圭介　いとうけいすけ
稲生若水　いのうじゃくすい
岩崎灌園　いわさきかんえん
宇田川玄真　うだがわげんしん
宇田川榕庵　うだがわようあん
大槻玄沢　おおつきげんたく
大野麥風　おおのばくふう
岡勝谷　おかしょうこく
岡村金太郎　おかむらきんたろう

奥倉辰行　おくくらたつゆき
小田野直武　おだのなおたけ
小野職愨　おのもとよし
小野蘭山　おのらんざん

か行

貝原益軒　かいばらえきけん
賀来飛霞　かくひか
潜蜑子　かずさあまのこ
勝川春章　かつかわしゅんしょう
加藤正得　かとう［せいとく］
加藤竹斎　かとうちくさい
狩野永納　かのうえいのう
狩野重賢　かのうしげかた
亀井協従　かめいきょうじゅう
川原慶賀　かわはらけいが
神田玄泉　かんだげんせん
菊池成胤　［きくちなりたね］
北尾重政　きたおしげまさ
北尾政美　きたおまさよし
喜多川歌麿　きたがわうたまろ
木内石亭　きのうちせきてい
木村兼葭堂　きむらけんかどう
木村静山　きむらせいざん
木村俊篤　［きむらとしあつ］
金太　きんた
草野養準　くさのようじゅん
倉場富三郎　くらばとみさぶろう
栗本丹洲　くりもとたんしゅう
畔田翠山　くろだすいざん
耕雲堂灌圃　こううんどうかんほ
交蕙庵　［こうけいあん］
幸埜楳嶺　こうのばいれい
後藤梨春　ごとうりしゅん
小林源之助　こばやしげんのすけ
近藤秀有芳　［こんどうしゅうゆうほう］

さ行

斎藤幸雄　さいとうゆきお
佐竹曙山　さたけしょざん
左馬之助　［さまのすけ］
設楽妍芳　しだらけんぽう

島霞谷　しまかこく
島田充房　しまだみつふさ
清水淇川　しみずせん
下河辺捨水子　しもこうべしゅうすい
秋尾亭主人　あきおていしゅじん
春光園花丸　しゅんこうえんはなまる
春帆堂主人　しゅんぱんどうしゅじん
春亭　［しゅんてい］
白尾国柱　しらおくにはしら
菅清瓚　すがせいき
杉浦非水　すぎうらひすい
杉田玄白　すぎたげんぱく
鈴木牧之　すずきぼくし
関根雲亭　せきねうんてい
妹尾秀實　せのおひでみ
宋応星　そうおうせい
曾占春　そうせんしゅん　→曾槃
曾槃　そうはん

た行

高木春山　たかぎしゅんざん
高野則明　［たかののりあき］
高橋由一　たかはしゆいち
瀧澤清　たきざわきよし
滝沢馬琴　たきざわばきん
橘守国　たちばなもりくに
田中芳男　たなかよしお
谷上廣南　たにがみこうなん
谷素外　たにそがい
田村藍水　たむららんすい
千種掃雲　ちぐさそううん
土屋楽山　つちや［らくさん・らくざん］
寺島良安　てらしまりょうあん
土井利位　どいとしつら
稲若水　とうじゃくすい　→稲生若水
戸田旭山　とだきょくざん
トーマス・アルバート・グラバー（Thomas Albert G.over）
　→倉場富三郎

な行

中村惕斎　なかむらてきさい
西周　にしあまね

人名リスト｜481

西川如見　にしかわじょけん
丹羽正伯　にわしょうはく
野呂元丈　のろげんじょう

は行

長谷川契華　はせがわけいか
長谷川竹葉　はせがわちくよう
服部雪斎　はっとりせっさい
花菱逸人　はなびしいつじん
馬場佐十郎　ばばさじゅうろう
馬場大助　ばばだいすけ
万花園主人　ばんかえんしゅじん
平賀源内　ひらがげんない
平住専庵　ひらずみせんあん
平瀬與一郎　ひらせよいちろう
毘留舎那谷　びるしゃなや
深根輔仁　ふかねのすけひと
細川重賢　ほそかわしげかた

ま行

牧野冨太郎　まきのとみたろう
増山雪斎　ますやませっさい
松岡玄達　まつおかげんたつ　→松岡恕庵
松岡恕庵　まつおかじょあん
松川半山　まつかわはんざん
松平定朝　まつだいらさだとも
松平頼恭　まつだいらよりたか
円山応挙　まるやまおうきょ
三木文柳　みきぶんりゅう
水谷豊文　みずたにほうぶん
水野忠暁　みずのただとし
水野元勝　みずのもとかつ
南方熊楠　みなかたくまぐす
宮崎或　みやざきいく
三好学　みよしまなぶ
武蔵石寿　むさしせきじゅ
毛利梅園　もうりばいえん
森島中良　もりしまちゅうりょう
森春渓　もりしゅんけい
森野藤助通貞　もりのとうすけみちさだ
森立之　もりりっし（もりたつゆき）

や行

矢田部良吉　やたべりょうきち
宿屋飯盛　やどやのめしもり
矢部致知　やべむねとも
山田直三郎　やまだなおさぶろう
山本渓愚　やまもとけいぐ　→山本渓山
山本渓山　やまもとけいざん
山本章夫　やまもとしょうふ　→山本渓山
山本亡羊　やまもとぼうよう
吉雄俊蔵　よしおしゅんぞう

ら行

李時珍　りじちん
楼璹　ろじゅ

わ行

渡邉鍬太郎　わたなべくわたろう

参 考 文 献

1953　Nissen, Claus "Die Illustrierten Vogelbücher." Hiersemann
1966　Nissen, Claus "Die Botanische Buchillustration." Hiersemann
1969　Nissen, Claus "Die Zoologische Buchillustration." I. Hiersemann
1978　Nissen, Claus "Die Zoologische Buchillustration." II. Hiersemann
1986　Mallary, Peter & Mallary, Frances
　　　　　"A Redouté treasury: 468 watercolours from Les Liliacées of Pierre-Joseph Redouté." Vendome
1990　Bridson, Gavin & White, James J.
　　　　　"Plant, Animal & Anatomical Illustration in Art & Science." St. Paul's Bibliographies
1997　Foshay, Ella M. "John James Audubon." Abrams
1998　Haeckel, Ernst "Art forms in nature: the prints of Ernst Haeckel: one hundred color plates." Prestel
　　　　Wettengl, Kurt "Maria Sibylla Merian, 1647-1717: artist and naturalist." Hatje
2002　Wallace, Alfred Russel "Peixes do Rio Negro." Edusp
2006　Breidbach, Olaf "Visions of nature: the art and science of Ernst Haeckel." Prestel
2008　Buffon, Georges Louis Leclerc, comte de
　　　　　"All the world's birds: Buffon's illustrated natural history, general and particular of birds." Rizzoli
　　　　Reitsma, Ella "Maria Sibylla Merian & daughters: women of art and science." Waanders

1928　大阪府立図書館『和漢本草図書展覧会目録』　荒井書店
　　　　小野蘭山『重訂本草綱目啓蒙』（日本古典全集 第1-4）日本古典全集刊行会（〜1929）
1937　正宗敦夫編纂『本草通串』（日本古典全集 自1巻至9巻）日本古典全集刊行会（〜1938）
1959　チャールズ・ダーウィン著，島地威雄訳『ビーグル号航海記』上中下　岩波書店（岩波文庫）（〜1961）
1962　J・H・ファーブル著，平岡昇訳ほか
　　　　　『ファーブル昆虫記．ラ・プラタの博物学者．ビーグル号航海記．シートン動物記』（世界教養全集 34）平凡社
1966　山田珠樹訳註『ツンベルグ日本紀行』（異國叢書 8）雄松堂書店
1970　大隈重信撰，副島八十六編『開国五十年史：明治百年史叢書』上巻（開国五十年史）原書房
1971　河部利夫，保坂栄一編『新版 世界人名辞典　西洋編』　東京堂出版
　　　　城福勇，日本歴史学会編『平賀源内』（人物叢書161）吉川弘文館
1973　上野益三『日本博物学史』補訂　平凡社
　　　　佐藤直助，平田耿二編『新版 世界人名辞典　日本編』　東京堂出版
　　　　李時珍著，鈴木真海訳『国訳本草綱目』新註校定 第1冊-15冊　春陽堂書店（〜1978）
1975　ハドソン著，岩田良吉訳『ラ・プラタの博物学者』改訳　岩波書店（岩波文庫）
1976　北村四郎ほか『シーボルト：「フロラ・ヤポニカ」解説』覆刻版　講談社
　　　　多賀谷環中仙著，川枝豊信画，細川半蔵頼直著『訓蒙鑑草 3 機巧図彙 3』（江戸科学古典叢書3）恒和出版

1976	人見必大『本朝食鑑』1-5　平凡社（東洋文庫）（～1977）
	フィリップ・フランツ・フォン・シーボルト著，北村四郎解説『シーボルト：「フロラ・ヤポニカ」プレート篇』覆刻版　講談社
1977	飯沼慾斎著，北村四郎編『草木図説 木部』上下　保育社
1979	服部篤忠，金太著『薬圃図纂・草木奇品家雅見』（江戸科学古典叢書21）恒和出版
1980	岩崎灌園『本草図譜』巻5-96　同朋舎出版（～1981）
	岩崎灌園『本草図譜 解説』巻5-20　同朋舎出版
	上野益三『桃洞遺筆』（江戸科学古典叢書28）恒和出版
	宇田川榕菴著，韋廉臣輯訳，李善蘭筆述『植学啓原・植物学』（江戸科学古典叢書24）恒和出版
	大槻玄沢著，木村遜斎著『六物新志・稿．一角纂考・稿』（江戸科学古典叢書32）恒和出版
1981	岩崎灌園『本草図譜 解説』巻37-52　同朋舎出版
	岩崎灌園『本草図譜 解説』巻69-84　同朋舎出版
1982	青木國夫ほか編，上野益三解説『博物学短篇集』上下（江戸科学古典叢書44, 45）恒和出版
	荒俣宏『大博物学時代：進化と超進化の夢』工作舎
	北村四郎編『本草図譜 総索引』同朋舎出版
	栗本丹州『千虫譜』（江戸科学古典叢書41）恒和出版
1984	荒俣宏『図鑑の博物誌』リブロポート
	山階芳麿解説『シーボルト日本鳥類図譜』聖文社
1985	杉本つとむ『江戸の博物学者たち』青土社
	ロバート・フック著，永田英治，板倉聖宣訳『ミクログラフィア：微小世界図説』仮説社
1986	ウィルフリッド・ブラント著，森村謙一訳『植物図譜の歴史：芸術と科学の出会い』八坂書房
	上野益三『草を手にした肖像画』八坂書房
	北村四郎，塚本洋太郎，木島正夫共著『本草図譜総合解説』第1巻-4巻　同朋舎出版（～1991）
	ジョスリン・ゴドウィン著，川島昭夫訳，荒俣宏他解説『キルヒャーの世界図鑑：よみがえる普遍の夢』工作舎
1987	荒俣宏『目玉と脳の大冒険：博物学者たちの時代』筑摩書房
	上野益三『忘れられた博物学』八坂書房
	木村陽二郎ほか監修『カーティスの植物図譜1』エンタプライズ
	サントリー美術館『日本博物学事始：描かれた自然』サントリー美術館
	安田健『江戸諸国産物帳：丹羽正伯の人と仕事』晶文社
1988	朝日新聞社編『江戸の動植物図：知られざる真写の世界』朝日新聞社
	荒俣宏述，日本放送協会編『博物学の世紀』（NHK市民大学）日本放送出版協会（NHK出版）
	飯沼慾斎画，木村陽二郎解説『四季草花譜：「草木図説」選』（博物図譜ライブラリー1）八坂書房
	飯沼慾斎著，牧野富太郎編『草木図説 草部1』再訂増補　国書刊行会
	磯野直秀解説『鳥獣虫魚譜：松森胤保「両羽博物図譜の世界」』（博物図譜ライブラリー2）八坂書房
	高木春山著，荒俣宏監修『本草図説：植物』（江戸博物図鑑1）リブロポート
	高木春山ほか著，荒俣宏監修『本草図説：水産』（江戸博物図鑑2）リブロポート
	ドッジ著，白幡節子訳『世界を変えた植物』八坂書房
	ピエール・ジョセフ・ルドゥーテ画，鈴木省三監修『バラ図譜』1　学習研究社
	八木康敞『小笠原秀実・登：尾張本草学の系譜』（シリーズ民間日本学者17）リブロポート
1989	上野益三『日本博物学史』講談社（講談社学術文庫）
	上野益三『年表日本博物学史』八坂書房
	上野益三『博物学の愉しみ』八坂書房
	清原重巨著，遠藤正治解説『草木性譜・有毒草木図説』八坂書房
	国立国会図書館編『自然をみる眼：博物誌の東西交流』国立国会図書館

1989	西村三郎『リンネとその使徒たち：探検博物学の夜明け』 人文書院
1990	荒俣宏『園芸植物』(花の王国 1) 平凡社
	荒俣宏『薬用植物』(花の王国 2) 平凡社
	荒俣宏『有用植物』(花の王国 3) 平凡社
	荒俣宏『珍奇植物』(花の王国 4) 平凡社
	荒俣宏『水中の驚異』(Fantastic dozen 1) リブロポート
	荒俣宏『神聖自然学』(Fantastic dozen 2) リブロポート
	荒俣宏『エジプト大遺跡』(Fantastic dozen 3) リブロポート
	荒俣宏『民族博覧会』(Fantastic dozen 4) リブロポート
	ウッドヴィル著，福屋正修，山中雅也解説
	『ハーブとスパイス：メディカル・ボタニー』(博物図譜ライブラリー 3) 八坂書房
	モゥリーン・ランボルン著，荒俣宏訳『ジョン・グールド鳥人伝説』 どうぶつ社
1991	朝日新聞社文化企画局大阪企画部編『超人南方熊楠展』改訂版 朝日新聞社文化企画局大阪企画部
	荒俣宏『地球の驚異』(Fantastic dozen 5) リブロポート
	荒俣宏『悪夢の猿たち』(Fantastic dozen 6) リブロポート
	荒俣宏『熱帯幻想』(Fantastic dozen 7) リブロポート
	荒俣宏『昆虫の劇場』(Fantastic dozen 8) リブロポート
	荒俣宏『極楽の魚たち』(Fantastic dozen 9) リブロポート
	荒俣宏『バロック科学の驚異』(Fantastic dozen 10) リブロポート
	荒俣宏『解剖の美学』(Fantastic dozen 11) リブロポート
	荒俣宏『怪物誌』(Fantastic dozen 12) リブロポート
	上野益三『博物学者列伝』 八坂書房
	ウエインマン［画］，木村陽二郎解説『美花図譜：植物図集選』(博物図譜ライブラリー 4) 八坂書房
	小野蘭山『本草綱目啓蒙』第 1 巻 - 4 巻 平凡社(東洋文庫 1-4)(〜 1992)
	ジョルジュ=ルイ・ルクレール・ビュフォン著，ベカエール直美訳，荒俣宏解説
	『ビュフォンの博物誌：全自然図譜と進化論の萌芽』(『一般と個別の博物誌』ソンニーニ版より) 工作舎
	千葉県立中央博物館『バンクス植物図譜：キャプテンクック世界一周探検航海の成果』 千葉県立中央博物館
	ピエール・ガスカール著，石木隆治訳『博物学者ビュフォン』 白水社
	平凡社，セゾン美術館編『博物画ワンダーワールド：荒俣宏コレクション』 平凡社
1992	磯野直秀，内田康夫解説『舶来鳥獣図誌：唐蘭船持渡鳥獣之図と外国産鳥之図』 八坂書房
	ギルバート・ホワイト著，西谷退三訳『セルボーンの博物誌』 八坂書房
	シーボルト著，木村陽二郎，大場秀章解説『日本植物誌：フローラ・ヤポニカ』 八坂書房
	ジャック・ロジェ著，ベカエール直美訳
	『大博物学者ビュフォン：18 世紀フランスの変貌する自然観と科学・文化誌』 工作舎
	蕭培根主編，真柳誠編訳『中国本草図録』巻 1-10 中央公論社
	ノイロニムス・N・フリーゼル著，内藤道雄，奥田敏広訳『ランゲルハンス島航海記』 博品社
	ベルトルト・ラウファー著，福屋正修訳『キリン伝来考』 博品社
	ベルトルト・ラウファー著，武田雅哉訳『サイと一角獣』 博品社
	南方熊楠『南方随筆』正續 沖積舎
	モゥリーン・ラバーン著，高野瑶子訳『鳥の博物誌』 千毯館(〜 1993)
1993	荒俣宏『地球観光旅行：博物学の世紀』(角川選書 246) 角川書店
	ウィルマ・ジョージ著，吉田敏治訳『動物と地図』 博品社
	碓井益雄『イモリと山椒魚の博物誌：本草学，民俗信仰から発生学まで』 工作舎
	京大西洋史辞典編纂会『新編 西洋史辞典』改訂増補 東京創元社

ジェイムズ・E・ハーティング著，関本榮一，高橋昭三訳『シェイクスピアの鳥類学』 博品社

蕭培根主編，真柳誠編訳『中国本草図録』別巻(総索引) 中央公論社

ブレンダン・ルヘイン著，中川宏訳『ノミ大全』 博品社

1994 荒俣宏『図鑑の博物誌』増補版 集英社

ウィリアム・カーティス著，高林成年監修
『花図譜：「カーティス・ボタニカル・マガジン」ベストセレクション』 同朋舎出版

オットー・ゼール訳・解説，梶田昭訳『フィシオログス』 博品社

樺山紘一ほか編『クロニック世界全史』 講談社

下中弘『彩色 江戸博物学集成』 平凡社

ベルトルト・ラウファー著，C・M・ウィルバー編，福屋正修訳『ジャガイモ伝播考』 博品社

モーリーン・ランボーン著，石原佳代子ほか訳
『ジョン・グールド世界の鳥：鳥図譜ベストセレクション』 同朋舎出版

山田慶兒『物のイメージ：本草と博物学への招待』 朝日新聞社

F・ルヴァイヤン著，荒俣宏解説『フウチョウの自然誌』(荒俣コレクション復刻シリーズ：博物画の至宝) 平凡社

1995 A・ギュンター，A・ギャレット著，荒俣宏解説
『南海の魚類』(荒俣コレクション復刻シリーズ：博物画の至宝) 平凡社

F・フェルナンデス＝アルメスト編，植松みどりほか訳『世界探検歴史地図』 原書房

大場秀章『シーボルト旧蔵日本植物図譜展』 アート・ライフ

玉蟲敏子編『佐竹曙山・増山雪斎：博物画譜』(江戸名作画帖全集 8) 駸々堂出版

山田慶兒『東アジアの本草と博物学の世界』上下 思文閣出版

ピエール＝ジョゼフ・ビュショ著，藤野邦夫訳『害蟲記』 博品社

リン・バーバー著，高山宏訳『博物学の黄金時代』(異貌の19世紀) 国書刊行会

1996 今橋理子『江戸の花鳥画：博物学をめぐる文化とその表象』第2版 スカイドア

カール・D・S・ゲーステ著，今泉みね子訳『シュテュンプケ氏の鼻行類(ハナアルキ)』 博品社

ギャヴィン・デ・ビーア著，時任生子訳『ハンニバルの象』 博品社

斎田記念館，世田谷区立郷土資料館編
『江戸の博物図譜：世田谷の本草画家斎田雲岱の世界』 世田谷区立郷土資料館

E・ドノヴァン著，荒俣宏解説『アジア昆虫誌要説』(荒俣コレクション復刻シリーズ：博物画の至宝) 平凡社

C・J・トレウ著，荒俣宏解説『植物精選百種図譜』(荒俣コレクション復刻シリーズ：博物画の至宝) 平凡社

原研二『グロテスクの部屋：人工洞窟と書斎のアナロギア』(叢書メラヴィリア 2) 作品社

H・W・ベイツ著，長沢純夫，大曽根静香訳『アマゾン河の博物学者』 平凡社

ヘンリー・リー，ベルトルト・ラウファー著，尾形希和子，武田雅哉訳『スキタイの子羊』 博品社

1997 大場秀章『江戸の植物学』 東京大学出版会

郡山市立美術館編
『日本の博物画：花よ，鳥よ，魚たちよ…自然を描く』 アートコンサルタントインターナショナル

チャールズ・ダーウィン著，リチャード・リーキー編，吉岡晶子訳『図説種の起原』新版 東京書籍

J・ヨンストン著，荒俣宏解説『鳥獣蟲魚図譜』(荒俣コレクション復刻シリーズ：博物画の至宝) 平凡社

1998 安田健編
『江戸後期諸国産物帳集成；第4巻 羽前・羽後・武蔵・上総・下総・伊豆諸島』(諸国産物帳集成) 科学書院

1999 荒俣宏『花の図譜ワンダーランド』 八坂書房

荒俣宏『怪物』(アラマタ図像館 1) 小学館

荒俣宏『解剖』(アラマタ図像館 2) 小学館

荒俣宏『海底』(アラマタ図像館 3) 小学館

荒俣宏『庭園』(アラマタ図像館 4) 小学館

荒俣宏『エジプト』(アラマタ図像館 5) 小学館

1999	荒俣宏『花蝶』(アラマタ図像館 6) 小学館
	坂井建雄『謎の解剖学者ヴェサリウス』 筑摩書房
	西村三郎『文明のなかの博物学：西欧と日本』上下 紀伊國屋書店
2000	荒俣宏『年表で読む荒俣宏の博物探検史』 平凡社
	ピーター・レイビー著，高田朔訳『大探検時代の博物学者たち』 河出書房新社
2001	香川県歴史博物館編『衆鱗図：高松松平家所蔵』第一帖 - 四帖 香川県歴史博物館友の会博物図譜刊行会（～ 2005）
	加藤友康ほか『日本史総合年表』 吉川弘文館
	国立科学博物館『日本の博物図譜：十九世紀から現代まで』(国立科学博物館叢書 1) 東海大学出版会
2002	磯野直秀『日本博物誌年表』 平凡社
	タマラ・チェルナーヤ
	『シーボルト・コレクション日本植物図譜展：日本のボタニカル・アートの原点』 アート・ライフ
	八坂書房編『蘭百花図譜：19 世紀ボタニカルアート・コレクション』 八坂書房
2003	富山市売薬資料館編『富山の薬—反魂丹 特別展』 富山市教育委員会
	鷲見洋一編『博物図鑑の世界：繁殖する自然』 慶應義塾図書館
2004	荒俣宏『想像力の地球旅行：荒俣宏の博物学入門』 角川書店
	サイモン・ウィンチェスター著，野中邦子訳『世界を変えた地図：ウィリアム・スミスと地質学の誕生』 早川書房
2005	国立国会図書館編『描かれた動物・植物：江戸時代の博物誌』 国立国会図書館
	ポーラ・フィンドレン著，伊藤博明，石井朗訳
	『自然の占有：ミュージアム，蒐集，そして初期近代イタリアの科学文化』 ありな書房
	南方熊楠著，松居竜五，田村義也，中西須美訳『南方熊楠英文論考』 集英社
	安田健編『近世植物・動物・鉱物図譜集成；第 1 巻 本草通串（1）』(諸国産物帳集成 第 3 期) 科学書院
2006	近世歴史資料研究会編
	『近世植物・動物・鉱物図譜集成；第 2 巻 本草通串（2）本草通串證圖』(諸国産物帳集成 第 3 期) 科学書院
2007	荒俣宏監修『アラマタ大事典』 講談社
	印刷博物館編『百学連環：百科事典と博物図譜の饗宴』 凸版印刷印刷博物館
	シーボルト著，大場秀章解説『シーボルト日本植物誌』 筑摩書房（ちくま学芸文庫）
	大学出版部協会編『ナチュラルヒストリーの時間』 大学出版部協会
	帝国書院編集部編『最新 世界史図説　タペストリー』5 訂版 帝国書院
	デューラー著，前川誠郎訳『ネーデルランド旅日記』 岩波書店（岩波文庫）
	ベンジャミン・A・リフキン他著，松井貴子訳『人体解剖図』 二見書房
2008	坂井建雄『人体感の歴史』 岩波書店
	T・A・チェルナーヤ『シーボルト日本植物図譜コレクション』 小学館
	千葉県立中央博物館編『リンネと博物：自然誌科学の源流』増補改訂　文一総合出版
	土井康弘『本草学者平賀源内』(講談社選書メチエ 407) 講談社
2009	エルンスト・ヘッケル著，戸田裕之訳『生物の驚異的な形』 河出書房新社
	ロバート・ハクスリー編著，植松靖夫訳『西洋博物学者列伝：アリストテレスからダーウィンまで』 悠書館
2010	大場秀章，田賀井篤平著『シーボルト博物学：石と植物の物語』 智書房
	香川県立ミュージアム編『衆芳画譜：花卉』高松松平家博物図譜第 4 香川県立ミュージアム
	詳説日本史図録編集委員会『山川 詳説日本史図録』第 4 版 山川出版社
	寺山祐策，本庄美千代，河野通義編『博物図譜とデジタルアーカイブⅠ』 武蔵野美術大学美術館・図書館
	寺山祐策，本庄美千代，河野通義編『博物図譜とデジタルアーカイブⅡ』 武蔵野美術大学美術館・図書館
	姫路市立美術館編『大野麥風と大日本魚類画集』 姫路市立美術館友の会
	ホルスト・ブレーデカンプ著，濱中春訳
	『ダーウィンの珊瑚：進化論のダイアグラムと博物学』(叢書ウニベルシタス 949) 法政大学出版局

2011	香川県立ミュージアム編『衆芳画譜：花果』高松松平家博物図譜第5　香川県立ミュージアム
	香川県歴史博物館編『衆芳画譜：高松松平家所蔵 花果』第五　香川県歴史博物館友の会博物図譜刊行会
	ジョン・F・M・クラーク著，藤原多伽夫訳
	『ヴィクトリア朝の昆虫学：古典博物学から近代科学への転回』 東洋書林
	寺山祐策，本庄美千代，河野通義編『博物図譜とデジタルアーカイブⅢ』 武蔵野美術大学美術館・図書館
	寺山祐策，本庄美千代，河野通義編『博物図譜とデジタルアーカイブⅣ』 武蔵野美術大学美術館・図書館
2012	香川県立ミュージアム編『写生画帖：高松松平家博物図譜 菜蔬』香川県立ミュージアム
	寺山祐策，本庄美千代，河野通義編『博物図譜とデジタルアーカイブⅤ』 武蔵野美術大学美術館・図書館
	リチャード・コニフ著，長野敬，赤松眞紀訳
	『新種発見に挑んだ冒険者たち：地球生命の驚異に魅せられた博物学の時代』 青土社
2013	青木淳一著『博物学の時間：大自然に学ぶサイエンス』 東京大学出版会
	香川県立ミュージアム編『写生画帖：高松松平家博物図譜 雑草』 香川県立ミュージアム
2014	香川県立ミュージアム編『写生画帖：高松松平家博物図譜 雑木』 香川県立ミュージアム
	高橋京子著『森野藤助賽郭真写「松山本草」：森野旧薬園から学ぶ生物多様性の原点と実践』 大阪大学出版会
	S・ピーター・ダンス著，奥本大三郎訳『博物誌：世界を写すイメージの歴史』 東洋書林
2015	鈴木彰，林匡編『江戸の動植物図譜』 河出書房新社
	鈴木彰，林匡編『島津重豪と薩摩の学問・文化：近世後期博物大名の視野と実践』（アジア遊学190） 勉誠出版
	住友和子編集室，村松寿満子編集『薬草の博物誌：森野旧薬園と江戸の植物図譜』（Lixil booklet） LIXIL出版
	森貴史編『ドイツ王侯コレクションの文化史：禁断の知とモノの世界』 勉誠出版
2016	イヴ・カンブフォール著，瀧下哉代，奥本大三郎訳『ファーブル驚異の博物学図鑑』 エクスナレッジ
2017	アンドレア・ウルフ著，鍛原多恵子訳『フンボルトの冒険：自然という〈生命の網〉の発明』 NHK出版

視覚化される世界「博物図譜とデジタルアーカイブ」参考資料年表

谷田 幸・田中知美

【凡例】
本年表は「博物図譜とデジタルアーカイブ」を総覧するための参考として，
西洋と東洋の博物図譜に関する出版の歴史が一覧できるような形式で作成した。

年表の形式
・1637年から1937年までの西暦を軸にして，「西洋」（ヨーロッパ）と「東洋」（日本，中国）で出版された
　博物図譜を対比する形式とした。さらに博物図譜の出版時における「世界の事象」を示した。

書誌採録の基準
・初版を原則としたが，一部2版，再版を含む。
・同一著者による複数の出版物については，代表著作物を主に採録した。

項目の順序
・「西洋」「東洋」の双方ともに「書名」「著者・作者」の順に示した。
・「西洋」の原書名は直下にイタリック体で記した。書名が長いものについては意味の通る限りにおいて省略したものもある。

書名の表記
・「西洋」で取り上げた博物図譜の日本語書名は理解を助けるために和訳したものもある。

著者・作者の表記
・西洋の著者名のカナ表記，称号，敬称，および東洋の著者の表記について，典拠文献を別途示した。
・複数あるカナ表記については現地の読みに近いものを採用した。
・ただし，西洋の場合，カナ表記の使用例がない人名は英語読みで記したものもある。
・日本人の著者名について，複数の名前や雅号を持つ場合は，原則として現物表記を優先した。

出版年の表記
・西洋，東洋の博物図譜の出版年は，原則として出版開始年によった。
・刊行年度が数年におよぶものについては原書名の末尾に（　）で刊行期間を示した。
・出版年の明記がないものについては，図譜の献上年や本文中から推定した。
・東洋の博物図譜について，著者の没後に刊行したことが明らかな場合は，現物および典拠に示された
　「成立年」を採用した。
・推定出版年は［　］で示した。

作品画像の扱い
・画像と書誌は「★数字」の表記で一致させた。例：★01，★02

世界の事象
・それぞれの事象に該当する国名は《　》で示した。例：日本は《日》，フランスは《仏》，オランダは《蘭》など。

使用漢字
・東洋の博物図譜については現物表記に従った漢字字体を用いた。

西洋	西暦	東洋	世界の事象
『動物誌』ゲスナー *Historiae animalium.*	16世紀		
『四脚動物誌』アルドロヴァンディ *Vlyssis Aldrovandi patricii Bononiensis de quadrupedib[us] digitatis viviparis libri tres, et ae quadrupedib digitis oviparis libri duo.*	1637	『本草綱目（和刻本）』李時珍 （1596『本草綱目』李時珍／明）	1635・日本人の海外渡航・帰国禁止《日》 ・フランス学士院設立 ・スペインに宣戦布告《仏》 ・パリに王室薬草園創設 1637・島原の乱《日》 ・『方法叙説』デカルト《仏》
『新科学対話』ガリレイ *Discorsi e dimostrazioni mathematiche.*	1638		1638・幕府、薬園設置《日》 1639・鎖国令（蘭・中・朝は通商可）《日》
『光と影の大いなる術』キルヒャー ★01 *Ars magna lucis et umbrae, in X. libros digesta.*	1646		1640・イギリス革命始まる 1641・蘭人を出島に移す（鎖国完成）《日》 1642・タスマン，南太平洋を探検， 　　タスマニアとニュージーランド 　　発見《蘭》 1644・明の滅亡 1648・三十年戦争終結《欧》 ・アジア・アメリカ間の海峡発見《露》 1649・共和制宣言《英》
『禽獣魚介蟲図譜』（〜1653）ヨンストン *Historiae naturalis.*	1650		1651・航海法（航海条例）制定《英》 ・『リヴァイアサン』ホッブス《英》 1652・ケープ植民地を建設《蘭》 ・第一次英蘭戦争 1659・ピレネー条約締結，仏・西が講和
『人体比例図』クーザン(子) *Livre de pourtraicture.*	1656		
	1657	『草木写生春秋之巻』（〜1699） 狩野重賢	
『世界図絵』コメニウス *Orbis pictus; die welt in bildern.*	1658		
	1664	『花壇綱目』水野元勝	1661・ルイ14世，親政を開始《仏》 ・鄭成功，台湾占領《鄭氏台湾》 1663・文字の獄《清》 1665・第二次英蘭戦争 1666・科学アカデミーの創立《仏》 1667・『失楽園』ミルトン《英》
『ミクログラフィア』フック *Micrographia.*	1665		
	1666	『訓蒙圖彙』中村惕斎	
『ノアの方舟』キルヒャー *Arca noë.*	1675		1670・『パンセ』パスカル《仏》 1674・「坤輿全図」フェルビースト《清》
『ヴェルサイユ王宮動物園珍鳥図譜』 ロベール *Recueil d'oyseaux les plus rares, tirez de la menagerie royale du parc de Versailles.*	1676	『耕織図（和刻本）』狩野永納 （原画：1462『耕織図』楼璹／宋）	
『ヨーロッパ産鱗翅類—その変態と食草』メーリアン *Der raupen wunderbare verwandelung und sonderbare blumennahrung.*	1679		
『東インド会社遣日本使節紀行』 モンタヌス *Ambassades vers les empereurs du Japan.*	1680		1683・台湾を領有《清》 1687・『プリンキピア』ニュートン《英》 1688・名誉革命《英》
『紅毛魚譜』ウィラビー，レイ *De historia piscium libri.*	1686		
	1690	『六々貝合和歌』潜蜑子	1690・ケンペル来日，二度の江戸参府
	1695	『増補頭書 訓蒙図彙』中村惕斎 ★02	

西　洋	西暦	東　洋	世界の事象
『新本草図譜』ムンティンク Naauwkeurige beschryving der aardgewassen.	1696		
	1699	『草花絵前集』伊藤伊兵衛三之丞	
『人骨の盆景』ロイス Thesaurus anatomicus.	1701		1707・イングランドとスコットランド 　　　合併，大ブリテン王国成立 1708・合同東インド会社を設立《英》
『技術用語事典』J・ハリス Lexicon technicum, or, an universal English dictionary of arts and sciences.	1704		
『スリナム産昆虫の変態』メーリアン Metamorphosis insektorum Surinamensium.	1705		
『アンボイナ島珍品集成』ルンフィウス D'Amboinische rariteitkamer.			
『日用百科事典』ショメール Dictionnaire œconomique.	1709	『大和本草』貝原益軒	
	1713	『倭漢三才圖会』寺島良安 ★03	1713・スペイン継承戦争終結《英・西》 1716・吉宗，八代将軍に就任《日》 　　　・享保の改革《日》 1719・「皇輿全覧図」成る《清》
	1714	『和漢百科図絵集成 絵本故事談』 （〜1745）山本序周，橘守国	
	1717	『怡顔斎竹品』[1717] 松岡恕庵 『諸禽万益集』左馬之助	
『モルッカ諸島産彩色魚類図譜』 （〜[1719]）ルナール，ファロアズ Poissons, écrevisses et crabes de divers couleurs et figures extraordinaries que l'on trouve autour des isles Moluques, et sur les côtes des terres Australes.	[1718]		
	1719	『唐土訓蒙図彙』平住専庵，橘守国 『日東魚譜』神田玄泉 ★04	
	1720	『日本水土考』西川如見	1720・幕府，採薬師を全国に派遣・ 　　　調査《日》 　　　・キリスト教関係以外の洋書輸入 　　　解禁《日》 1721・ロンドンに植物学協会結成 1723・キリスト教を禁じ， 　　　宣教師をマカオに追放《清》 1725・ベーリング， 　　　第一次カムチャッカ探検《露》 1726・『ガリバー旅行記』スウィフト《英》
『神聖自然学』ショイヒツァー Physica sacra.	1723		
『新旧東インド誌』（〜1726） 　ファレンティン Oud en nieuw Oost-Indien. 『新筋肉裁断術』カウパー Myotomia reformata: or an anatomical treatise on the muscles of the human body.	1724		
『百科事典』チェンバーズ Cyclopaedia, or, an universal dictionary of arts and sciences.	1728		
「花園十二ヶ月（カタログ）」 　ファーバー Twelve months of flowers.	1730		1731・清の花鳥画家沈南蘋，長崎に 　　　渡来《日》
『カロライナの自然史』（〜1743） 　ケーツビー The natural history of Carolina. 『鳥の自然史』（〜1738）アルビン A natural history of birds.	1731	『東莠南畝譏』毘留舎那谷	
『解剖学図譜』クルムス Anatomische tabellen.	1732		

西　洋	西暦	東　洋	世界の事象
『博物宝典』（～1765）セバ *Locupletissimi rerum naturalium thesauri.*	1734		1734・幕命による諸国産物調査《日》
『自然の体系』リンネ *System naturae.*	1735	『草木弄葩抄』菊池成胤	
『薬用植物図譜』（～1745）ヴァインマン *Phytanthoza iconographia.* 『自然の聖書』（～1738）スワムメルダム *Biblia naturae.* 『珍奇薬用植物』（～1739）ブラックウェル *A curious herbal.*	1737		
『解剖図譜』コルトナ *Tabulae anatomicae.*	1741	『阿蘭陀禽獣虫魚和解』野呂元丈	1742・イエズス会布教禁止《清》 1748・『法の精神』モンテスキュー《仏》
『腸の解剖図』ル・ブロン *The human intestines.*	1742		
『珍奇鳥類博物誌』（～1751） G・エドワーズ *A natural history of uncommon birds.*	1743		
『人体筋骨構造図譜』アルビヌス ★05 *Tabulae sceleti et musculorum corporis humani.*	1747	『庶物類纂』稲生若水, 丹羽正伯	
『陸海川動物細密骨格図譜』（～1752） J・D・マイヤー *Vorstellung allerhand thiere mit ihren gerippen zweyter theil alle auf das richtigste in kupfer gebracht der natur.* 『花蝶珍種図譜』（～[1758]）エーレト *[Plantae et papiliones rariores.]*	1748	『人参耕作記』田村藍水	
『一般と個別の博物誌』（～1788）★06 ビュフォン *Histoire naturelle générale et particulière.*	1749		
『植物精選集』（～1773）トレウ *Plantae selectae.*	1750	『昆虫胥化図』細川重賢 『松山本草』森野藤助通貞 『衆鱗図』『衆芳画譜』『衆禽画譜』 　松平頼恭, 三木文柳	1752・グレゴリウス暦採用《英》 ・シェーンブルン宮殿に動物園設置《墺》 1753・大英博物館創立 1755・『天界の一般自然史と理論』カント《独》 1756・七年戦争《欧》 ・第一次ヴェルサイユ協定締結《仏・墺》 1757・田村藍水・平賀源内ら, 江戸で初の物産会, 以後1762年まで五回開催《日》
―18世紀中頃			
『百科全書』（～1780） ディドロ, ダランベール *Encyclopédie, ou dictionnaire raisonné des sciences, des arts et des métiers.*	1751		
『フランス樹木誌』 デュアメル＝デュ・モンソー *Traité des arbres et arbustes qui se cultivent en France en pleine terre.* 『サンゴの自然誌』J・エリス *An essay towards a natural history of the corallines.*	1755		
『解剖図集』ハラー *Icones anatomicae quibus praecipuae aliquae partes corporis humani, delineatae proponuntur.*	1756		
	1758	『奇観名話』菅清矼	

西洋	西暦	東洋	世界の事象
『人体構造解剖図集(第2版)』★07 ゴーティエ=ダゴティ Exposition anatomique de la structure du corps humain. 『解剖学教室』ホガース An anatomy lesson.	1759	『花彙』島田充房, 小野蘭山	1759・この頃, カスティリオーネ, 西洋画法を伝える《清》
	1760	『文会録』戸田旭山	
『神の驚異の書』(〜1860) セップ Beschouwing der wonderen Gods, in de minst geachte schepzelen, of Nederlandsche insekten.	1762		1762・『社会契約論』『エミール』ルソー《仏》 1763・パリ条約, フベルトゥスブルグ条約で七年戦争終結《欧》 1766・ブーガンヴィル, 世界周航探検《仏》 1768・クック, 第一次世界航海《英》 1769・アークライト, 水力紡績機発明《英》
	1763	『物類品隲』平賀源内	
『昆虫の博物誌』(〜1768) レーゼル・フォン・ローゼンホフ De natuurlyke histoire der insecten. 『シシリー島火山観察記』ハミルトン Campi Phlegraei.	1764		
『オーレリアン英国昆虫図誌』M・ハリス The Aurelian; or, natural history of English insects. 『甲虫図録』(〜?) フォート Catalogues systematicus coleopterorum.	1766		
『自然のもてなし』クノール ★08 Cabinet choisi de curiositez naturelles.	1767		
『果樹論』デュアメル=デュ・モンソー Traité des arbres fruitiers. 『ブリタニカ百科事典』(〜1771) スメリー Encyclopedia Britannica.	1768	★08	
	1770	『琉球産物志』田村藍水	1772・クック, 第二次世界航海《英》 1773・ボストン茶会事件《北米》 1775・ツュンベリー来日 ・アメリカ独立戦争《北米》 ・第一次マラータ戦争《印》 ・ワット, 蒸気機関を完成《英》 1776・独立宣言を決議《米》 ・クック, 第三次世界航海《英》 ・『国富論』アダム=スミス《英》 1778・バターフィア学芸協会設立
『世界周航記』ブーガンヴィル Le voyage autour du monde. 『イギリス鳥類誌』(〜1775) ヘイズ A natural history of British birds.	1771	『天工開物(和刻本)』宋応星 (1637『天工開物』宋応星/明)	
	1771頃	『随観寫真魚部』後藤梨春	
『ブーガンヴィルの航海への補遺』ディドロ Supplement au voyage de Bougainville.	1772		
	1773	『雲根志』(〜1801) 木内石亭	
『大地と生命の歴史』ゴールドスミス A history of the earth and animated nature. 『哺乳類誌』(〜1846) シュレーバー Die Säugethiere in abbildungen nach der natur, mit beschreibungen.	1774	『解体新書』杉田玄白, 小田野直武	
	1775	『養鼠玉のかけはし』春帆堂主人	
『中国ヨーロッパ植物図譜』ビュショー Collection précieuse et enluminée des fleurs. ★09	1776		

視覚化される世界「博物図譜とデジタルアーカイブ」参考資料年表 | 493

西洋	西暦	東洋	世界の事象
『世界三地域熱帯蝶図譜』（〜1782） クラマー *Papillons exotiques des trois parties du monde, l'Asie, l'Afrique et l'Amerique.*	1779		
『フランス本草誌』（〜1793） ビュヤール *Herbier de la France, ou collection complette de plantes indigènes de ce royaume.*	1780		1780・トゥパック＝アマル，スペインに反乱《ペルー》 1782・天明の大飢饉《日》 1785・ラ・ペルーズ，太平洋探検航海《仏》 1787・寛政の改革《日》 1788・オーストラリアを流刑植民地とする《英》 ・ロンドンにリンネ協会設立 1789・フランス革命
	1780頃	『聚芳図説』作者不詳	
『リンネの昆虫分類』バルブート *Les genres des insects de Linné.*	1781	『俳諧名知折』谷素外，北尾重政	
『蟹蛯分類図譜』（〜1804） ヘルブスト *Versuch einer naturgeschichte der Krabben und Krebse nebst einer systematischen Beschreibung ihrer verschiedenen Arten.* 『魚類図譜』（〜1795） ブロッホ *Allgemeine naturgeschichte der fische.*	1782		
『第3次太平洋航海記』クック *A voyage to the Pacific ocean.* 『世界貝類図譜』（〜1787）T・マーチン ★10 *The universal conchologist.* 『日本植物誌』ツンベリー *Flora Japonica.*	1784	★10	
『博物学新辞典』W・マーチン *New dictionary of natural history.*	1785	『六物新志』大槻玄沢	
	1786	『蚕養図絵 画本宝能縷』勝川春章，北尾重政	
「ボタニカル・マガジン（雑誌）」（〜継続） カーティス *Curtis's botanical magazine.*	1787	『紅毛雑和』森島中良 ★11	★11
『リンネ分類式薬用植物図譜』（〜1812） ブレンク *Icones plantarum medicinalium secundum systema Linnaei digestarum.*	1788	『画本虫撰』宿屋飯盛，喜多川歌麿	
『ナチュラリスト雑録』（〜1813）★12 ショー，ノッダー *Vivarium naturæ or the naturalist's miscellany.* 『化学原論』ラヴォアジエ *Traité élémentaire de chimie.* 『セルボーンの博物誌』G・ホワイト *The natural history of Selborne.* 『植物の愛』E・ダーウィン *The loves of the plants.*	1789	『増補頭書 訓蒙図彙大成』★13 下河辺拾水子 『萬国新話』森島中良 ★13	★12
『ニューサウスウェールズ航海誌』 J・ホワイト *Journal of a voyage to New South Wales.* 『一般四足獣図譜』ビューイック *A general history of quadrupeds.*	1790		1790・寛政異学の禁《日》 ・パリ博物学協会発足 1791・仏領サン＝ドマング，黒人奴隷蜂起
『大英博物館珍品図録』大英博物館 *Museum Britannicum; or, a display in thirty-two plates, in antiquities and natural curiosities.*	1791		

494 ｜ 視覚化される世界「博物図譜とデジタルアーカイブ」参考資料年表

西 洋	西暦	東 洋	世界の事象
『英国の昆虫図譜』T・マーチン English entomologist. exhibiting all the coleopterous insects found in England. 『イギリスの昆虫』(〜1813) ドノヴァン The natural history of British insects.	1792	『蝦夷草木図』小林源之助	1792・共和政宣言《仏》 1793・王立植物園, 国立自然史博物館に改称《仏》 1796・白蓮教徒の乱《清》 1798・近藤重蔵らエトロフ島を探検《日》 ・ナポレオン, エジプト遠征《仏》 ・フリンダーズ, オーストラリア沿岸調査《英》 ・『人口論』マルサス《英》 1799・フンボルトら, 中南米科学探検《独・仏》 ・ナポレオン, 政権を掌握《仏》 ・東インド会社解散《蘭》
『アドリア海の無脊椎動物』レニエ Sopra il botrillo, plantanimale marino.	1793	『成形図説』(〜1804) 曾槃, 白尾国柱	
『北米旅行記』バートラム Travels through north and south Carolina.	1794		
『コロマンデル海岸植物誌』(〜1819) ロクスバラ Plants of the coast of Coromandel.	1795		
『スリナム黒人奴隷叛乱実記』 ステッドマン, ブレイク Narrative, of a five years' expedition, against the revolted negroes of Surinam. 『ツンベルクの旅行記』ツュンベリー Resa uti Europa, Africa, Asia, förrättad åren 1770-1779.	1796	『三之助解剖図』宮崎或 『本草和名』深根輔仁	
『ラ・ペルーズ世界周航図録』 ラ・ペルーズ Voyage de La Pérouse autour du monde.	1797	『橘品類考前編』木村俊篤	
『地球の概観』(〜1800) ペナント Outline of the globe.	1798		
『カルロス・フォン・リンネウスの セクシャル・システム新図解』(〜1807) ソーントン New illustration of the sexual system of Carolus von Linnaeus.	1799	『絵本異国一覧』春光園花丸 『日本山海名産図会』木村蒹葭堂	
	—18世紀後半 —18世紀末	『奇貝図譜』木村蒹葭堂 「牡丹孔雀図」円山応挙	・18世紀末〜19世紀初頭に産業革命おこる《英》
『ラ・ペルーズ探索航海図録』 ラビラルディエール Atlas pour servir à la relation du voyage à la recherche de La Pérouse. 『名花素描』(〜[1804]) スパエンドンク *14 [Fleurs dessinées d'après nature.] 『ドイツ鳥類学』(〜[1809]) *15 ボルクハウゼン Deutsche ornithologie, oder, naturgeschichte aller vögel Deutschlands. 『比較解剖学講義』(〜1805) G・キュヴィエ Leçons d'anatomie comparée. 『黄金の鳥』(〜1802) オードベール Oiseaux dorés, ou à reflets métalliques.	1800	『北越物産写真』亀井協従	1800・伊能忠敬, 蝦夷地を測量《日》
	—19世紀前後	『魚譜』栗本丹洲 『本草図譜』岩崎灌園 『虫豸写真』水谷豊文 『虫豸帖』増山雪斎	
	—[19世紀初頭] —19世紀前半	『貝譜』馬場大助 『衆蟲写真譜』作者不詳	

★14

★16

視覚化される世界「博物図譜とデジタルアーカイブ」参考資料年表 | 495

西洋	西暦	東洋	世界の事象
『国立歴史自然博物館の動物』 ラセペード *La menagerie du muséum national d'histoire naturelle.* 『アメリカ・インドの新種・珍種鳥類図譜』 ルヴァイアン ★16 *Histoire naturelle d'une partie d'oiseaux nouveaux et rares de l'Amérique et des Indes.*	1801		1801・富山元十郎ら，ウルップ島探検《日》 1802・セイロンを正式な植民地に《英》 ・『水性地質学』ラマルク《仏》 1803・クルーゼンシュテルン，世界周航探検《露》 1804・ナポレオン，皇帝に即位《仏》 1805・トラファルガーの海戦 1806・神聖ローマ帝国滅亡 1807・フルトン，蒸気船の航行に成功《米》 1808・間宮林蔵，樺太探検《日》 ・『ファウスト』（第一部）ゲーテ《独》
『人間の自然誌』（～1807）スチュワート *De mensch, zoo als hij voorkomt op den bekenden aardbol.*	1802		
『マツ属図譜』ランバート *A description of the genus Pinus.*	1803	『本草綱目啓蒙』（～1806）小野蘭山	
『イギリス動物学雑録』（～1806）サワビー *The British miscellany, or coloured figures of new, rare or little known animal subjects.*	1804	『閑窓録』耕雲堂灌圃	
『ルソーの植物学』ルソー，ルドーテ ★17 *La botanique de J.J.Rousseau.* 『熱帯地域の美しい鳴禽類図譜』 ヴィエイヨ *Histoire naturelle des plus beaux oiseaux chanteurs de la zone torride.* 『花と果実写生図譜』J.プレヴォー *Collection des fleurs et des fruits peints d'après nature.* 『フランスの植物』（～1808）ジェーム・サン＝ティレール *Plantes de la France décrites et peintes d'après nature.*	1805	『花鳥写真図彙』北尾重政	
『ギリシア花譜』（～1840）シブソープ *Flora Graeca.* 『四季』（～1807）ヘンダーソン，アッカーマン *The seasons, or Flower-garden.*	1806		
『オーストラリア探検記』（～[1816]）★18 ペロン，フレシネ *Voyage de découvertes aux terres Australes.*	[1807]		
『人間と動物の畸型原論』モロー・ド・ラ・サルト，ルニョー *Description des principales monstruosités dans L'Homme et dans les animaux.*	1808	『西説医範提綱釈義』宇田川玄真	
『エジプト誌』（～1828）ナポレオン *Description de l'Égypte.* 『ポルトガル植物誌』（～1820）ホフマンセグ *Flore portugaise ou description de toutes les plantes qui croissent naturellement en Portugal.*	1809	『物品識名』水谷豊文	
『コルディエラ景観図集』★19 フンボルト，ボンプラン *Voyage de Humboldt et Bonpland. pt.1. Relation historique. Atlas pittoresque.* 『クルーゼンシュテルン周航図録』（～1812）クルーゼンシュテルン *Reise um die Welt in den jahren 1803, 1804, 1805 and 1806.*	1810		1810・オランダ，フランスに併合される

西　洋	西暦	東　洋	世界の事象
『子供のための図誌』ベルトゥーフ Bilderbuch für kinder. 『北アメリカ樹木誌』(〜1813) ミショー Historire des arbres forestiers de l'Amérique septentrionale. 『馬の自然誌』ダルトン Naturgeschichte des pferdes.	1810		1811・ラダイト運動《英》 1812・ナポレオン軍, ロシアに侵攻《仏》 1813・ナポレオン, ライプツィヒの戦いに敗れる 1814・ナポレオンの退位決定《仏》 ・ケープ植民地を領有《英》 ・ウィーン会議始まる 1815・ワーテルローの戦い ・コツェビュー, 世界周航探検《露》 ・ウィーン体制成立 ・オランダ王国成立 ・W・スミス, 　世界初の地質図を出版《英》 1816・英使節団, 　三跪九叩頭の礼を拒否《清》 1817・ユラニー号（フレシネ指揮）， 　世界周航探検《仏》 1819・サヴァンナ号, 蒸気船として 　初の大西洋横断《米》
	1811	『千蟲譜』栗本丹洲	
『四足獣化石骨の研究』G・キュヴィエ Recherches sur les ossemens fossiles de quadrupèdes. 『フローラの神殿』ソーントン Temple of flora.	1812		
『植物学の基礎理論』カンドル Théorie élémentaire de la botanique.	1813	『魚貝畧画式』『鳥獣畧画式』★20 北尾政美	
『薬用植物事典』(〜1820) ショームトン★21 Flore médicale. 『動物学雑録』(〜1817) リーチ The zoological miscellany.	1814		
『エドワーズ植物記録簿』(〜1847) 　S・エドワーズ Edwards's botanical register.	1815	『蘭学事始』杉田玄白	
『解剖学遺稿集』マスカーニ★22 Anatomia per uso degli studiosi di scultura e pittura opera postuma. 『野ボタン科植物図譜』(〜1823)★23 　フンボルト, ボンプラン Monographia des Melastomacearum. 『万有本草辞典』(〜1820) グリーン The universal herbal.	1816		
『動物界』G・キュヴィエ Le règne animal distribué d'après son organisation. 『植物学の博物館』(〜1827) ロディゲス The botanical cabinet. 『バラ図譜』(〜1824) ルドーテ Les roses.	1817		
『ロンドン果樹誌』フッカー Pomona Londinensis. 『オレンジ図誌』(〜[1820]) 　リッソ, ポワトー Histoire naturelle des orangers. 『哺乳類誌』(〜1842) F・キュヴィエ, 　ジョフロワ・サン＝ティレール Histoire naturelle des mammifères.	1818	『物印満写眞略』矢部致知	
	1819	『和蘭薬鏡』宇田川玄真 『栗氏魚譜』栗本丹洲	
『動物図譜 第1巻：鳥類編』(〜1823)★24 　スウェインソン Zoological illustrations, or original figures and descriptions of new, rare, or interesting animals.	1820		

西　洋	西暦	東　洋	世界の事象
『新編彩色鳥類図譜』（〜1839) テミンク *Nouveau recueil de planches coloriées d'oiseaux.* 『ブラジル旅行記』（〜1821) ウイート *Reise nach Brasilien...in 1815-17.*	1820		1821・「大日本沿海輿地全図」作成 　　　伊能忠敬《日》 1822・コキーユ号（デュプレ指揮)， 　　　世界周航探検《仏》 1823・シーボルト来日 　　・モンロー主義を宣言《米》 1824・アルゼンチン・メキシコ・コロン 　　　ビア三国の独立を承認《英》 1825・異国船打払令《日》 　　・ニコライ一世即位《露》 　　・ストックトン〜ダーリントン間に 　　　最初の鉄道開通《英》 1826・アストロラブ号（デュルヴィル 　　　指揮)，世界周航探検《仏》 　　・ロンドン動物学協会設立 1827・伊藤圭介，長崎のシーボルトの 　　　もとに遊学《日》 1828・シーボルト事件《日》 　　・ニューギニアに植民《蘭》 　　・ロンドン動物園開園
『薬用植物誌』（〜1825) ロック *Phytographie médicale, ornée de figures coloriées de grandeur naturelle.*	1821	『肘下選蠕』森春渓	
『ブラジル博物学提要』（〜1831) 　ウイート *Abbildungen zur naturgeschichte Brasiliens.*	1822	『遠西医方名物考』 　宇田川玄真, 宇田川榕庵	
『熱帯ヤシ科植物図譜』（〜1850) 　マルティウス *Historia naturalis palmarum.* 『ヘルニヤ治療法』スカルパ *Traité pratique des hernies.*	1823	『遠西観象図説』 　吉雄俊蔵, 草野養準	
『ユラニー号およびフィジシエンヌ号 　世界周航記録　動物図譜編』★25 　フレシネ *Voyage autour du monde, fait par ordre du roi, sur les corvettes de L. M. l'Uranie et la Physicienne.* 『脊椎動物図譜　哺乳類編』 　シンツ, ブロットマン *Naturgeschichte und abbildungen der säugethiere.*	1824	★25	
	1825	『翻車考』栗本丹洲 『萬寶図説付異物図』栗本丹洲 『梅園草木花譜』毛利梅園	
『コキーユ号世界航海記：動物編』 　（〜1830) デュプレ *Voyage autour du monde, exécuté par ordre du roi, sur la corvette de la Majesté la Coquille...; histoire naturelle, zoologie.* 『コキーユ号世界航海記：植物編』 　（〜1828) デュプレ *Voyage autour du monde, exécuté par ordre du roi, sur la corvette de la Majesté la Coquille...; histoire naturelle, botanique.* 『コキーユ号世界航海記：探検航海編』 　デュプレ *Voyage autour du monde, exécuté par ordre du roi, sur la corvette de la Majesté la Coquille...; histoire du voyage, atlas.*	1826	『重訂 解体新書』大槻玄沢	
『アメリカの鳥類』（〜[1838])★26 　オーデュボン *The birds of America.*	1827	『草木奇品家雅見』金太	
『魚類の自然誌』（〜1849) 　G・キュヴィエ, ヴァランシエンヌ *Histoire naturelle des poissons.* 『ジャワ植物誌』（〜[1851]) ブルーメ *Flora Javae, nec non insularum adjacentium.*	1828		★26

西　洋	西暦	東　洋	世界の事象
『ハチドリの自然史』（〜[1830]）レッソン Histoire naturelle des oiseaux mouches.	1829	『泰西本草名疏』伊藤圭介 『草木錦葉集』水野忠暁，関根雲亭 『蒲桃図説』設楽妍芳 『江戸名所図会』斎藤幸雄 『勇魚取絵詞』作者不詳	1829・外国人との内地通商禁止《清》
『アストロラブ号世界周航記』（〜1835） 　デュモン・デュルヴィル Voyage de la corvette l'Astrolabe. 『インド動物図譜』（〜1834）グレイ Illustrations of Indian zoology. 『動物百図譜』レッソン ★27 Centurie zoologique. 『地質学原理』ライエル The principles of geology. 『世界民族絵図』（〜1839）ゲートシェ Vollständige völkergallerie in getreuen abbildungen aller nationen. 『人体解剖図譜』リザーズ A system of anatomical plates of the human body. 『オウム・インコ図譜』（〜1832）リア Illustrations of the family of psittacidae or parrots.	1830	『本草圖譜』（〜1844）岩崎灌園 ★27	1830・七月革命《仏》 1831・C・ダーウィン， 　　　ビーグル号で世界周航《英》 　・ベルギー王国成立 1833・天保の大飢饉《日》 　・工場法制定《英》 　・帝国内の奴隷制を廃止《英》 　・東インド会社， 　　対清貿易の独占権を停止《英》
『ハチドリ図譜』（〜[1833]）レッソン ★28 Les trochilidées ou les colibris et les oiseaux-mouches.	1832	『小不老草名寄』 　水野忠暁，関根雲亭 『雪華図説』土井利位	
『脊椎動物図譜　爬虫類編』 　シンツ，ブロットマン Naturgeschichte und abbildungen der reptilien. 『ナチュラリスト・ライブラリー』★29 （〜1843）ジャーディン Jardine's naturalist's library. 『日本動物誌（ファウナ・ヤポニカ）』 （〜1850）シーボルト Fauna Japonica.	1833	★29	★28
『自然誌博物館』ドノヴァン Naturalists repository mischellany of exotic natural history. 『流産と夫人病』グランヴィル Graphic illustrations of abortion and the diseases of menstruation. 『フウチョウの自然誌』（〜[1835]） 　レッソン Histoire naturelle des oiseaux de paradis et des épimaques. 『貝類生態図鑑』（〜1880） 　キーネ，ラマルク Spécies général et iconographie des coquilles vivantes.	1834	『植学啓原』宇田川榕庵 『禽鏡』滝沢馬琴	

西洋	西暦	東洋	世界の事象
『南アメリカ探検』(〜1859) ドルビニ *Voyage dans l'Amérique méridionale.* 『一般と個別の頭足類図譜』(〜1848) フェルサック, ドルビニ ★30 *Histoire naturelle, générale et particulière.* 『日本植物誌 (フロラ・ヤポニカ)』 (〜1870) シーボルト, ツッカリーニ *Flora Japonica.* 『病理解剖学』(〜1842) クルヴェイラー *Anatomie pathologique du corps humain, ou description.*	1835	『梅園魚譜』毛利梅園 『長生草』秋尾亭主人 『厚生新編』(〜未完) 　馬場佐十郎, 大槻玄沢 ★30	1835・モールス, 有線電信機を発明《米》 1836・経済恐慌おこる《英》 1837・大塩平八郎の乱《日》 　　・米船モリソン号, 浦賀に入港《日》 　　・ヴィクトリア女王即位《英》 　　・ニュージーランドに 　　　植民地建設開始《英》 1839・蛮社の獄《日》
『スカンジナヴィアの魚類』ライト *Skandinaviens fiskar, målade efter lefvande exemplar och bitade på sten.* 『熱帯産鳥類図譜』 　F・プレヴォー, C・L・ルメール *Histoire naturelle des oiseaux exotiques.* 『キヌバネドリ科鳥類図譜』(〜1838) 　グールド *A monograph of the Trogonidae.* 『解剖学雑誌』リヒター *Magazijn van ontleedkunde, of volledige verzameling van ontleedkundige afbeeldingen van het menschelijk ligchaam.*	1836		
『メキシコ・グアテマラのラン類』 (〜1843) ベイトマン *The Orchidaceæ of Mexico and Guatemala.*	1837	『北越雪譜』鈴木牧之 『慶賀写真草』川原慶賀 『石斛蘭七五三』交蕙庵, 関根雲停	
『滴虫類』エーレンベルク *Die Infusionsthierchen als vollkommene organismen.* 『人間の内臓解剖図譜』オルターリ *Die eingeweide der schädel-, brust- und bauchhöhle des menschlichen körpers.* 『ランの花冠』リンドレー *Sertum orchidaceum.* 『南アフリカ動物図譜』(〜1849) 　A・スミス, フォード *Illustrations of the zoology of South Africa.*	1838	『皇和魚譜』栗本丹洲 ★32	
『鳩図譜』(〜[1843]) クニップ夫人 ★31 *Les pigeons.*	[1838]		
『博物学』(〜1844) ミューラー ★33 *Verhandelingen over de natuurlijke geschiedenis der Nederlandsche overzeesche bezittingen.* 『キューバ風土記』(〜1861) サグラ *Historia fisica, politica y naturel de la Isla de Cuba.* 『ビーグル号の動物学』(〜1841) 　C・ダーウィン *Zoology of the voyage of H.M.S. Beagle.*	1839	『梅園介譜』『梅園禽譜』毛利梅園 ★33　★34	
『ボニート号航海: 動物学編』★34 (〜1866) ヴァイヤン *Voyage autour du monde, exécuté pendant les années 1836 et 1837, sur la corvette la Bonite.*	1840		1840・アヘン戦争《清》

西洋	西暦	東洋	世界の事象
『ウエヌス号世界周航記』（～1864）★35 　デュ・プティ＝トゥアル 　*Voyage autour du monde sur la frégatte la Vénus.* 『マイヤース百科事典』J・マイヤー 　*Meyers lexikon.*	1840		1841・天保の改革《日》 1842・清・英，南京条約締結 1848・カリフォルニアで金鉱発見 　・二月革命《仏》 　・『共産党宣言』マルクス《独》 　・ルイ＝ナポレオン大統領就任《仏》 　・1848年革命《欧》
『英国の蝶と変態』ハンフリー 　*British butterflies and their transformations.* 『ラセペードの博物誌』G・キュヴィエ 　*Histoire naturelle de Lacépède.*	1841		
『骨と関節の解剖図譜』 　クエイン，ウィルソン 　*The bone and ligaments of the human body.* 『世界の書』（～1872）ホフマン 　*Das Buch der Welt.*	1842	『指佞草ノ記』山本亡羊	
	1843	『古名録』（～1843）畔田翠山	
『解剖学図譜集』クエイン 　*The anatomy of the arteries of the human body.* 『鷹狩り論』（～1853）ヴォルフ 　*Traité de fauconnerie.* 『アルジェリア科学探検調査録』 　（～1867）ロシュ 　*Exploration scientifique de l'Algérie.*	1844	『目八譜』武蔵石寿，服部雪斎	
『北米四足獣図譜』（～1848） 　オーデュボン 　*The viviparous quadrupeds of North America.* 『ヨーロッパの温室と庭園の花々』 　（～1860）C・A・ルメール， 　シャイトヴァイラー，ファン・ホーテ 　*Flore des serres et des jardins de l'Europe.* 『コスモス』フンボルト 　*Kosmos, entwurf einer physischen weltbeschreibung.*	1845	『高千穂採薬記』賀来飛霞	
『アビシニア航海記：動物編』（～[1851]） 　ルフェーブル★36 　*Voyage en Abyssinie; exécute pendant les années 1839, 1840, 1841, 1842, 1843. Histoire naturelle, zoologie.* 『新々鳥類図譜』（～1849）デ・ミュール 　*Iconographie ornithologique. Nouveau recueil général de planches peintes d'oiseaux.*	[1845]		
『ヨーロッパの農耕家畜』ロウ 　*Histoire naturelle-agricole des animaux domestiques de l'Europe.* 『胎児および鳥類・両生類の胚発育に関する生理解剖学の探求』ボードリモン 　*Recherches anatomiques et physiologiques sur le développement du fœtus.*	1846		
『チリ全史』（～1857）ゲイ 　*Historia fisica y politica de Chile.*	1847	『六鯨之図』作者不詳 『透百合培養法』花菱逸人	
『動物学原理』アガシ 　*Principles of zoölogy.* 『比較鳥類学』（～[1852]）ジャーディン★37 　*Contributions to ornithology.*	1848		

西　洋	西暦	東　洋	世界の事象
『化石図譜』マンテル A pictorial atlas of fossil remains.	1850		1851・太平天国の乱《清》 　　・ロンドンで万国博覧会 1853・ペリー，浦賀に来航《日》 1854・日米和親条約 1855・日露和親条約 　　・パリ万国博覧会開催 1857・英仏連合軍，広州を占領 1858・日米修好通商条約 　　・安政の大獄《日》 　　・天津条約（清と露・米・英・仏） 　　・インド，英の直接統治下に入る 1859・『種の起源』C・ダーウィン《英》 　　・ハーヴァード大学に 　　　比較動物学博物館設立
	―19世紀前後	『魚類図譜』作者不詳 『魚譜』春亭 「飲食養生鑑」（～1860）作者不詳 「房事養生鑑」作者不詳	
『南洋景観集』シップリー Sketches in the pacific. The south sea islands.	1851		
	1852	『本草図説』高木春山 『俳諧季寄 これこれ草』加藤正得	
『攀禽類鳥類図譜』ライヒェンバッハ ★38 Icones ad synopsin avium.	1853	『花菖培養録』松平定朝	
『自然史博物館』コント Musée d'histoire naturelle. 『アクアリウム』ゴッス The aquarium.	1854	『朝顔三十六花撰』 　万花園主人，服部雪斎 『植物図説雑纂コロツタルラリア』 　山本亡羊，山本渓山	
	1855	『遠西舶上画譜』馬場大助	★38
『日本周航記』ペリー Narrative of the expedition of an American squadron to the China seas and Japan.	1856	『草木圖説』飯沼慾斎 『虫譜図説』飯室楽圃	
	1857	『水族写真』奥倉辰行	
『鉱物世界』クーア The mineral kingdom. 『自然プリントによる英国シダ誌』 （～1860）ムーア，ブラッドベリ The nature-printed British ferns. 『自然史博物館』（～[1862]） リチャードソン，ダラス The museum of natural history.	1859		
		★39	
『八色鳥科鳥類図譜』（～1863）★39 エリオット A monograph of the pittidae.	1861	『華鳥譜』森立之，服部雪斎	1860・桜田門外の変《日》 　　・北京条約《清と英・仏・露》 　　・リンカーン，アメリカ大統領当選 1861・イタリア王国成立 　　・南北戦争《米》 1862・生麦事件《日》 　　・『レ・ミゼラブル』ユーゴー《仏》 1863・奴隷解放宣言発布《米》 　　・ロンドンに世界初の地下鉄が開通 1864・第一インターナショナル（国際労働者協会），ロンドンで結成 1865・メンデルの法則 1867・大政奉還，王政復古《日》 　　・ノーベル，ダイナマイトを発明 　　・パリで万国博覧会 　　・『資本論』マルクス《独》 1868・明治維新，文明開化《日》 1869・最初の大陸横断鉄道完成《米》 　　・スエズ運河開通 　　・ニューヨークに 　　　アメリカ自然史博物館設立
『ラン類精選図譜』（～1865）ワーナー Select orchidaceous plants.	1862	『ガランテウ図』清水淇川	
	1863	『海雲楼植物雑纂』高橋由一 『写生図巻』島霞谷 『象及駱駝之図』岡勝谷	
『海の世界』フレドール Le monde de la mer.	1866		
『カワセミ科鳥類図譜』（～1871）★40 シャープ A monograph of the Alcedinidæ. 『哺乳類誌』（～1878） ミルヌ＝エドヴァール Recherches pour servir à l'histoire naturelle des mammifères. 『マダガスカル探検記』（～1877）ポレン Recherches sur la faune de Madagascar et de ses dépendances.	1868		
		★40	

西　洋	西暦	東　洋	世界の事象
	1870	『百学連環』西周	1871・廃藩置県《日》
『人間の由来』C・ダーウィン The descent of man, and selection in relation to sex.	1871		・文部省創設物産局は博物局，小石川御薬園は小石川植物園に移管《日》 ・ウィルヘルム一世即位，ドイツ帝国成立
『サンゴと珊瑚礁』ダナ Corals and coral islands.	1872		・パリ＝コミューン成立《仏》 1872・太陽暦採用《日》
『南海の魚類』（〜1910） 　ギュンター，ギャレット Fische der Südsee.	1873	『博物図』小野職愨，長谷川竹葉	・チャレンジャー号，世界周航海洋探検《英》 1876・ベル，電話を発明《米》
『ハチドリの自然史』（〜1879） 　ムルサン，ヴェロー Histoire naturelle des oiseaux mouches.			1877・東京大学創立，理学部に生物学科設置《日》 ・上野で第一回内国勧業博覧会開催《日》
『大英博物館鳥類目録』（〜1898） 　スミット Catalogue of the birds in the British museum.	1874		・エジソン，蓄音機を発明《米》 1879・琉球を領有，沖縄県とする《日》 ・エジソン，電球を発明《米》
『人体解剖図譜（第2版）』G・エリス Illustrations of dissection of the human body.	1876		
『動物の地理的分布』ウォレス The geographical distribution of animals.			
『中国の鳥類』ダヴィド，ウスタレ ★41 Les oiseaux de la Chine.	1877		
『美術解剖』リマー Art anatomy.		★41	
『ユリ属図譜』（〜1880）エルウィズ A monograph of the genus Lilium.			
	1878	『千種之花』（〜1879）幸埜楳嶺 ★42	
『昆虫記』（〜1907）ファーブル Souvenirs entomologiques.	1879		
『クラゲ類の体系』ヘッケル Das system der medusen.			
『英国の淡水魚』ホートン British fresh-water fishes.		★42	★43
『アルゼンチン共和国探検景観図集』 　ビュルマイステル ★43 Vues pittoresques de la république Argentine.	1881	『小石川植物園草木図説』 　伊藤圭介，加藤竹斎 『博物図教授法』松川半山	1884・清仏戦争 1885・ベンツ，ガソリン自動車発明《独》 1889・大日本帝国憲法発布《日》
『チャレンジャー号探検航海記』 　トムソン，マレー Report on the scientific results of the voyage of H.M.S. Challenger; during the years 1873-76.	1882		・パリ万国博覧会開催（フランス革命百周年記念） ・国際動物学会議設立
『ナポリ湾海洋研究所紀要』アンドレス Le attinie. Flora fauna golf Neapel 9.	1884		
『トマス・ビューイック作品集（新版）』 　（〜1887）ビューイック Thomas Bewick's works 1-5 (new edition)	1885		
	1885頃	『服部雪斎自筆写生帖』服部雪斎	
	1888	『日本植物志圖編』牧野富太郎 『大成真寫譜』 　近藤秀有芳，南原桂処	

視覚化される世界「博物図譜とデジタルアーカイブ」参考資料年表

西 洋	西暦	東 洋	世界の事象
『モナコ国王アルベール1世海洋科学調査紀要』（〜1950）アルベール1世 Résultats des campagnes scientifiques accomplies sur son yacht.	1889		
『美術解剖学』リッシェ Anatomie artistique description des formes extérieures du corps humain.	1890		
『フウチョウ科・ニワシドリ科鳥類図譜』（〜1898）シャープ ★44 Monograph of the Paradiseidæ, birds of paradise, and Ptilonorhynchidæ, or brown birds.	1891	『日本植物圖解』（〜1893）矢田部良吉	
	1893	『契華百菊』長谷川契華	1893・ニューヨーク証券取引所で大暴落，経済恐慌勃発 1894・日清戦争 1895・日・清，下関条約（台湾領有） ・露・仏・独，三国干渉《日》 ・遼東半島返還《日》 ・レントゲン，X線発見《独》 ・マルコーニ，無線電信発明《伊》 1896・第一回近代オリンピック大会，アテネで開催 1898・ハワイ併合《米》 ・戊戌の政変《清》 ・キュリー夫妻，ラジウムを発見《ポーランド》 1899・義和団蜂起《清》 ・安陽で甲骨文字発見《清》
『英国の自然史』（〜1896）ライデッカー The royal natural history.	1894		
	—19世紀後半	『博物館魚譜』田中芳男，高橋由一 『博物館虫譜』高野則明 『甲虫類写生図』木村静山 『ツブカラカサタケ図』南方熊楠 『草木写生図』渡邊鍬太郎	
	—20世紀初頭	『日本西部及び南部魚類図譜』倉場富三郎	1900・第一回国際植物学会議，パリで開催 1901・オーストラリア連邦成立 1902・日英同盟 1904・日露戦争 1905・ポーツマス条約《日・露》 ・東京で中国同盟会結成 ・血の日曜日事件《露》 1907・日露協約
	1903	『潜龍堂画譜 草花虫部』瀧澤清，山田直三郎	
『自然の造形』ヘッケル ★45 Kunstformen der Natur.	1904		
	1907	『日本藻類図譜』岡村金太郎	
	1910	『日本有用魚介藻類図説』妹尾秀實	1910・大逆事件《日》 1911・辛亥革命《清》 1912・中華民国臨時政府成立 ・ヴェーゲナー，大陸移動説を学会発表《独》 1914・サライェヴォ事件《墺》 ・第一次世界大戦 1915・中国に二十一カ条要求《日》 1916・アインシュタイン，一般相対性理論を定式化 1918・シベリア出兵《日》 ・米騒動《日》 ・ウィルソン大統領，十四カ条を発表《米》 ・ブレスト＝リトフスク講和条約に調印《欧》
『新美術解剖学』（〜1929）リッシェ Nouvelle anatomie artistique.	1912		
	1914	『貝千種』平瀬與一郎	
	1917	『西洋草花図譜』谷上廣南 ★46	

504 | 視覚化される世界「博物図譜とデジタルアーカイブ」参考資料年表

西　洋	西暦	東　洋	世界の事象
	1920	『花菖蒲図譜』三好学 『非水百花譜』(〜1922) ★47 　杉浦非水 ★47	1921・四カ国条約《日》 1922・ワシントン海軍軍縮条約， 　　　九カ国条約に調印《日》 1923・関東大震災《日》 1924・第一次国共合作成立《中》 　　・米議会，排日移民法を可決 1925・治安維持法公布《日》 　　・男子普通選挙法公布《日》 1927・ジュネーブ軍縮会議 1929・暗黒の木曜日《米》， 　　　世界恐慌始まる
	1931	『洋草花譜』千種掃雲，土屋楽山	1930・ロンドン軍縮会議 1933・国際連盟脱退《日》 1936・二・二六事件《日》
『エルウィズ氏ユリ属の研究補遺』 　グローヴ, コットン ★48 A supplement to Elwes' monograph of the Genus Lilium. ★48	1933		
	1937	『大日本魚類画集』(〜1944) 　大野麥風	

特別監修者略歴

荒俣　宏（あらまた　ひろし）

1947年　東京都に生まれる
1970年　慶應義塾大学法学部卒業
現　在　武蔵野美術大学客員教授

監修者略歴

寺山祐策（てらやまゆうさく）

1957年　長崎県に生まれる
1982年　武蔵野美術大学大学院修士課程修了
現　在　武蔵野美術大学教授

編集者略歴

本庄 美千代（ほんじょう みちよ）

1952年　長崎県に生まれる
1973年　長崎県立女子短期大学卒業
現　在　武蔵野美術大学非常勤講師

武蔵野美術大学コレクション
博　物　図　譜
―デジタルアーカイブの試み―　　　定価はカバーに表示

2018年10月15日　初版第1刷

特別監修	荒　俣　　　宏
監　修	寺　山　祐　策
編　集	本　庄　美千代
発行者	朝　倉　誠　造
発行所	株式会社　朝　倉　書　店

東京都新宿区新小川町6-29
郵便番号　162-8707
電　話　03 (3260) 0141
FAX　03 (3260) 0180
http://www.asakura.co.jp

〈検印省略〉

© 2018〈無断複写・転載を禁ず〉

印刷・製本　山田写真製版所

ISBN 978-4-254-10281-9　C3640　　Printed in Japan

JCOPY　〈(社)出版者著作権管理機構　委託出版物〉

本書の無断複写は著作権法上での例外を除き禁じられています．複写される場合は，そのつど事前に，(社)出版者著作権管理機構（電話03-3513-6969，FAX 03-3513-6979，e-mail: info@jcopy.or.jp）の許諾を得てください．

桜美林大 浜田弘明編 シリーズ現代博物館学1 **博物館の理論と教育** 10567-4 C3040　Ｂ5判 196頁 本体3500円	改正博物館法施行規則による新しい学芸員養成課程に対応した博物館学の教科書。〔内容〕博物館の定義と機能／博物館の発展と方法／博物館の歴史と現在／博物館の関連法令／博物館と学芸員の社会的役割／博物館の設置と課題／関連法令／他
前オタゴ大 河内洋佑訳 科学史ライブラリー **ライエル 地質学原理（上）** 10587-2 C3340　Ａ5判 232頁 本体4900円	現代地質学を確立した「地質学の父」とされるチャールズ・ライエルの古典的名著を、地質学史研究の第一人者ジェームズ・シコードが縮約して、詳しい解説を付したもの。地質学・地球科学・生物学（進化）・科学史に関心のある人々の必読書。
前オタゴ大 河内洋佑訳 科学史ライブラリー **ライエル 地質学原理（下）** 10588-9 C3340　Ａ5判 248頁 本体4900円	自然界に一定して働いている作用によって世界がかたち作られている、というライエルの見方は、ダーウィンの進化論をはじめ自然科学諸分野に大きな影響を及ぼした。本書は、日本の読者に読みやすくわかりやすい形で古典的名著をまとめた。
元同志社大 島尾永康編・解説 **ディドロ『百科全書』産業・技術図版集** 10194-2 C3040　Ｂ5判 400頁 本体12000円	啓蒙主義最大の記念碑『百科全書』の技術関係の図版約400を精選し、その意味と歴史を詳しく解説〔内容〕農・漁業／鉱業／製鉄／金属／軍事技術／繊維／化学産業／建築／運輸／ガラス・陶磁／紙と印刷／皮革／金・銀・宝石／モード／手職／他
V.H.ヘイウッド編　前東大 大澤雅彦監訳 **ヘイウッド 花の大百科事典**（普及版） 17139-6 C3545　Ａ4判 352頁 本体34000円	25万種にもおよぶ世界中の"花の咲く植物＝顕花植物/被子植物"の特徴を、約300の科別に美しいカラー図版と共に詳しく解説した情報満載の本。ガーデニング愛好家から植物学の研究者まで幅広い読者に向けたわかりやすい記載と科学的内容。〔内容〕【総論】顕花植物について／分類・体系／構造・形態／生態／利用／用語集【各科の解説内容】概要／分布(分布地図)／科の特徴／分類／経済的利用【収載した科の例】クルミ科／スイレン科／バラ科／ラフレシア科／アカネ科／ユリ科／他多数
日本デザイン学会編 **デザイン事典** 68012-6 C3570　Ｂ5判 756頁 本体28000円	20世紀デザインの「名作」は何か？―系譜から説き起こし、生活～経営の諸側面からデザインの全貌を描く初の書。名作編では厳選325点をカラー解説。［流れ・広がり］歴史・道具・空間・伝達の名作。［生活・社会］衣食住／道／音／エコロジー／ユニバーサル／伝統工芸／地域振興他。［科学・方法］認知／感性／形態／インタラクション／分析／UI他。［法律・制度］意匠法／Ｇマーク／景観条例／文化財保護他。［経営］コラボレーション／マネジメント／海外事情／教育／人材育成／他
東大 橋本毅彦・東工大 梶　雅範・東大 廣野喜幸監訳 **科学大博物館** ―装置・器具の歴史事典― 10186-7 C3540　Ａ5判 852頁 本体26000円	電池は誰がいつ発明したのか？望遠鏡はどのように進歩してきたか？爆弾熱量計は何に使うのか？古代の日時計から最新のGPS装置まで、科学技術と共に発展してきた様々な器具・装置類を英国科学博物館と米国スミソニアン博物館の全面協力により豊富な図版・写真類を用いて歴史的に解説。〔内容〕クロノメーター／計算機／渾天儀／算木／ジャイロコンパス／真空計／走査プローブ顕微鏡／DNAシーケンサー／電気泳動装置／天秤／内視鏡／光電子増倍管／分光計／レーザー／他
K.クラーク・C.ペドレッティ著　細井雄介・佐藤栄利子・横山　正・村上陽一郎・養老孟司訳　斎藤泰弘編集協力 **レオナルド・ダ・ヴィンチ素描集** 【英国王室ウィンザー城所蔵】 10106-5 C3040　Ａ3変判 988頁 本体220000円	レオナルド・ダ・ヴィンチの素描の代表作を蒐めた、英国王室ウィンザー城収蔵の全作品を収載。鮮明な図版に加え、レオナルド研究の第一人者K.クラークらの詳細な解説を、日本を代表するレオナルド研究者陣が翻訳。第1巻では素描の歴史、様式とテクニックの発展、さらに第2巻に収載した550枚の動植物・風景・風・水の動きの研究・科学的スケッチ等を詳細解説。第3巻では解剖に関する150枚・書き込みを収載し解説。最高の印刷技術でレオナルドの素描を原寸大で再現している

上記価格（税別）は2018年9月現在